ABHANDLUNGEN

DER RHEINISCH-WESTFÄLISCHEN AKADEMIE DER WISSENSCHAFTEN

BAND 56

ABHANDLUNGEN
DER RHEINISCH-WESTFÄLISCHEN AKADEMIE DER WISSENSCHAFTEN

BAND 56

Die Innenbauten römischer Legionslager während der Prinzipatszeit

Von

Harald v. Petrikovits

Die Innenbauten römischer Legionslager während der Prinzipatszeit

Von

Harald v. Petrikovits

Springer Fachmedien Wiesbaden GmbH

Das Manuskript wurde der
Rheinisch-Westfälischen Akademie der Wissenschaften
am 13. November 1974 von Harald v. Petrikovits
vorgelegt

Herausgegeben von der
Rheinisch-Westfälischen Akademie der Wissenschaften

ISBN 978-3-663-20125-0 ISBN 978-3-663-20486-2 (eBook)
DOI 10.1007/978-3-663-20486-2

Originally published by Westdeutscher Verlag GmbH, Opladen in 1975.

Gesamtherstellung: Westdeutscher Verlag

Wilhelm Schleiermacher
zum siebzigsten Geburtstag

Vorwort

Diese Abhandlung ist aus einem Vortrag hervorgegangen, den ich im Januar 1972 vor der Klasse für Geisteswissenschaften der Rheinisch-Westfälischen Akademie der Wissenschaften in Düsseldorf halten durfte. Aus der Diskussion, die sich an den Vortrag anschloß, habe ich manche Anregungen für die Ausarbeitung des Themas erhalten. Dafür danke ich vor allem den Herren G. Alföldy, A. Dihle, O. Doppelfeld, W. Forßmann, M. Harlinghausen, L. Jaenicke, H. Kähler (†), E. Langlotz, G. A. Lehmann, H. Lübbe, C. B. Rüger, U. Scheuner und H. E. Stier.

Das Thema der Abhandlung beschäftigte mich schon seit längerer Zeit. Erst jetzt habe ich versucht, es nach den veröffentlichten Grabungsberichten so vollständig zu bearbeiten, wie es mir mit Rücksicht auf die festgelegte Veröffentlichungsfrist möglich war. Dadurch sind meine früheren Behandlungen von Ausschnitten des Themas zum Teil überholt. Durch diese Abhandlung wollte ich nicht nur Material für weitere Untersuchungen geordnet bereitstellen, sondern auch zeigen, daß Forschungen über Organisation und Geschichte der römischen Streitkräfte mehr als bisher die archäologischen Tatsachen berücksichtigen müssen.

Für die Benutzung der Studie seien einige Hinweise erlaubt. Auf die Lagerpläne am Schluß des Buches habe ich nur in besonderen Fällen hingewiesen. Sie sollten aber für den ganzen analytischen Teil ständig zu Rate gezogen werden. Die Literatur zu den wichtigsten behandelten Lagern ist im Anhang S. 149–161 verzeichnet. Die Literatur, die in den Anmerkungen angeführt wurde, habe ich nach folgenden Gesichtspunkten ausgewählt: Sie sollte eigene und andere Behauptungen begründen und sollte dem Benutzer den Zugang zu den Grabungsberichten ermöglichen. Es wurde darauf verzichtet, Literatur anzuführen, die sich nach den angegebenen Zitaten leicht finden läßt. Vollständigkeit der Literaturangaben habe ich nicht angestrebt.

Unsere Ausführungen wären ohne die Pläne und Skizzen, die Herr P. J. Tholen mit Zeichnern des Rheinischen Landesmuseums Bonn angefertigt hat, kaum verständlich. Die Vorlagen zu den Lagerplänen Taf. 1–12 sind aus dem Bildnachweis S. 23 zu ersehen. Sie wurden fotografisch auf den Maßstab 1 : 1000 gebracht und wegen der Strichstärke zum Teil noch einmal gepaust. Trotzdem war es nicht zu vermeiden, daß die Strichstärke der Pläne verschieden ist und wohl in keinem Fall die Mauerstärken genau wiedergibt. Für die Textbilder wurden die Grundrisse der Bauten aus den Lichtpausen der Pläne ausgeschnitten und montiert. Ähnlich verfuhren wir mit Grundrissen von Bauten, die nicht in den Taf. 1–12 enthalten sind. Trotz aller Sorgfalt sind bei diesem Verfahren Fehler nicht auszuschließen. Unsere Pläne können also nur eine allgemeine Vorstellung von den Bauten geben. Wer Einzelheiten kennenlernen möchte, sollte immer die Originalveröffentlichungen einsehen. Wir haben überdies fast alle Ergänzungen in den Plänen abgedeckt, um den Leser nicht durch Rekonstruktionen zu beeinflussen. Dabei zeigten sich öfters Unklarheiten der Pläne, so daß wir vielleicht gelegentlich zu viel weggelassen haben.

Als Ortsbezeichnungen habe ich die antiken Namen dort angewendet, wo ich es vertreten zu können glaubte, sonst die modernen (vgl. den Anhang S. 149–161). Bei der Aufzählung von Beispielen habe ich die geographische Reihenfolge von Schottland bis Algerien im Uhrzeigersinn befolgt, etwa wie sie Bild 1 zeigt.

Maßangaben habe ich, soweit es möglich war, den Grabungsberichten oder den mir zugänglichen Karten und Plänen entnommen. Ich habe sie oft nur abgerundet wiedergegeben.

Zu danken habe ich vielen. Der Klasse für Geisteswissenschaften der Akademie danke ich dafür, daß sie die Studie in die Reihe der Akademie-Abhandlungen aufgenommen hat. Der Direktor des Rheinischen Landesmuseums Bonn, Herr Dr. C. B. Rüger, und seine Mitarbeiter haben mir für diese Arbeit alle erdenkliche Hilfe gewährt. Besonders sei Herrn P. J. Tholen gedankt, der nicht nur die meisten Zeichnungen mit seinen Mitarbeitern im Zeichensaal des Bonner Landesmuseums angefertigt hat, sondern mich auch vor manchem Irrtum bewahrt hat. Die Fotografin G. Hintzen unterstützte ihn bei der Vorbereitung der Zeichenunterlagen. Das Manuskript haben mit großer Geduld die Damen I. Priebe, Chr. Raschke und B. Scholz geschrieben.

Die Leser werden mit mir den Herren H. Vetters in Wien und J. F. Bogaers in Nijmegen dafür Dank wissen, daß hier der neu gezeichnete und berichtigte Gesamtplan des Lagers Lauriacum (Taf. 10) und ein ergänzter Plan des Lagers Noviomagus (Taf. 4) zum erstenmal veröffentlicht werden dürfen. Auch die Herren S. S. Frere (Oxford),

W. H. Manning (Penarth), S. v. Schnurbein (Münster) und H. Schönberger (Frankfurt a. Main) stellten mir für die Arbeit unveröffentlichte Pläne zur Verfügung.

Viele Kollegen haben mir wissenschaftliche Auskünfte erteilt. Sie haben dabei manchmal viel Zeit aufgewendet, um mir zu helfen. Vor allem sei den Herren S. S. Frere (Oxford) und D. J. Breeze (Edinburgh) gedankt. Ohne Professor Freres Hilfe hätte ich mich in der englischen archäologischen Literatur nicht zurechtgefunden, ohne Dr. Breeze hätte ich die Seiten 121–124 nicht in der vorliegenden Form abfassen können. Auskünfte verdanke ich den Damen und Herren G. Alföldy (Heidelberg), M. R. Alföldi (Frankfurt a. M.), K. Beelke (Bonn) (Angaben zu A. 30 und 41), J. E. Bogaers (Nijmegen), G. C. Boon (Cardiff), H. Brunsting (Nijmegen), W. Dehn (Marburg) (zu A. 185), B. Dobson (Belmont), J. V. Eames (Birkenhead) (zu S. 107f.), E. Ettlinger (Zürich), G. Fingerlin (Freiburg i. B.) (zu Dangstetten), H. Gabelmann (Bonn) (zu A. 41), D. B. und H. Galsterer (Köln), E. Gersbach (Tübingen) (zum Legionslager Bonn), M. Gichon (Tel Aviv) (zu Legionslagern in Israel), J. P. Gillam (Newcastle upon Tyne) (zu Corbridge und South Shields), J. F. Gilliam (Princeton), U. Heimberg (Bonn) (zu A. 180 und 182), H. Hunger (Wien) (zu byzantinischen Militärschriftstellern), T. Ivanov (Sofia) (zu Legionslagern in Bulgarien), M. Kandler (Wien) (zu Grabungen in Carnuntum), W. H. Manning (Penarth) (zu Grabungen in Usk), A. Mócsy (Budapest), G. Neumann (Würzburg) (zu sprachwissenschaftlichen Fragen), R. Noll (Wien), U. Osterhaus (Regensburg) (zu Regensburg), N. T. Reed (London) (zu S. 107f.), J. Šašel (Ljubljana), S. v. Schnurbein (Münster) (zu Haltern), H. Schönberger (Frankfurt a. M.), K. Schwarz (München) (zu Regensburg), W. Sölter (Bonn) (zum Legionslager Bonn), H. Ubl (Wien) (zu Lauriacum und Carnuntum), J. Untermann (Köln) (zu sprachwissenschaftlichen Fragen), H. Vetters (Wien). Während dreier Jahrzehnte hat mich Professor Eric Birley durch Gespräche über römische Militärgeschichte angeregt und belehrt. Davon ist vieles in diese Arbeit eingeflossen. Ihnen allen sei herzlich gedankt.

Viel Gewinn hatte ich von Unterhaltungen, die ich während archäologischer Arbeiten im Legionslager Lambaesis (S. 161) mit den Herren F. Rakob (Rom), M. Bouchenaki (Alger), J. Röder † (Koblenz), C. B. Rüger (Bonn) und S. Storz (Rom) führen konnte.

Bei der Beschaffung von Literatur fand ich Hilfe in den Bibliotheken des Bonner Landesmuseums, des archäologischen Instituts sowie des althistorischen und des altphilologischen Seminars der Universität Bonn.

Namentlich sei den Damen B. Follmann, U. Heimberg und Herrn H.-E. Joachim (alle in Bonn) gedankt.

Literatur oder Fotokopien haben mir dankenswerterweise geschickt die Damen und Herren J. V. Eames (Birkenhead), E. Ettlinger (Zürich), S. S. Frere (Oxford), D. B. und H. Galsterer (Köln), M. Gichon (Tel Aviv), J. P. Gillam (Newcastle), J. F. Gilliam (Princeton), O. Höckmann (Mainz), G. Neumann (Würzburg), H. Schönberger (Frankfurt a. M.) und N. T. Reed (London).

Für die gütige Erlaubnis, bereits veröffentlichte Pläne reproduzieren oder in Umzeichnung vorlegen zu dürfen, bin ich folgenden Verlagen, Herausgebern, Vereinen und Damen und Herren zu Dank verpflichtet (vgl. S. 15ff. und die Bildunterschriften): D. Baatz (Saalburg) für den Plan der Thermen in Mogontiacum (B. 28,6) und kleinere Pläne (B. 8,2 und 3); G. C. Boon (Cardiff) für den Plan des Lagers Caerleon (Taf. 3); B. Cunliffe (Oxford) für den Plan einer Fabrica in Fishbourne (B. 23,9); G. Fingerlin für Pläne von Bauten in Dangstetten (B. 2,11; 14,11; 21,4; 23,2); S. S. Frere (Oxford) für den Plan der Principia (B. 14,4) und der Horrea von Longthorpe (B. 19,2); der Gesellschaft Pro Vindonissa (Brugg) sowie Frau E. Ettlinger für den Plan des Lagers Vindonissa (Taf. 8); W. E. Griffiths (Aberystwyth) und den Herausgebern der Zeitschrift Current Archaeology für die Pläne römischer Bauten in Exeter (B. 5,8; 23,1); M. Hartmann (Brugg) für den Plan einer Holzkaserne in Vindonissa (B. 2,12); H. Hurst (Gloucester) für den Plan eines Centuriohauses in Glevum (B. 10,1); den Herausgebern des Journal of Roman Studies (London) für die Pläne Taf. 1 und Bild 13,2 W. H. Manning (Penarth) für den Plan eines Holzhorreums in Usk (B. 19,3); Lady Richmond für die Pläne der Fabricae von Corbridge und South Shields (B. 25,2 und 3); S. v. Schnurbein (Münster) für Pläne von Bauten in Haltern (B. 5,9; 13,6; 14,7; 26,5; 27,2); H. Schönberger für Pläne von Bauten in Rödgen (B. 19,4) und Oberstimm (B. 26,7); der University of Wales Press (Director: K. Brinley Jones) in Cardiff sowie M. C. Jarrett (Cardiff) für den Plan des Lagers Deva (Chester) (Taf. 2); dem Historischen Verein für Oberpfalz und Regensburg (1. Vorsitzender Dr. P. Mai) sowie Herrn U. Osterhaus (Regensburg) für den Plan des Lagers Regensburg (Taf. 9).

Für Hilfe beim Überprüfen von Zitaten danke ich Herrn L. Bakker, der auch bei der Lokalisierung der Lager für Bild 1 half, und Herrn M. Gechter herzlich.

Die letzten Nachträge wurden im Juni 1975 in das Manuskript eingefügt (S. 193ff.).

Ich habe diese Abhandlung W. Schleiermacher gewidmet, der am 4. Mai 1974 sein 70. Lebensjahr vollendete. Er beteiligte sich rund vier Jahrzehnte hindurch an der Erforschung der Grenzprovinzen des römischen Reiches am Rhein und an der oberen Donau. In den letzten zwei Jahrzehnten war er innerhalb meiner Generation der anregendste Kenner dieses Arbeitsgebietes. Das Studium römischer Wehrbauten betrieb er seit seiner Mitarbeit am Werk des ‚Obergermanisch-Rätischen Limes'. Das zeigen neben vielen Einzelstudien zusammenfassende Berichte über ‚den' Limes seit 1938, besonders die Zusammenschau im 33. Bericht der Römisch-Germanischen Kommission (1943–1950) und sein Limesführer (2. Auflage 1961). Mit seinem Buch über Cambodunum (1972) wies er die deutsche Provinzialarchäologie auf ein bisher zu wenig beachtetes Arbeitsfeld hin. Das Geschick hat es W. Schleiermacher immer wieder schwer gemacht, sich seiner Aufgabe zu widmen. Wie er es bis zum heutigen Tag meistert, verdient unser aller Bewunderung.

Bonn, 1974 H. v. Petrikovits

Inhalt

Verzeichnis der Bilder und ihrer Quellen 15

1. Einleitung 25

2. Die Innenbauten 35

Unterkünfte 35
Mannschaftsunterkünfte 36
Unterkünfte der Immunes 43
Unterkünfte der Legionsreiter 50
Unterkünfte der Artilleristen 54
Unterkünfte von Hilfstruppen in Legionslagern 55
Unterkünfte des Trosses 57
Unterkünfte der Principales 59
Unterkünfte der Centurionen 62
Unterkünfte der ritterlichen Offiziere und des Tribunus laticlavius 64
Praetoria 67

Gemeinschafts- und Spezialbauten 68
Lagerfora 68
Religiöse Bauten 75
Scholae 78
Übungshallen 80
Gefängnisse 81
Wirtschaftsbauten (Magazine; Fabricae; gewerbliche Herde und Öfen; Küchen, Bäckereien, Mühlen) 82
Lazarette 98
Bäder 102
Versorgung mit Wasser 105
Latrinen, Kanalisation und Müllbeseitigung 106

Nicht erklärte Bauten 107

Gliederung der Legionslager 108

3. Allgemeine Ergebnisse und neue Fragen 118

Die Stärke der prinzipatszeitlichen Legion.................. 118

Quellenkritische und semasiologische Beobachtungen 124
Pseudo-Hygin 124
Vegetius... 130

Heeresreformen 131
Augustus 132
Hadrian 132
Septimius Severus 134
Gallienus... 135
Disciplina militaris..................................... 136

Wirtschaftsgeschichte.................................... 137

Baugeschichte.. 138
Grundrißgestalt und Innenorganisation 139
Lagerfora, Basiliken und Tabernae....................... 140
Unterkünfte 144
Scholae 145
Wirtschaftsbauten 146
Bäder und Lazarette 146
Vorbilder aus der städtischen und ländlichen Baukunst ... 147

Anhang: Legionslager und Lager von Legionsvexillationen 149

Anmerkungen 162

Nachträge 193

Abkürzungen... 196

Register

Personen, Sachen und Orte.................................. 205

Antike Autoren, Inschriften und Papyri 225

Tafeln.. nach 227

Verzeichnis der Bilder und ihrer Quellen

Bilder im Text

Bild 1 Legions-Standlager von Augustus bis Gallienus 27

Bild 2 Centurienkasernen von 2.–10. Legionskohorten (vgl. A.7) 37
1. Vindonissa (= Taf. 8b, zwischen 5 und 6)
2. Vetera (= Taf. 5b, 10)
3. Novaesium (= Taf. 6b, 14)
4. Lambaesis (= Taf. 12b, 5)
5. Inchtuthil (= Taf. 1b, 2)
6. Vindonissa (= Taf. 8b, 7)
7. Noviomagus (= Taf. 4b, 14)
8. Caerleon (= Taf. 3b, 6)
9. Carnuntum (= Taf. 11b, 2)
10. Lauriacum (= Taf. 10b, 2)
11. Dangstetten (nach Fingerlin, Dangstetten, Beil. 28)
12. Vindonissa (nach M. Hartmann, Jber. Vind. 1973 (1974) Beil. 2 nach S. 44 mit Erlaubnis des Verfassers (S. 10))

Bild 3 Kasernen von ersten Legionskohorten (vgl. A. 15)....... 39
1. Inchtuthil (= Taf. 1b, 7)
2. Deva (= Taf. 2b, 4)
3. Caerleon (= Taf. 3b, 3)
4. Noviomagus (= Taf. 4b, 10)
5. Novaesium (= Taf. 6b, 11)
6. Lauriacum (= Taf. 10b, 4)
7. Carnuntum (= Taf. 11b, 4)
8. Lambaesis (= Taf. 12b, 14)

Bild 4 Unterkünfte für Immunes bei Principiabauten und Offiziersunterkünften (vgl. A. 17) 44
1. Inchtuthil (= Taf. 1b, 8)
2. Bonna (= Taf. 7b, 6)

3. (?) Bonna (= Taf. 7b, 7)
4. Lauriacum (= Taf. 10b, 6)
5. (?) Caerleon (= Taf. 3b, 4)
6. Vindonissa (= Taf. 8b, 15)
7. Novaesium (= Taf. 6b, 10)
8. Noviomagus (= Taf. 4b, 11)
9. (?) Deva (= Taf. 2b, 5)
10. (?) Vetera (= Taf. 5b, 9)
11. (?) Novaesium (= Taf. 6b, 8)

Bild 5 Unterkünfte für Immunes bei Wirtschaftsbauten (vgl. A. 18f.) ... 45
1. Novaesium (= Taf. 6b, 20)
2. Novaesium (= Taf. 6b, 4)
3. Novaesium (= Taf. 6b, 16)
4. Vindonissa (= Taf. 8b, 11)
5. Vindonissa (= Taf. 8b, 14)
6. Lambaesis (= Taf. 12b, 13)
7. Lambaesis (= Taf. 12b, 3)
8. Exeter (Holz) (nach Current Archaeology 39, Juli 1973, 105: mit Erlaubnis von W. E. Griffiths (S. 10)).
9. Haltern (Holz) (nach v. Schnurbein, Haltern, Beil. 6)
10. Lauriacum (= Taf. 10b, 7)

Bild 6 Tabernae in Inchtuthil und Novaesium (vgl. A. 23) 52

Bild 7 Belegung einer Taberna mit Reitern und Pferden (vgl. A. 30) ... 53

Bild 8 Hilfstruppenkasernen im Legionslager Novaesium und Vergleichsbeispiele (vgl. A. 34f.) ... 55
1. Novaesium (= Taf. 6b, 22)
2. Benwell (nach D. Baatz, Saalburg-Jb. 22, 1965, 143 B. 2, 10 mit Erlaubnis des Verfassers (S. 10))
3. Chesters (wie vorher, B. 2, 9)

Bild 9 Unterkünfte für Principales bei (an) Sonderunterkünften von Immunes ... 60
1. Exeter (wie Bild 5, 8)
2. Noviomagus (= Taf. 4b, 9)
3. Novaesium (= Taf. 6b, bei 4)

4. Novaesium (= Taf. 6b, bei 16)
5. Vindonissa (= Taf. 8b, bei 11)

Bild 10 Häuser von Centurionen der 2.–10. Legionskohorten (vgl. A. 47–51) 61
1. Glevum (Holz) (nach H. Hurst, Ant. Journ. 52, 1972, 39 B. 5 mit Erlaubnis des Verfassers (S. 10))
2. Inchtuthil (Holz) (= Taf. 1b, 3)
3. Noviomagus (= Taf. 4b, 14)
4. Noviomagus (= Taf. 4b, 4)
5. Carnuntum (= Taf. 11b, 8)
6. Carnuntum (= Taf. 11b, 12)
7. Lambaesis (= Taf. 12b, 7)
8. Lambaesis (= Taf. 12b, 9)
9. Vindonissa (= Taf. 8b, 5)
10. Vindonissa (= Taf. 8b, 8)
11. Bonna (= Taf. 7b, 5)

Bild 11 Häuser von Centurionen erster Legionskohorten (vgl. A. 15) 63
1. Inchtuthil (= Taf. 1b, vor 7 und 8)
2. Caerleon (= Taf. 3b, 3)
3.–4. Noviomagus (= Taf. 4b, 10)
5. Carnuntum (= Taf. 11b, 4)
6. Lambaesis (= Taf. 12b, 14)

Bild 12 Häuser ritterlicher Offiziere und des Tribunus laticlavius (vgl. A. 60) 65
1. Lambaesis (= Taf. 12b, 16)
2.–4. Inchtuthil (= Taf. 1b, 6)
5. Noviomagus (= Taf. 4b, 12)
6. Vindonissa (= Taf. 8b, 4)
7. Carnuntum (= Taf. 11b, 14)
8.–10. Vetera (= Taf. 5b, 4)
11. Novaesium (= Taf. 6b, 21 und 23)

Bild 13 Praetoria (vgl. A. 64f.) 69
1. Deva (= Taf. 2b, 7)
2. Carpow (nach JRS 53, 1963, 127 B. 12 mit Erlaubnis der Herausgeber des JRS)

3. Caerleon (= Taf. 3b, 9)
4. Vetera (= Taf. 5b, 7)
5. Vetera (= Taf. 5b, 7)
6. Haltern (wie Bild 5, 9)
7. Novaesium (= Taf. 6b, 13)
8. (?) Vindonissa (= Taf. 8b, 2)
9. Carnuntum (= Taf. 11b, 7)

Bild 14 Lagerfora (vgl. A. 70) 71
1. Inchtuthil (= Taf. 1b, 1)
2. Carpow (nach Militärgrenzen 2 B. 1)
3. Caerleon (= Taf. 3b, 1)
4. Longthorpe (nach S. S. Frere, Britannia 5, 1974, 18 B. 11 mit Erlaubnis des Verfassers (S. 10))
5. Noviomagus (= Taf. 4b, 1)
6. Vetera (= Taf. 5b, 1)
7. Haltern (wie Bild 5, 9)
8. Novaesium (nach Verf., Neuß 466 B. 6)
9. Novaesium (= Taf. 6b, 1)
10. Bonn (= Taf. 7b, 1)
11. Dangstetten (wie Bild 2, 11)
12. entfällt (s. S. 193 zu A. 70, Z. 24)
13. Vindonissa (nach Fellmann, Principia 26, B. 8 mit Erlaubnis des Verfassers (s. S. 193))
14. Vindonissa (nach Fellmann, a. O. 50, B. 26)
15. Lauriacum (= Taf. 10b, 1)
16. Carnuntum (= Taf. 11b, 1)
17. Burnum (nach E. Reisch, Österr. Jh. 16, 1913, Bb. 115/16 B. 31)
18. Lambaesis (= Taf. 12b, 1)

Bild 15 Auguratoria (?) (vgl. A. 84f.) 76
1. Vindonissa (= Taf. 8b, 17)
2. Noviomagus (= Taf. 4b, 13)

Bild 16 Scholae der Principia von Lambaesis (= Taf. 12b, 1; vgl. A. 90) 78

Bild 17 Scholae erster Legionskohorten (vgl. A. 93) 79
1. Novaesium (= Taf. 6b, 9)
2. Inchtuthil (= Taf. 1b, 5)

3. Carnuntum (= Taf. 11 b, 13)
4. Vetera (= Taf. 5 b, 2)
5. Caerleon (= Taf. 3 b, 12)

Bild 18 Fragliches Lagergefängnis in Carnuntum (= Taf. 11 b, 10; vgl. A. 98) ... 81

Bild 19 Horrea aus Holz und Pfeilerhorrea aus Stein: 1–5 Holzhorrea, 6–11 Pfeilerhorrea aus Stein, 12–14 (Stein-)Horrea mit Längsmauern (vgl. A. 101) ... 83
1. Inchtuthil (= Taf. 1 b, 4)
2. Longthorpe (wie Bild 14,4: B. 15 nach S. 28 mit Erlaubnis des Verfassers (S. 10))
3. Usk (nach W. H. Manning, Britannia 2, 1971, 247 B. 4 mit Erlaubnis des Verfassers (S. 10))
4. Rödgen (nach H. Schönberger, Saalburg-Jb. 21, 1963/64, 99 B. 3. Gesamtbreite s. dort B. 2. Mit Erlaubnis des Verfassers)
5. Vindonissa (nach C. Simonett, Anz. Schweiz. Altert.-kde 39, 1937, 82 B. 1)
6. Noviomagus (= Taf. 4 b, 2)
7. Novaesium (= Taf. 6 b, 3)
8. Bonna (= Taf. 7 b, 2)
9. Vindonissa (= Taf. 8 b, 9)
10. Aquincum (nach Szilágyi, Aquincum 1968, Plan 1 nach Sp. 80)
11. Lambaesis (= Taf. 12 b, 12)
12. Deva (= Taf. 2 b, 3)
13. Mogontiacum (nach J. Laske, in: Abbildungen von Mainzer Alterthümern 6, 1855, Plan zu S. 18–21)
14. Aquincum (wie Nr. 10)

Bild 20 Magazine vom Hoftyp (vgl. A. 105) ... 84
1. Noviomagus (= Taf. 4 b, 5)
2. Novaesium (= Taf. 6 b, 15)
3. Bonna (= Taf. 7 b, 10)
4. Vindonissa (= Taf. 8 b, 3)
5. Vindonissa (= Taf. 8 b, 12)
6. Carnuntum (= Taf. 11 b, 6)
7. Aquincum (wie Bild 19, 10)
8. Lambaesis (= Taf. 12 b, 2)

Bild 21 Magazine verschiedener Gestalt (vgl. A. 106f.) 86
1. Novaesium (= Taf. 6b, 6)
2. Novaesium (= Taf. 6b, 5)
3. Lambaesis (= Taf. 12b, 10)
4. Dangstetten (nach Fingerlin, Dangstetten 208 B. 2)

Bild 22 Kammerbauten (vgl. A. 109) 87
1. Vetera (= Taf. 5b, 3)
2. Novaesium (= Taf. 6b, 20)
3. Bonna (= Taf. 7b, 4)
4. Asciburgium (nach T. Bechert, in: Rhein. Ausgr. 12 (Bonn 1972) 179 B. 16a)

Bild 23 Langrechteckige Fabricae (vgl. A. 114f.) 90
1. Exeter (wie Bild 5,8)
2. Dangstetten (wie Bild 2,11)
3. Noviomagus (= Taf. 4b, 6)
4. Vindonissa (= Taf. 8b, 6)
5. Regensburg (= Taf. 9b, 2)
6. Carnuntum (= Taf. 11b, 5)
7. Carnuntum (nach v. Groller, RLÖ 2, 1901, Taf. 11, 13)
8. Housesteads (vgl. A. 114, Housesteads, Bau 4)
9. Fishbourne (nach B. Cunliffe, Excavations at Fishbourne 1 (Leeds 1971) B. 12 nach S. 48 mit Erlaubnis des Verfassers (S. 10))

Bild 24 Stellmacherei (?) in Lambaesis (Taf. 12b, 8; vgl. A. 116) 91

Bild 25 Fabricae (Wirtschaftsbauten) mit doppelhakenförmigem Grundriß (vgl. A. 117–119) 92
1. Inchtuthil (= Taf. 1b, 9)
2. Corstopitum (nach Sir Ian Richmond and E. Birley, Arch. Aeliana[4] 21, 1943, nach S. 134 mit Erlaubnis von Lady Richmond (S. 10))
3. South Shields (nach I. Richmond, The Roman Fort at South Shields. A Guide (o. O. und J.) 8 mit Erlaubnis von Lady Richmond (S. 10))
4. Caerleon (= Taf. 3b, 8)
5. Vetera (= Taf. 5b, 6)

6. Novaesium (= Taf. 6b, 2)
7. Bonna (= Taf. 7b, 12)
8. Lambaesis (= Taf. 12b, 11)
9. Vindonissa (= Taf. 8b, 10)

Bild 26 Wirtschaftsbauten vom Basartyp (vgl. A. 121f.) 95
1. Caerleon (= Taf. 3b, 10)
2. Novaesium (= Taf. 6b, 17)
3. Vetera (= Taf. 5b, 8)
4. Lauriacum (= Taf. 10b, 5)
5. Haltern (wie Bild 5,9)
6. Hofheim (nach E. Ritterling, Nass.Ann. 40, 1912, Taf. 2, Bau N)
7. Oberstimm (nach Plan von H. Schönberger mit dessen Erlaubnis)
8. Niederberg (nach ORL B 2a (Niederberg) 3, Bau F)

Bild 27 Lazarette (vgl. A. 129) 99
1. Inchtuthil (= Taf. 1b, 10)
2. Haltern (wie Bild 5,9)
3. Vindonissa (C. Simonett, Anz. Schweiz. Altert.kde 39, 1937, 88 B. 8)
4. Caerleon (= Taf. 3b, 13)
5. Vetera (nach Lehner, Vetera 22 B. 11)
6. Vetera (= Taf. 5b, 5)
7. Novaesium (= Taf. 6b, 18)
8. Bonna (= Taf. 7b, 9)
9. Vindonissa (= Taf. 8b, 13)
10. Ločica (nach F. Lorger, Österr. Jh. 19/20, 1919, Bb. 115f. B. 56)
11. Lauriacum (= Taf. 10b, 8)
12. Carnuntum (= Taf. 11b, 11)

Bild 28 Bäder (vgl. A. 132) 103
1. Deva (= Taf. 2b, 2)
2. Exeter (nach Current Archaeology 39, Juli 1973, 103 mit Erlaubnis von W. E. Griffiths (S. 10))
3. Caerleon (= Taf. 3b, 14)
4. Novaesium (= Taf. 6b, 7)
5. Novaesium (= Taf. 6b, 19)

6. Mogontiacum (nach Baatz, Mogontiacum, Beil. 3 mit Erlaubnis des Verfassers (S. 10))
7. Vindonissa (= Taf. 8b, 16)
8. Lauriacum (= Taf. 10b, 3)
9. Aquincum (wie Bild 19,10)
10. Lambaesis (= Taf. 12b, 15)
11. Albano (nach G. Lugli, Ausonia 9, 1919, Taf. 9)

Bild 29 Zisternen (vgl. A. 135) ... 105
1. Albano (wie Bild 28,11)
2. Albano (wie Bild 28,11)
3. Noviomagus (= Taf. 4b, 7)

Bild 30 Latrinen (vgl. A. 136) ... 106
1. Caerleon (= Taf. 3b, 7)
2. Noviomagus (= Taf. 4b, 7)
3. (?) Bonna (= Taf. 7b, 8)
4. Carnuntum (= Taf. 11b, 9)
5. Lambaesis (= Taf. 12b, 6)

Bild 31 Bauten unklarer Verwendung (vgl. A. 137) ... 107
1. Bau mit elliptischem Hof in Deva (= Taf. 2b, 6)
2. „Kneipe" in Carnuntum (= Taf. 11b, 3)

Bild 32 Zwei Anordnungsweisen von Kasernen in Legionslagern 109
1. Novaesium (= Taf. 6)
2. Carnuntum (= Taf. 11)

Bild 33 Zahl der Kohortenunterkünfte in Legionslagern (vgl. A. 138) ... 111
1. (?) Caerleon (= Taf. 3)
2. Novaesium (= Taf. 6)
3. (?) Bonna (= Taf. 7)
4. Lauriacum (= Taf. 10)
5. Carnuntum (= Taf. 11)
6. (?) Lambaesis (= Taf. 12)

Bild 34 Mögliche Unterbringungsfolge der Legionskohorten (Inchtuthil, vgl. Taf. 1) ... 113

Tafeln nach S. 227

1. Inchtuthil (S. 149) nach JRS 51, 1961, 158 B. 9 mit Erlaubnis der Herausgeber des Journal of Roman Studies (S. 10).
2. Deva (S. 150) nach Nash and Jarrett, Wales B. 15 nach S. 36 mit Erlaubnis der University of Wales Press, Cardiff (Director: K. Brinley Jones) und des Verfassers M. Jarrett (S. 10).
3. Caerleon (S. 152) nach Boon, Isca, Plan (am Schluß des Buches) mit Erlaubnis des Verfassers (S. 10).
4. Noviomagus (S. 152) nach Plan von J. E. Bogaers mit dessen Erlaubnis (S. 8).
5. Vetera (S. 153) nach Oelmann, Vetera 1934, 264 B. 1 (Vorlage des Rhein. Landesmuseums Bonn).
6. Novaesium (S. 154) nach Koenen, Novaesium Taf. 3 (Vorlage des Rhein. Landesmuseums Bonn).
7. Bonna (S. 154f.) nach Verf., Rheinland Taf. 3.
8. Vindonissa (S. 156) nach Jber. Vind. 1967 (1968) Beil. 1 mit Erlaubnis der Gesellschaft Pro Vindonissa (Präsidentin E. Ettlinger) (S. 10).
9. Regensburg (S. 157) nach Osterhaus, Regensburg Beil. 5 mit Erlaubnis des Historischen Vereins für Oberpfalz und Regensburg (1. Vorsitzender P. Mai) und des Verfassers (S. 10).
10. Lauriacum (S. 157) nach Plan des Österreichischen Archäologischen Instituts in Wien (Direktor H. Vetters) (S. 8).
11. Carnuntum (S. 158f.) nach RLÖ 12, 1914, Taf. 1 mit Ergänzung nach M. Kandler, Anz. Österr. Akad. Wiss. 111, 1974, B. 1 nach S. 28 (S. 9).
12. Lambaesis (S. 160f.) nach Cagnat, L'armée^2 2, nach S. 464 mit Verlängerung der Retentura (vgl. unsere A. 138).

Apollodorus. I understand, Caesar. Rome will produce no art itself; but it will buy up and take away whatever the other nations produce.

Caesar. What! Rome produce not art! Is peace not an art? is war not an art? is government not an art? is civilisation not an art?

B. Shaw, Caesar and Cleopatra. Act V

1. Einleitung

Das Studium der römischen wie der allgemeinen Militärgeschichte findet zwar in Deutschland kein breites Interesse mehr, sollte aber doch nicht vernachlässigt werden. Der oft zitierte Satz von Clausewitz, „daß der Krieg nicht bloß ein politischer Akt, sondern ein wahres politisches Instrument ist, eine Fortsetzung des politischen Verkehrs, ein Durchführen desselben mit anderen Mitteln", fordert vom Historiker, sich mit der Wirksamkeit dieses politischen Instruments zu beschäftigen. Er hat die Gründe zu untersuchen, weshalb sich die Wirksamkeit der Streitkräfte als politisches Instrument im Verlauf der Geschichte änderte. Ein historischer Zusammenhang wird durch Vernachlässigung einer Komponente nicht weniger verzeichnet als durch ihre Überbetonung.

Untersuchungen über römische Militärgeschichte setzen heute die Kenntnis verschiedenartiger Quellengattungen voraus, für die eigene Erschließungsmethoden entwickelt wurden. Wenn das ältere Bild vom Wandel der römischen Streitkräfte durch ein neues ersetzt werden soll, das den Erfordernissen unserer gegenwärtigen Geschichtsforschung entspricht, muß man sich der mühevollen Arbeit unterziehen, die reichen Quellen, die die Archäologie, die Inschriften- und die Papyruskunde erschlossen haben, historisch nutzbar zu machen. Durch das Studium der Innenbauten römischer Legionslager während der Prinzipatszeit möchten wir dazu einen Beitrag leisten[1].

In unserer Abhandlung sollen die Innenbauten römischer Legionslager vor allem im Hinblick auf ihre Verwendungszwecke betrachtet werden. Da viele dieser Bauten Unterkünfte waren, ist aus ihnen in Verbindung mit anderen Quellen die Stärke und Organisation einer Legion zu erschließen (S. 118ff.). Die meisten anderen Bauten dienten militärlogistischen Zwecken. Aus ihnen sind Einsichten in diesen von der Forschung vernachlässigten Bereich römischer Militärgeschichte zu gewinnen (S. 82ff.). Die Behandlung der archäologischen Baubefunde in Legionslagern klärt auch Mißverständnisse auf, die ohne Heranziehung archäologischer Zeugnisse bei der Interpretation römischer Militärschriftsteller nicht ausbleiben (S. 124ff.). An den archäologischen Befunden müssen auch einige Vermutungen über römische Heeresreformen überprüft werden (S. 132ff.). Ferner sollte unsere Arbeit einigen Gewinn für Fragen römischer Militärarchitektur abwerfen (S. 139ff.).

Die Quellen zur römischen Militärgeschichte sind:

1. Schriften römischer und griechischer Militär- und Fachschriftsteller, Nachrichten von Historikern und gelegentliche Mitteilungen sonstiger Schriftsteller.
2. Lateinische und griechische Inschriften, Münzen und Papyri.
3. Das Gelände als tatsächlicher oder möglicher Faktor militärischen Planens und Handelns.
4. Archäologische Quellen. Zu ihnen gehören bildliche Darstellungen militärischer Phänomene, Funde von Waffen, Ausrüstung und Gerät sowie ortsfeste Bodendenkmäler. Unter diesen kommt den römischen Legionslagern besondere Bedeutung zu, weil die Legionen von der Zeit der Republik ab bis in die Spätantike den operativen Kern der römischen Landstreitkräfte bildeten.

Die angeführten Quellen haben für unsere Untersuchung verschiedenen Wert. Über die Zuverlässigkeit einiger antiker Fachschriftsteller werden wir S. 124ff. einiges ausführen. Zunächst sei der Aussagewert von Berichten über archäologische Ausgrabungen in Legionslagern näher besprochen.

Die systematische Ausgrabung und militärgeschichtliche Interpretation römischer Legionslager wurde vom letzten Viertel des vorigen Jahrhunderts bis in die Zeit zwischen den beiden Weltkriegen vor allem österreichischen, deutschen, französischen und britischen Archäologen verdankt. Seit dem 2. Weltkrieg haben besonders britische und niederländische Gelehrte derartige Arbeiten gefördert. Obwohl wir bisher insgesamt etwa 65 Legionsstandlager kennen, sind kaum 20 von ihnen – freilich in sehr verschiedenem Umfang – archäologisch untersucht worden, in der ehemaligen griechisch sprechenden Reichshälfte vorläufig noch kein einziges (Bild 1). Vollständig oder fast ganz wurden nur vier Legionslager ausgegraben, nämlich Carnuntum (Deutsch-Altenburg, Niederösterreich) in Oberpannonien (Taf. 11), Lauriacum (Lorch, Ortsgem. Enns, Oberösterreich) in Noricum (Taf. 10), Novaesium

Bild 1: Legions-Standlager von Augustus bis Gallienus (zu S. 26ff., vgl. S. 31ff. und 149–161). 1:19000000

Antike (moderne) Ortsnamen:

1 Inchtuthil
2 Carpow?
3 Eburacum
4 Deva
5 Viroconium
6 Lindum
7 Caerleon
8 Glevum
9 Camulodunum
10 Exeter?
11 León
12 Noviomagus
13 Vetera
14 Novaesium
15 Köln
16 Bonna
17 Mogontiacum
18 Argentorate
19 Dangstetten?
20 Vindonissa
21 Augsburg-Oberhausen?
22 Regensburg
23 Lauriacum
24 Albing
25 Vindobona
26 Carnuntum
27 Brigetio
28 Aquincum
29 Poetovio
30 Ločica
31 Aquileia
32 Albano
33 Burnum
34 Tilurium
35 Mursella
36 Mursa?
37 Sirmium
38 Singidunum
39 Viminacium
40 Sarmizegetusa
41 Apulum
42 Potaissa
43 Ratiaria
44 Scupi?
45 Oescus
46 Novae
47 Durostorum
48 Troesmis
49 Satala
50 Melitene
51 Samosata
52 Cyrrhus
53 Zeugma
54 Resaenae
55 Singara
56 Rhaphaneae
57 Palmyra
58 Danava
59 Bostra
60 Capercotna
61 Jerusalem
62 Babylon/Ägypten
63 Alexandria
64 Ammaedara
65 Theveste
66 Lambaesis

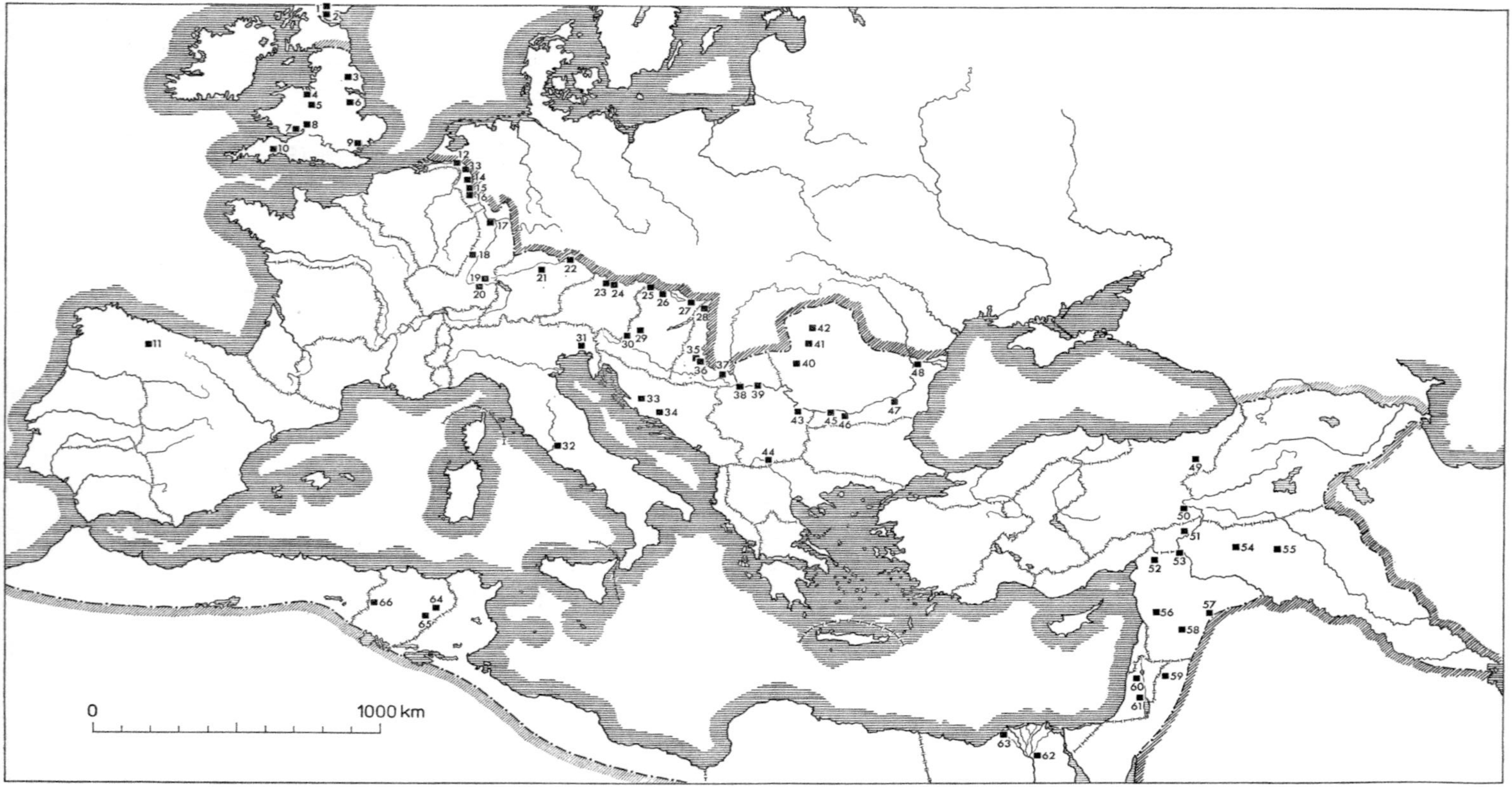

0
1000 km
1
2
3
4
5
6
7
8
9
10
11
12
13
14
15
16
17
18
19
20
21
22
23
24
25
26
27
28
29
30
31
32
33
34
35
36
37
38
39
40
41
42
43
44
45
46
47
48
49
50
51
52
53
54
55
56
57
58
59
60
61
62
63
64
65
66

(Neuß, Rheinland) in der Germania inferior (Taf. 6) und Castra pinnata (?) (Inchtuthil, Perthshire, Schottland) im nördlichen Vorland der Britannia (Taf. 1). Das Legionslager Lambaesis (Tezult-Lambèse, Algerien) in Numidien (Taf. 12) ist ungefähr zur Hälfte aufgedeckt. Von Isca Silurum (Caerleon, Monmouthshire, Wales) in der Britannia (Taf. 3), Noviomagus (Nijmegen, Niederlande) in Niedergermanien (Taf. 4) und Vindonissa (Windisch, Aargau, Schweiz) in Obergermanien (Taf. 8) kennen wir beträchtliche Teile der Lager. Von den vier (fast) ausgegrabenen Lagern ist Inchtuthil besonders wichtig, weil es eine einperiodige Anlage ist und von seinen Ausgräbern Sir Ian Richmond und J. K. St. Joseph in den Jahren 1952–1965 mit modernen archäologischen Grabungsmethoden erforscht wurde. Hervorzuheben ist auch das Legionslager Lambaesis, weil hier wie nirgend anderswo sehr viele Schwellen und Türgewände erhalten sind, die mehr Schlüsse auf die Innenorganisation der Bauten ermöglichen als bloße Fundamente. Obwohl wir also nur einen kleinen Teil der seinerzeitigen Legionslager kennen, werden unsere Ausführungen doch zeigen, daß auch schon aus diesem Ausschnitt einige allgemeine Folgerungen gezogen werden können, hauptsächlich deshalb, weil es allgemeingültige Grundsätze der Innenorganisation von Legionslagern gab und weil die Zahl der verwendeten Bauformen nicht sehr groß war.

Da die archäologischen Ausgrabungstechniken und Forschungsmethoden in den vergangenen anderthalb Jahrhunderten ständig verbessert wurden und die Interessen der Archäologen sich veränderten, ist der wissenschaftliche Erkenntniswert der Ausgrabungen ungleich. Für unsere Betrachtungen ist es besonders hinderlich, daß stratigraphische und baugeschichtliche Untersuchungen an Innenbauten von Legionslagern erst vom 2. Jahrzehnt unseres Jahrhunderts ab in größerem Umfang einsetzten. Ein weiterer Mangel älterer Ausgrabungen und Grabungsberichte besteht darin, daß man nur allmählich lernte, die genaue Lage aller Funde in Verbindung mit anderen und mit Bodenerscheinungen zu beobachten und sie in Wort und Bild festzuhalten. Nicht nur für Kleinfunde, sondern sogar für Inschriften, Plastiken und Architekturreste fehlen oft präzise Fundangaben. Diesen Mangel zeigen auch viele große Inschriftensammlungen ebenso wie das Corpus signorum imperii Romani. Einige Daten über die für uns wichtigsten Ausgrabungen in Legionslagern sind auf S. 149ff. zusammengestellt. Erst schrittweise gelangte man dazu, die zeitliche Abfolge von Bauten oder Bauzuständen zu erfassen. In den Plänen von Legionslagern, die im vorigen Jahrhundert und zu Beginn unseres Jahrhunderts gezeichnet wurden, erschienen deshalb manchmal nebeneinander Bauten oder Bauzustände, die nicht zur selben Zeit bestanden haben. Der Wert älterer Lagerpläne ist darin verschieden. Der Plan, den C. Koenen vom Legionslager Novaesium veröffentlichte (Taf. 6), dürfte weitgehend den Bauzustand des Legionslagers aus der Zeit wiedergeben, als die Legio VI victrix dort in Garnison lag. Er enthält aber wohl auch einige Befunde der vorangehenden 1. Periode von Steinbauten. Der Plan des Legionslagers Lauriacum (Taf. 10) stellt weitgehend den Zustand des 3. Jahrhunderts dar, wenn er auch Umbauten späterer Zeit enthält. Der Plan des Legionslagers Carnuntum (Taf. 11) zeigt hauptsächlich Bauten etwa der Zeit um 300 n. Chr. und spätere Bauten des 4. und sogar des 5. Jahrhunderts. Man kann aber die Bauten der Zeit nach etwa 300 n. Chr. recht zuverlässig von dem älteren Bestand trennen. Es gibt Anhaltspunkte für die Annahme, daß der Umbau der Zeit von etwa 300 n. Chr. in vielem dem vorangehenden Ausbau des Lagers folgte. Der Plan, den R. Cagnat vom Legionslager Lambaesis veröffentlicht hat (Taf. 12), gibt nicht den Zustand des Lagers aus der hadrianischen Gründungszeit wieder, sondern, wie neuere Untersuchungen gezeigt haben, einen Zustand des 3. Jahrhunderts, vielleicht erst ab Valerian. Auf die Behandlung eines Plans des Lagers Haltern haben wir verzichtet. Das Lager scheint eher die Funktion einer Versorgungsbasis als die eines Truppenlagers gehabt zu haben[2].

Man hat den Wert der älteren Lagerpläne und Berichte gelegentlich wieder unterschätzt. Die Meßfehler sind in ihnen meist geringer als die Fehler, die beim Zusammenzeichnen der einzelnen Feldaufnahmen zu Gesamtplänen gemacht wurden. In den veröffentlichten Gesamtplänen wurde überdies oft nicht zwischen dem tatsächlich Gefundenen und dem Ergänzten unterschieden. Man muß deshalb immer die Pläne der einzelnen Bauten in den Grabungsberichten heranziehen. Trotz der Mängel von Ausgrabungen, die vor dem 1. Weltkrieg durchgeführt wurden, und ihrer Dokumentation teilen die älteren Ausgrabungsberichte so viele einwandfreie Beobachtungen mit, daß man aus ihnen oft Argumente für eine relativ-zeitliche Zuweisung der Bauten gewinnen kann. Unsere Ausführungen werden überdies zeigen, wie viele Angaben über die Funktion von Bauten in der älteren Literatur enthalten sind. Günstig ist für unsere Zwecke, daß sich die früheren Ausgräber damit begnügt haben, die zuoberst sichtbaren Ruinen freizulegen. Dadurch fanden sie meistens den letzten deutlich erkennbaren Bauzustand. Das haben Nachuntersuchungen in Novaesium, Carnuntum und Lambaesis bestätigt. Außerdem haben neuere sorgfältige Ausgrabungen in mehreren Legionslagern (Caerleon, Novaesium, Bonna, Carnuntum und Lambaesis) gezeigt, daß an der Lage und dem Gesamtumfang von Kasernen kaum etwas geändert wurde, wenn bestehende Lager neu gebaut wurden. Der Vergleich vollständiger und unvollständiger Pläne von Legionslagern läßt erkennen, wie beharrlich man im ganzen an den Grundzügen der Innenorganisation der Lager festhielt. Wenn auch diese Grundzüge aus dem vorhandenen archäologischen Quellenbestand in Verbindung mit antiken Nachrichten erkennbar sind, reicht der geschilderte Zustand unserer Quellen für Fragen des historischen Wandels nur selten aus. Wir haben uns deshalb weniger mit dem zeitlichen Wandel als mit der Funktion der Bauten beschäftigt.

Um ein historisches Gerüst für die Auswertung der Legionslager-Pläne zu geben, die für unsere Fragestellungen verwendbar sind, werden im folgenden einige Gründungs- und die wichtigsten Umbauzeiten der Lager zusammengestellt, deren Innenbauten wir behandeln. Um nicht auf strittige chronologische Einzelfragen eingehen zu brauchen, begnügen wir uns damit, nach Regierungszeiten der Kaiser zu datieren, und verzichten auf Einzelnachweise (S. 149–161). Unsichere Daten werden mit einem Fragezeichen in Klammern vor dem Ortsnamen bezeichnet.

Augustus (27 v. Chr.–14 n. Chr.)
Nijmegen (Lager für zwei Legionen?)
Oberaden (Legionslager?)
Haltern (wohl Nachschublager)
Novaesium (zeitweilig Lager für vier Legionen?)
Köln (Platz noch umstritten)
Rödgen (Nachschublager)
Dangstetten (Legionslager?)

Tiberius (14–37 n. Chr.)
(?) Novaesium (Holzbauten)
(?) Vindonissa, mehrere Holzperioden

Claudius (41–54 n. Chr.)
Camulodunum, Holzbauten
Vetera I, erste Steinbauten
(?) Novaesium, erste Steinbauten
Bonna, eine oder zwei Holzperioden
Mogontiacum, erste Steinbauten
Vindonissa, erstes Steinlager
Carnuntum, Holzperiode
(?) Burnum, Steinbauten

Nero (54–68 n. Chr.)
Lindum
(?) Glevum, Holzbauten
(?) Exeter, Holzbauten mit Steinthermen
Vetera I, Lagerneubau
(?) Novaesium, erste Steinbauten

Vespasian (69–79 n. Chr.)
Deva, Gründungsperiode
Eburacum, Gründungsperiode
Caerleon, Gründungsperiode
Noviomagus, zwei Holzperioden
Novaesium, 2. Steinperiode
Bonna, 1. Steinperiode
Mogontiacum, Wiederaufbau in Stein
Vindonissa, 2. Steinperiode
(?) Carnuntum, 1. Steinperiode

Domitian (81–96 n. Chr.)
Inchtuthil
(?) Noviomagus, 3. Holzperiode mit Principia in Stein
Mogontiacum, Einlegionslager eingerichtet
Aquincum, Gründungsperiode

Trajan (98–117 n. Chr.)
Deva, Steinperiode
Eburacum, Steinperiode
Caerleon, einige Steinbauten
Noviomagus, Steinperiode
Vindobona, Gründungsperiode
(?) Carnuntum, Steinperiode
Aquincum, Lagerneubau

Hadrian (117–138 n. Chr.)
Lambaesis, Gründungsperiode

Antoninus Pius (138–161 n. Chr.)
Caerleon, weiterer Umbau in Stein

M. Aurel (161–180 n. Chr.)
Regensburg, Gründungsperiode
(?) Vindobona, Wiederaufbau
Ločica

Septimius Severus (193–211 n. Chr.)
Carpow (Lager für Legionsvexillation)
Eburacum, Wiederaufbau nach Zerstörung
Lauriacum, Gründungsperiode
(?) Carnuntum, 2. Steinperiode
Albano, Gründungsperiode

Valerian (253–260? n. Chr.)
(?) Lambaesis, Wiederaufbau

Man neigte früher dazu, allzu viele Umbauperioden für die ganzen Lager anzunehmen, und man hat die Aussagen von Bauinschriften oder Einzelbefunden oft vorschnell verallgemeinert. Wie besonders Untersuchungen in Caerleon gezeigt haben, muß man häufiger mit laufenden Umbauten einzelner Bauten oder Baugruppen rechnen als mit dem Neubau ganzer Lager.

Wir haben den Stoff unserer Abhandlung hinsichtlich der Lagertypen und der Zeit eingeschränkt.

Als Legionslager bezeichnet man „fortifizierte Casernements" von Legionen – um einen treffenden altösterreichischen Ausdruck zu verwenden –, die lange Zeit belegt oder kurzfristig benutzt waren. Bei dieser Unterscheidung ist freilich die Trennung zwischen lang- und kurzfristig belegten Lagern schwierig. Für unsere Zwecke genügt es, als langfristig belegte Lager solche zu bezeichnen, die – militärisch gesehen – der Verteidigung oder militärischen Sicherung eines großen Gebietes auf weite Sicht dienten, während kurzfristig benutzte Lager (temporary camps) Einsatzlager waren, die im Verlauf einer militärischen Aktion, während eines Marsches oder bei der Vorbereitung und Durchführung eines Angriffs angelegt wurden. Lager, die für kurze Frist gebaut waren, unterschieden sich von den langfristig belegten dadurch, daß sie weniger Bequemlichkeiten für die Truppe aufwiesen und daß in ihnen manche Einrichtungen fehlten, die in den für lange Zeit eingerichteten Legionslagern geläufig waren. Für den Kampfeinsatz wurden auch nicht alle Legionsangehörigen mitgenommen (S. 121ff.).

Es genügt demnach nicht, kurzfristige von langdauernd belegten Lagern zu unterscheiden. Wichtiger ist der Unterschied zwischen Lagern, die für eine im Einsatz befindliche Truppe gebaut wurden, und solchen, deren Truppe einen langdauernden Sicherungsauftrag hatte. Dieser wurde in der Hauptsache durch die Kampfart der Verteidigung erfüllt, gelegentlich auch – je nach der politischen und militärischen Lage – durch Abschreckungs- oder Gegenangriffe. Unterscheidet man die römischen

Truppenlager nach diesem Kriterium, dann wird man die augustischen Lager am Rhein, die Legionslager der klaudisch-neronischen Zeit in Britannien oder Inchtuthil von den übrigen hier behandelten Legionslagern trennen müssen. Inchtuthil wurde wohl während des sechsten Schottland-Feldzuges des Agricola im Jahr 83 gebaut und vermutlich im Jahr 87 wieder geräumt. Es war einerseits dazu bestimmt, feindliche Stämme des schottischen Hochlands an der Gewinnung von Ausgangsbasen für Einfälle in römisch besetzes Gebiet zu hindern, anderseits hatte seine Legion operative Aufgaben für die völlige Eroberung Schottlands. Wie noch zu zeigen sein wird, ähnelt das Legionslager Inchtuthil in vieler Hinsicht mehr den Marsch- und Einsatzlagern als den Lagern, die an den Reichsgrenzen hauptsächlich Sicherungsaufgaben erfüllten (S. 119ff.).

Wir beschränken uns in dieser Studie auf Legionslager. Selbstverständlich werden wir auch Innenbauten anderer Lagerarten zum Vergleich heranziehen. Vor allem müssen wir Lager berücksichtigen, in denen Vexillationen von Legionen allein oder gemeinsam mit Hilfstruppen gestanden haben. Außer reinen Hilfstruppenlagern sind noch Nachschublager in unsere Betrachtung einzubeziehen, ferner Arbeits- und Baulager sowie Belagerungslager[3].

Der zeitliche Rahmen unseres Überblicks ist durch das bisher bekannte archäologische Material begrenzt. Es umfaßt hauptsächlich die Prinzipatszeit von Augustus bis in das 3. Jahrhundert. Allerdings werden wir zur Erklärung von manchen kaiserzeitlichen Erscheinungen oft auch Nachrichten und gelegentlich archäologische Befunde aus der Zeit der Republik heranziehen müssen. Es war nicht zu vermeiden, auch Bauzustände der Zeit der Tetrarchie in unsere Überlegungen einzubeziehen, wenn sie – wie vermutlich in Carnuntum – vom vorangehenden Bauzustand nicht zu trennen waren. Dagegen haben wir spätrömische oder byzantinische Lagerneubauten in dieser Arbeit nicht behandelt[4].

Eine Bemerkung sei noch zu den Ortsangaben innerhalb der Legionslager gemacht. Um die Einteilung der Lager vergleichen zu können, haben wir auf die Angaben von Himmelsrichtungen verzichtet. Wir haben vielmehr alle Lagerpläne so orientiert, daß die Porta praetoria oben ist, also umgekehrt, als es Ps.-Hygin getan hat. Die Orientierungsangaben haben wir vom Standpunkt eines Beschauers aus gemacht, der im Eingang zum Lagerforum mit dem Blick zur Porta praetoria steht. Für ihn liegt die Praetentura vorne, die Retentura rückwärts. Dem entsprechen auch die lateinischen Bezeichnungen der Porta principalis ‚dextra' und ‚sinistra'.

2. Die Innenbauten

Unterkünfte

Innerhalb der römischen Lagerinnenbauten unterscheiden wir einerseits Unterkünfte für die Truppe und die Nutztiere, anderseits Gemeinschafts- und Spezialbauten, die verschiedenen Zwecken dienten. Beide Gruppen von Bauten sind etwa die gleichen wie in Städten und kleineren Siedlungen. Die Unterkünfte spiegeln nicht nur die Organisation und Mannschaftsstärke der Legion wider, sondern auch die Gliederung der Gesellschaft, aus der die Truppe hervorging. Die große Masse der Legionssoldaten machten die ‚(milites) gregarii', die einfachen Soldaten, und die Immunes, Soldaten mit speziellen Tätigkeiten, aus. Die untersten Dienstgrade waren die Principales, über denen die Centurionen standen, Offiziere, die meistens aus dem Mannschaftsstand hervorgingen. Die Tribuni militum und die Praefecti, Stabsoffiziere, waren ritterlichen, einige senatorischen Standes. Fast nur dem Senatorenstand entnommen waren die Legati legionis. Dieser sozialen Gliederung entsprachen auch die Unterkünfte. Man kann – wie heute – die militärischen Ränge und ihre gesellschaftliche Einstufung an der Fläche und der Ausstattung der Unterkünfte ablesen, die ihnen zustanden. Der einfache Infanterist hatte bis zu 2 qm Schlaffläche. Er hatte keinen Gemeinschaftsraum zum Aufenthalt während der dienstfreien Zeit. Mehr Platz war meistens den Soldaten der 1. Legionskohorte zugewiesen. Sie verfügten auch über einen Aufenthaltsraum. Die Kavalleristen scheinen mehr Platz als die Infanteristen gehabt zu haben. Die Immunes wohnten in Sonderunterkünften, deren Belegungsdichte etwa der der Infanteristen entsprochen zu haben scheint. Die Principales scheinen mehr Schlafplatz gehabt zu haben. Aber auch sie waren auf gemeinschaftliche Aufenthaltsräume für ihre dienstfreie Zeit angewiesen. Erst die Centurionen hatten eigene Unterkünfte, in denen sie mit ihrer Bedienung allein wohnen konnten. Ihre Unterkünfte hatten eine Bodenfläche von mindestens 240 qm. Die Häuser der Centurionen der 1. Kohorte, vor allem das des ranghöchsten Centurio, des Primipilus, waren noch größer. Wieder größer waren die Häuser der ritterlichen Tribunen und Praefekten. Der ritterliche Lagerkommandant und der senatorische Militärtribun hatten oft eine noch ausgedehntere Wohnfläche. Am größten war das Haus des Legionskommandeurs. Es war so groß, daß man es gerne als „Palast" bezeichnet.

Mannschaftsunterkünfte

Die meisten Mannschaftsunterkünfte lagen nahe der Lagerumwehrung. Die Kasernen der 1. Kohorte befanden sich rechts neben der Lagermitte, den Principia. Die einzelne Infanteriekaserne war ein schmaler rechteckiger Bau mit 10 bis 14 ungleich großen Kammerpaaren, vor denen sich eine Laube gegen eine Gasse öffnete (Bild 2). Am wallseitigen oder hauptstraßenseitigen Ende der schmalen Bauten lagen breite, kurze Wohnbauten. Zur Erklärung des schmalrechteckigen Baues mit den Kammerpaaren verhilft Ps.-Hygin, ein Fachschriftsteller aus der 2. Hälfte des 2. Jahrhunderts oder vielleicht erst des frühen 3. Jahrhunderts, der eine Anleitung zur Vermessung kombinierter Marschlager geschrieben hat (S. 124). Im Marschlager nächtigten die Soldaten in Lederzelten, deren Größe genormt war[5]. Nach Ps.-Hygin (c. 1) hatte eine Zeltgemeinschaft (contubernium) von 8 Mann einen Schlafraum (papilio) von 10 × 10 Fuß (= rd. 3 × 3 m), vor dem ein Raum für Waffen lag, der die gleiche Breite wie der Schlafraum hatte, aber nur dessen halbe Tiefe. Davor standen die Tragtiere. Die aus Holz und Lehm oder Stein gebauten Kasernen der Standlager bildeten die Zeltreihen der Centurien des Marschlagers nach. In ihnen waren die Zelte gleichsam aneinandergerückt. Die lateinische Bezeichnung für die Unterkunft einer Centurie war centuria[6]. Im Standlager bemaß man die Räume größer als im Marschlager, so daß auf jeden Mann etwa 2 qm Schlafraum einschließlich schmaler Gänge kamen. Man kam also ohne zweigeschossige Betten aus[7].

Die Centurie führte, wie wir meinen, in ihrer Stärkenachweisung auch während der Prinzipatszeit 100 Mann. In diesen waren 80 Mann Kampftruppe mit mindestens vier Dienstgraden enthalten. Außerdem enthielten die Centurienlisten jeweils mehrere Spezialsoldaten wie Handwerker, Ärzte und Verwaltungssoldaten, ferner einige Legionsreiter (S. 118ff.)[8]. Da in der Infanteriekaserne nur die Kampftruppe wohnte, aber nicht die Spezialisten und Reiter, genügten 10 Doppelkammern für die Mannschaften. Von der Zeit des Augustus ab bis in das 3. Jahrhundert hatten die Kasernen aber meist 11 bis 14 Doppelkammern. Wir werden dies S. 59f. zu erklären versuchen. Meistens lagen zwei Centurienunterkünfte spiegelbildlich einander so gegenüber, daß sie eine gemeinsame Mittelgasse hatten. Zwei Centurien bildeten einen Manipel, drei Manipel eine Kohorte. Die meisten Kohorten lagen so beisammen, daß sie einen zusammenhängenden Wallabschnitt besetzen konnten. Oft waren die Kasernenausgänge einer Kohorte auf diese Wallabschnitte ausgerichtet. Eine

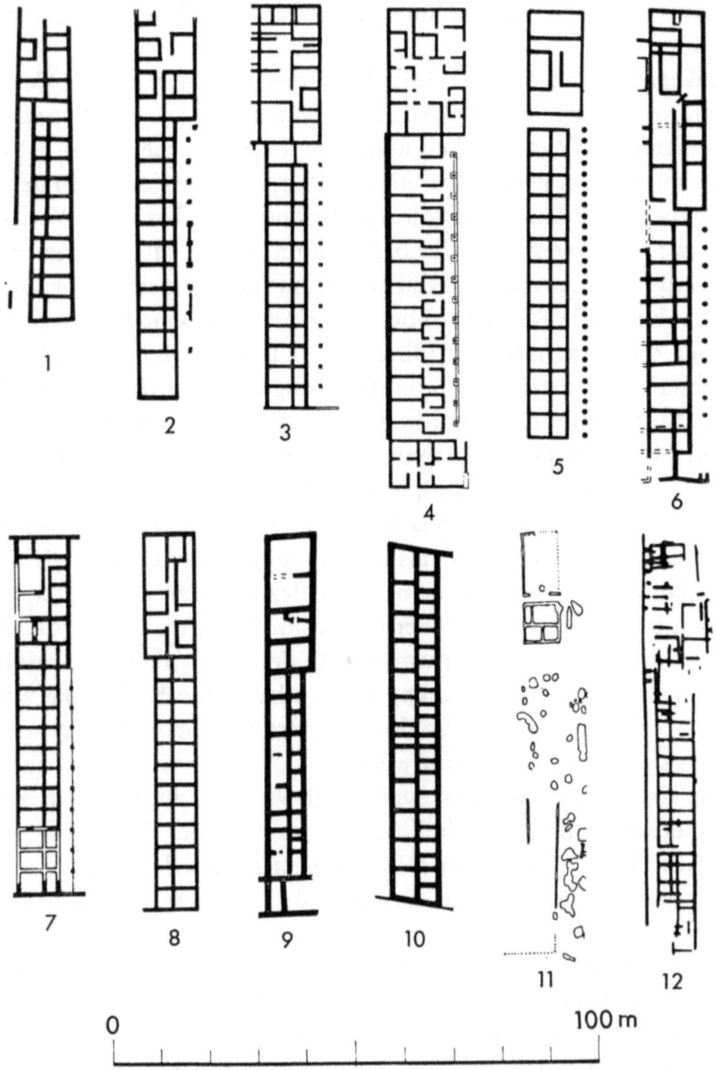

Bild 2: Centurienkasernen von 2.–10. Legionskohorten (zu S. 36–38, vgl. A. 7). 1:1500
1. Vindonissa (= Taf. 8b, zwischen 5 und 6). – 2. Vetera (= Taf. 5b, 10). – 3. Novaesium (= Taf. 6b, 14). – 4. Lambaesis (= Taf. 12b, 5). – 5. Inchtuthil (= Taf. 1b, 2). – 6. Vindonissa (= Taf. 8b, 7). – 7. Noviomagus (= Taf. 4b, 14). – 8. Caerleon (= Taf. 3b, 6). – 9. Carnuntum (= Taf. 11b, 2). – 10. Lauriacum (= Taf. 10b, 2). – 11. Dangstetten (nach G. Fingerlin). – 12. Vindonissa (nach M. Hartmann, mit Erlaubnis).

Ausnahme bildeten die Kohorten, die an der Via principalis lagen (Bild 32).

Die Kernfrage für die Rekonstruktion des Aufgehenden der Centurienkasernen ist die, wie die rückwärtigen Kammern, die papiliones, Tageslicht bekamen. Wenn nämlich zwei Centurienkasernen zweier Manipel Rücken an Rücken gebaut waren, konnten sie keine Fenster in der Rückwand haben. Vor jedem Schlafraum befand sich aber eine Waffen- und Gerätekammer. Wenn also der Schlafraum Tageslicht bekommen sollte, dann mußte er entweder „basilikal" erhöht gewesen sein oder Oberlicht gehabt haben[9]. Die Rekonstruktion mit einem Obergaden ist wahrscheinlicher als die Annahme von Oberlicht. Über die Inneneinrichtung der Mannschaftskasernen teilen die Grabungsberichte zahlreiche Einzelbeobachtungen mit. Diese müßten allerdings noch zeitlich geordnet werden. Die Schlafräume waren manchmal beheizt[10]. Die Fußböden bestanden oft aus gestampftem Lehm, aber auch aus anderen Materialien. Einmal wird von einem Boden aus Eichenbohlen berichtet[11]. In Novaesium benutzten die Soldaten Heu als Schlafunterlage, vielleicht als Füllung von Schlafsäcken[12]. Die Wände der Schlafräume waren verputzt, manchmal auch bemalt. Funde von Fensterglas in Caerleon zeigen, daß wenigstens dort die Fenster verglast waren[13]. In den Fußböden der Schlafräume befanden sich manchmal Kastengruben oder kleine Keller, die wohl mit Deckeln oder Falltüren verschlossen wurden. Eine Wasserversorgung hatten Kasernen nur ausnahmsweise[14].

Nach Zeugnissen von Ps.-Hygin und Vegetius hatte die 1. Legionskohorte etwa doppelt so viele Soldaten wie jede der übrigen Legionskohorten (S. 119ff.). Sie soll in 10 Centurien eingeteilt gewesen sein. Die archäologischen Befunde in einigermaßen vollständig ausgegrabenen Legionslagern bestätigen diese Nachrichten allerdings kaum.

Die Unterkünfte der 1. Kohorte (Bild 3) sind an drei Merkmalen zu erkennen: sie liegen in der rechten, vornehmen Lagerhälfte, meistens rechts von den Principia (Ps.-Hygin 3); die Unterkünfte für die Mannschaften und Principales sind oft geräumiger und bequemer als die der anderen Legionskohorten; vor den Mannschaftskasernen liegen fünf, nicht sechs geräumige Centurionenhäuser, von denen eines, nämlich das des Primipilus, besonders groß ist. Nach diesen Merkmalen sind in den Legionslagern Inchtuthil, Deva, Glevum, Caerleon, Noviomagus, Novaesium, Lauriacum, Carnuntum und Lambaesis Unterkünfte der 1. Legionskohorte mehr oder weniger sicher festzustellen. In Inchtuthil (Taf. 1) liegen rechts vom Lagerforum zunächst Tabernae (S. 51ff.), dann vermutlich eine Sonderunterkunft (S. 43f.) und danach 5 normale Manipel-

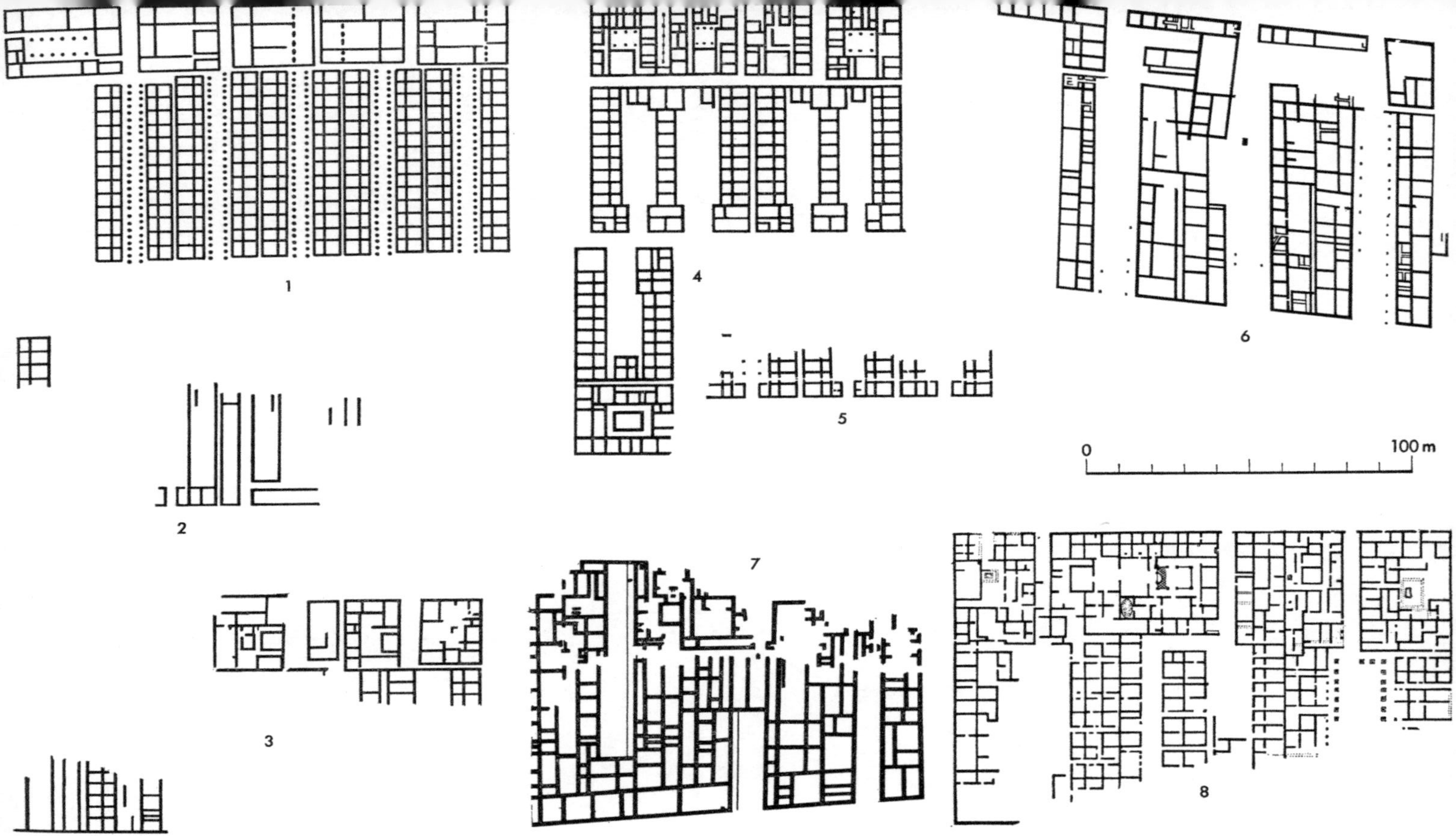

Bild 3: Kasernen von ersten Legionskohorten (zu S. 38–43, vgl. A. 15). 1:1500

1. Inchtuthil (= Taf. 1b, 7).
2. Deva (= Taf. 2b, 4).
3. Caerleon (= Taf. 3b, 3).
4. Noviomagus (= Taf. 4b, 10).
5. Novaesium (= Taf. 6b, 11).
6. Lauriacum (= Taf. 10b, 4).
7. Carnuntum (= Taf. 11b, 4).
8. Lambaesis (= Taf. 12b, 14).

kasernen mit 5 Centurionenhäusern, die größer sind als die der anderen Centurionen. Das Centuriohaus, das den Principia am nächsten liegt, ist am größten (S. 64). In Novaesium (Bild 3,5) wurden drei normale Manipelkasernen rechts vom Lagerforum ausgegraben. Die Centurionenhäuser waren, wie es scheint, schon vor der Ausgrabung zerstört. Zwischen den drei Manipelkasernen und den Tabernae, die gegenüber der rechten Principiaseite lagen, befanden sich keine weiteren Centurienkasernen, am ehesten lag dort eine Sonderunterkunft (S. 43). In Carnuntum (Bild 3,7) sind wie in Novaesium drei Manipelkasernen durch drei Gassen getrennt, die jeweils zwischen zwei Centurienkasernen desselben Manipels liegen. Die am weitesten rechts gelegenen zwei Kasernen sind schmaler als die übrigen vier (etwa nur je 6 m gegenüber rd. 8 m b). Während diese beiden schmalen Centurienkasernen nur zwei unregelmäßige Raumfluchten haben, weisen die übrigen vier Kasernen je drei unregelmäßige Raumfluchten auf. Die Centurionenhäuser sind durch Bodenerosion weitgehend zerstört. In Lauriacum (Bild 3,6) ist der Befund ähnlich wie in Carnuntum. Hier sind wieder drei Manipelkasernen durch drei Gassen voneinander getrennt. Wieder sind die beiden Centurienkasernen, die am weitesten rechts liegen, schmaler als die übrigen vier (rd. 14 und 12 m b gegenüber 19 und 13 sowie 15 und 13 m). Alle sechs Centurienkasernen weisen nur je zwei Raumfluchten auf. In Lambaesis (Bild 3,8) sind drei gleich breite (je rd. 50 m b) Manipelkasernen durch durchlaufende Mauern voneinander getrennt. Jeder der drei Manipel hat seinen Bauplatz nach einem anderen Plan bebaut, der rechte und linke Manipel mit je einer Zwischengasse, der mittlere mit zwei Gassen. Alle Centurienkasernen hatten je drei Raumfluchten. Vor den Kasernen lagen wahrscheinlich fünf Centurionenhäuser, von denen eines, nämlich das zweite, größer ist als die anderen. Nach den Kenntnissen über die Unterkünfte der 1. Legionskohorte, die wir in den Lagern Novaesium, Lauriacum, Carnuntum und Lambaesis gewonnen haben, ist es wahrscheinlich, daß auch in Noviomagus Kasernen der 1. Kohorte gefunden wurden, die hier aber in der rechten Praetenturahälfte lagen (Bild 3,4 und Taf. 4). Es sind drei Manipelkasernen, von denen eine wieder – wie in Lauriacum und Carnuntum – schmaler ist als die beiden anderen. Die schmaleren Centurienkasernen haben je zwei Raumfluchten, während die breiteren außer je zwei Raumfluchten noch eine weitere aufweisen, die zwischen zwei Centurienkasernen liegt. Die beiden starken Manipel haben Centurienkasernen mit je 10 Kontubernien, während der schmale Manipel eine Centurie mit nur sieben und eine mit nur neun Kontubernien hat. Mit den Mannschaftsunterkünften sind fünf Centurionenhäuser und eine Sonderunterkunft verbunden. Am wenigsten klar sind die Befunde in Caerleon und Deva. In Caerleon (Bild 3,3) ist nur eine sehr schmale Manipelkaserne mit einer Mittelgasse ganz rechts erhalten. Wenn man rekonstruieren will, kann man aber nach dem Maß dieser Kaserne den Platz bis zum Lagerforum nicht füllen. An der Straße, die an der rechten Principiaseite vorbeilief, waren wohl zunächst keine Kasernen, sondern Tabernae (S. 51 ff.), auf die eine Sonderunterkunft gefolgt sein dürfte. Das ist aber unsicher. Die Reste von Kasernen, die danach folgen, sehen nach breiten Kasernen mit mehr als zwei Raumfluchten aus. Ihre Zahl ist wohl kaum zu rekonstruieren, wenn es auch wahrscheinlich ist, daß hier insgesamt drei Manipelkasernen standen. In Deva (Bild 3,2) ist ebenfalls wenig von den Unterkünften der 1. Legionskohorte erhalten. Vielleicht bestanden auch sie aus drei Manipelkasernen, von denen jeweils die rechte Centurie zwei Baublöcke mit insgesamt drei Raumfluchten, die linke nur je einen Baublock mit zwei Fluchten hatte. An der Straße rechts des Lagerforums standen vielleicht Tabernen und eine Sonderunterkunft[15].

Aus der ausführlichen Schilderung der Unterkünfte der 1. Legionskohorte in acht Lagern ergeben sich so viele Gemeinsamkeiten, daß man sicher sein darf, die Unterkünfte der 1. Kohorte richtig zu erkennen und die erhaltenen Grundrisse für aussagefähig zu halten.

Am meisten fällt auf, daß nur Inchtuthil fünf Manipelkasernen für die 1. Kohorte aufweist, während in fünf, vielleicht sogar in sieben anderen Lagern drei Manipelkasernen dem gleichen Zweck dienten. Wir wollen das zunächst nur feststellen und erst in einer zusammenfassenden Betrachtung über die Gesamtstärke einer prinzipatszeitlichen Legion zu erklären versuchen (S. 118ff.). Hier sei noch auf zwei der beobachteten Erscheinungen eingegangen, nämlich auf die Unterschiede der Kasernengrößen in einigen Lagern und auf die zusätzlichen Räume, die nur die Kasernen der 1. Kohorte zum Unterschied von den übrigen Legionskohorten aufweisen. In den Lagern Lauriacum, Carnuntum und Noviomagus ist eine Manipelkaserne der 1. Kohorte schmäler als die beiden anderen. In Carnuntum und Noviomagus unterscheidet sie sich auch noch dadurch, daß sie nur je zwei Raumfluchten hat, während die beiden anderen teils zwei, teils drei Fluchten aufweisen. Vegetius (2,8) berichtet, daß die 1. Legionskohorte zehn Centurien habe, die von fünf Centurionen geführt wurden. Der primus pilus führte 400 Mann, der primus hastatus 200 Mann, der princeps 150 Mann, ebenso der secundus hastatus; der triarius prior führte 100 Mann. Da sich in einer Inschrift aus Lambaesis fünf Optiones der 1. Kohorte der Legio III Aug. nennen, scheint in der Angabe des Vegetius ein richtiger Kern zu stecken. Wenn aber für 10 Centurien nur sechs Centurienkasernen gebaut waren, besteht hier ein Mißverhältnis im Vergleich zu den übrigen Kohorten der Legion. Vielleicht waren aber zwei Centurien der 1. Kohorte weniger angesehen als die anderen. In dieser Ungleichheit der Centurien der 1. Legionskohorte könnte also die Nachricht des Vegetius mit dem archäologischen Befund übereinstimmen (S. 123). Mit der Ungleichheit der Centurien innerhalb der 1. Legionskohorte mag es zusammenhängen, daß die beiden Manipelkasernen, die dem Lagerforum am nächsten lagen, noch zusätzliche Räume hatten, d. h. außer dem papilio und dem Waffenraum manchmal noch einen dritten. Bisher scheint noch kein Verwendungszweck für diese zusätzlichen Räume bekanntgeworden zu sein. Ställe waren sie kaum[16]. Vielleicht nahmen sie zusätzliches Gepäck auf, vielleicht dienten sie als Unterkünfte für abkommandierte Angehörige der 1. Kohorte, die sich nur vorübergehend bei ihrer Stammeinheit aufhielten (S. 122f.).

Unterkünfte der Immunes

Außer den Centurienkasernen gab es in allen Legionslagern Unterkünfte, die ihrem Bautyp nach zwar Mannschaftskasernen waren, aber ihrer Größe und Raumeinteilung nach nicht für Einheiten der Kampftruppe bestimmt waren. Sie lagen entweder bei den Principia oder bei Wirtschaftsbauten, vielleicht auch beim Lazarett. Die Lage dieser Sonderunterkünfte spricht dafür, daß in ihnen Spezialisten wohnten: Verwaltungssoldaten, Handwerker und Lazarettsoldaten. Sonderunterkünfte links oder rechts neben dem Lagerforum sind in den ständigen Legionslagern Inchtuthil, Bonna und Lauriacum mit Wahrscheinlichkeit erkannt (Bild 4,1–4). Derartige Unterkünfte sind wohl auch in Deva, Caerleon, Novaesium und Vindonissa, vielleicht auch in Vetera anzunehmen (Bild 4,5–7, 9 und 10). Es liegt nahe, sie als Unterkünfte für Angehörige von Stäben anzusehen, die in den benachbarten Principia ihre Diensträume hatten[17]. Dementsprechend hatten die ‚officiales' im Marschlager Ps.-Hygins (c. 7) ihre Zelte unmittelbar rechts vom Praetorium. Auch andere Sonderunterkünfte sind den Bauten zugeordnet, in denen die betreffenden Soldaten arbeiteten. In Noviomagus und vielleicht in Caerleon und Novaesium lagen Sonderunterkünfte bei Tribunenbauten oder beim Haus des Praefectus castrorum (Bild 4,8 und 11). Am häufigsten waren sie bei Wirtschaftsbauten (Bild 5,1–10). In Novaesium befanden sie sich bei dem Wirtschaftsbau, der im zweitletzten Scamnum

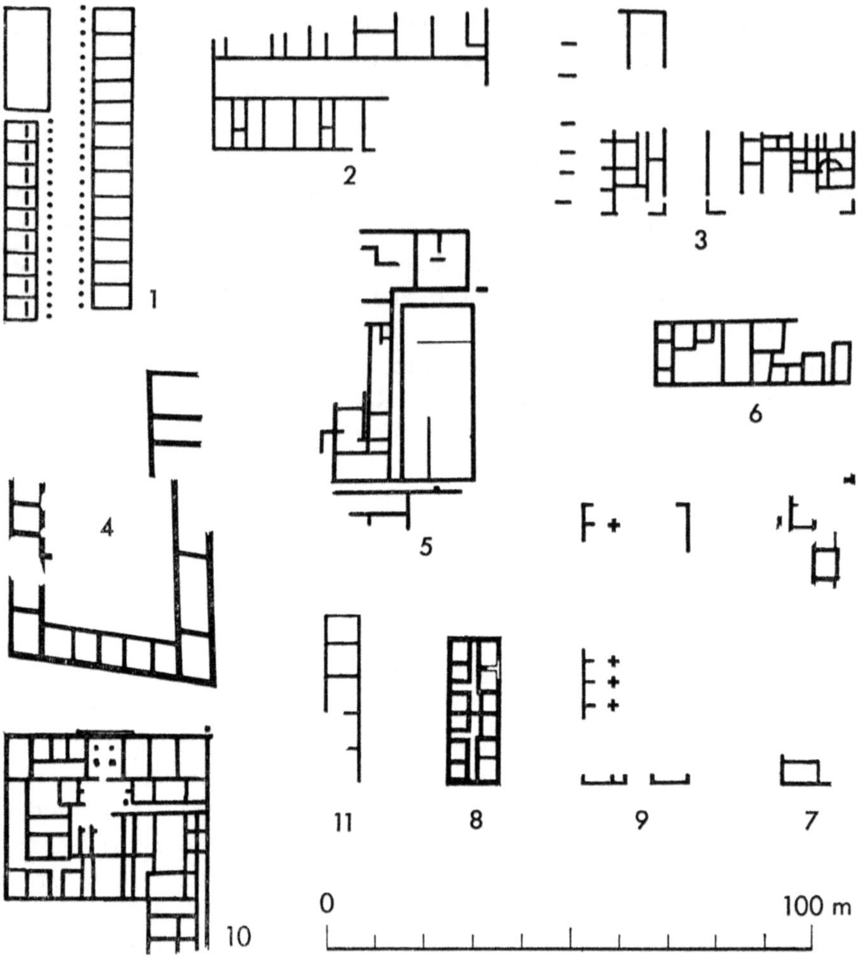

Bild 4: Unterkünfte für Immunes bei Principiabauten und Offiziersunterkünften (zu S. 43, vgl. A. 17). 1:1500
1. Inchtuthil (= Taf. 1b, 8). – 2. Bonna (= Taf. 7b, 6). – 3. (?) Bonna (= Taf. 7b, 7). – 4. Lauriacum (= Taf. 10b, 6). – 5. (?) Caerleon (= Taf. 3b, 4). – 6. Vindonissa (= Taf. 8b, 15). – 7. Novaesium (= Taf. 6b, 10). – 8. Noviomagus (= Taf. 4b, 11). – 9. (?) Deva (= Taf. 2b, 5). – 10. (?) Vetera (= Taf. 5b, 9). – 11. (?) Novaesium (= Taf. 6b, 8).

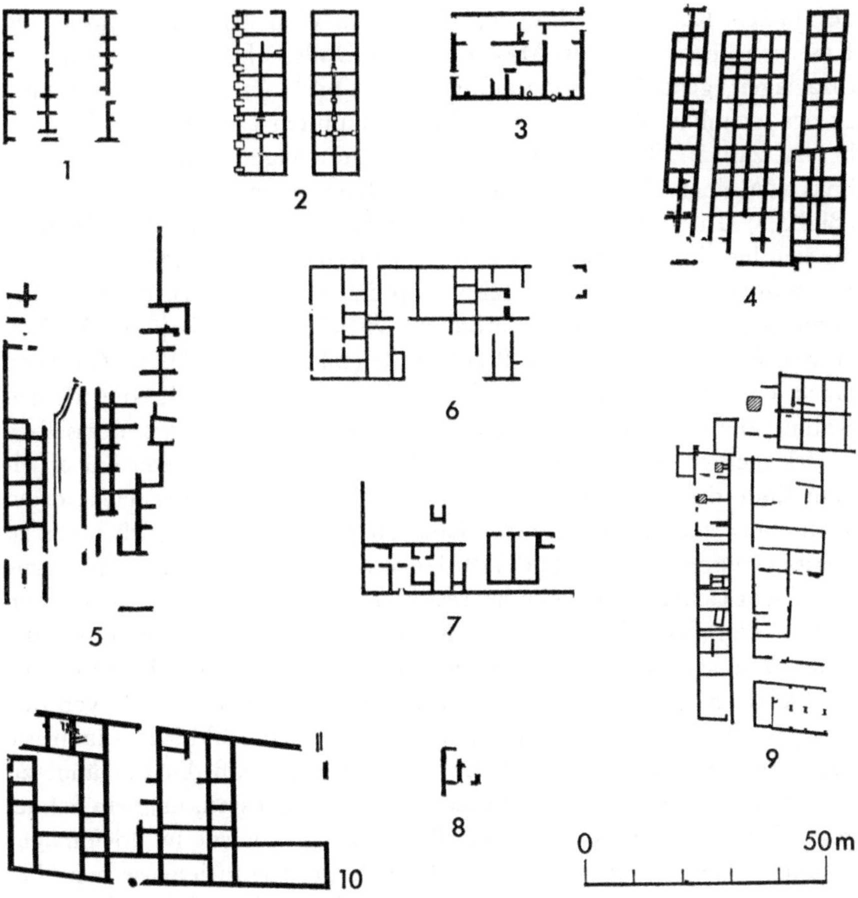

Bild 5: Unterkünfte für Immunes bei Wirtschaftsbauten (zu S. 43–46, vgl. A. 18f.). 1 : 1500
1. Novaesium (= Taf. 6b, 20). – 2. Novaesium (= Taf. 6b, 4). – 3. Novaesium (= Taf. 6b, 16). – 4. Vindonissa (= Taf. 8b, 11). – 5. Vindonissa (= Taf. 8b, 14). – 6. Lambaesis (= Taf. 12b, 13). – 7. Lambaesis (= Taf. 12b, 3). – 8. Exeter (Holz) (nach Current Archaeology, mit Erlaubnis). – 9. Haltern (Holz) (nach v. Schnurbein). – 10. Lauriacum (= Taf. 10b, 7).

der linken Retenturahälfte lag (Bild 5,1). Wahrscheinlich waren die Kasernen, die hinter den Magazinen der Hallenfabrica in der Praetentura lagen, gleichfalls Sonderunterkünfte (Bild 5,2). Unter Umständen ist der wohnhausähnliche Bau beim sogenannten Carcer ebenfalls hierher zu zählen (S. 87f., Bild 5,3). In Haltern lagen Sonderunterkünfte links von einem Wirtschaftsbau im vorderen Scamnum der Retentura (Bild 5,9). In Vindonissa lagen sie ebenfalls bei den Wirtschaftsbauten, die sich hier im hintersten Scamnum der Retentura befanden (Bild 5,4). In Lambaesis sind sie sicher bei dem in der linken Praetenturahälfte befindlichen Wirtschaftsbezirk erhalten, vielleicht noch bei der Hallenfabrica im rechten Teil der Praetentura (Bild 5,6 und 7). In Caerleon lagen Unterkünfte in einem Wirtschaftsbau (S. 48f.). Ob die kleinen Räume, die bei den Ecken der Fabrica von Inchtuthil lagen, demselben Zweck dienten, ist unsicher (S. 53). Die Fabrica von Exeter hat an einem Ende des Baues ein „office". Daneben standen Kasernen und ein Wohnhaus, das einem Centuriohaus ähnelt. Sie könnten ebenfalls in unsere Gruppe gehören (Bild 5,8). Ungewiß ist, ob die Centurienkaserne mit einem Centuriohaus, die im Legionslager Noviomagus zwischen den Horrea und einer Kaserne der 1. Kohorte liegt, ebenfalls Immunes, die in den Wirtschaftsbauten arbeiteten, aufnahm (Taf. 4). Da diese Kaserne ein Offizierswohnhaus hat, das sich in Größe und Anlage nicht von den gewöhnlichen Centurionenhäusern unterscheidet (Bild 9,2), kann sie kaum zu den Kasernen der 1. Kohorte gehören. Daß die Eingänge zu den Stuben von den Wirtschaftsbauten abgewendet sind, mag ein Schutz gegen Staubbelästigung sein. Eine Parallele zur Kaserne in Noviomagus könnte Novaesium bieten. Da hier die Zahl der Centurienkasernen über 60 hinausgeht, wird man erwägen müssen, ob die überzähligen Kasernen nicht gleichfalls Immunes und deren Principales aufgenommen haben (S. 110)[18]. Gegenüber den Unterkünften bei Wirtschaftsbauten sind solche bei Lazaretten wenig sicher belegt. In Bonna (?), Vindonissa und Lauriacum liegen Sonderunterkünfte bei Lazaretten. In keinem Fall ist es aber sicher, daß die Unterkünfte und Valetudinaria zusammengehören (Bild 5,5 und 10)[19].

Wir müssen nun überprüfen, ob alle Immunes und Principales, die nicht in den Centurienkasernen untergebracht waren, in den soeben festgestellten Sonderunterkünften Platz hatten. Die Differenz von 80 Soldaten der Kampftruppe zur numerischen Centurienstärke von 100 Mann ergibt für die ganze Legion 1200 Mann, deren Unterkünfte nachzuweisen sind. In ihnen sind 120 Legionsreiter enthalten, da diese gleichfalls in den Stärkenachweisungen der Centurien geführt waren (S. 120).

Aus Ps.-Hygin c.1 wird entnommen werden dürfen, daß die Dienstgrade unter den Centurionen, der Tesserarius, der Optio und der Signifer, in den 80 Mann Einsatztruppe der Centurie enthalten waren. Zu den überzähligen 1200 Mann gehörten aber gewiß die Immunes. Ihre Zahl ist leider nicht ausdrücklich überliefert. Aus den Listen von Truppenteilen, die auf Inschriften und Papyri erhalten sind, ergibt sich ihre Gesamtzahl ebensowenig wie aus einzelnen Nachrichten über sie[20]. Einen Anhalt bietet Ps.-Hygin (c. 5 und 30). Dieser schreibt vor, daß 1600 ‚vexillarii' für drei Legionen, also über 530 Mann je Legion, in der Praetentura des Marschlagers oder an den Seiten des Praetoriums oberhalb der 1. Kohorte untergebracht werden sollen und daß sie wegen ihres vielen Marschgepäcks ebensoviel Platz brauchen wie eine 600 Mann starke Legionskohorte. Sie sollen keinesfalls am Wall liegen, weil sie keine Kampftruppe sind und nicht dem Legionskommandeur unterstehen. A. v. Domaszewski hat vermutet, daß unter den Vexillarii legionum „jene Legionare" zu verstehen seien, „welche beim schweren Train in irgend einer Verwendung, z. B. als Spitalpersonal, als Feldschmiede etc. standen" und als eigene Arbeitsvexillation ausgegliedert waren, da sie nicht unmittelbar am Kampfeinsatz teilnahmen[21]. Danach hätten also die Immunes, die dem Praefectus castrorum unterstanden, diese Vexillarii gebildet. A. v. Domaszewski begründet seine Meinung mit vier aus Ps.-Hygin entnommenen Argumenten:

1. Ihr Lagerplatz im Marschlager Ps.-Hygins war von der Fabrica, dem Valetudinarium und dem Veterinarium umgeben.
2. Sie waren „Nichtcombattanten".
3. Sie hatten besonders viele impedimenta.
4. Der Legatus legionis war nicht ihr Vorgesetzter.

Die Argumente reichen allerdings nicht aus, um in den Vexillarii nur jenen angesprochenen Kreis von Immunes zu erkennen. Sie passen auch auf einen Teil des regulären Legionstrosses (S. 57ff.), besonders, wenn das Veterinarium kein Tierlazarett, wie man gewöhnlich meint, sondern ein Stall für Zug- und Tragtiere war (S. 101f.). Die Troßangehörigen waren, wie Vegetius (3,6) berichtet, in Züge mit eigenen Vexilla gegliedert. Sie waren also Vexillarii (S. 58). Man wird danach annehmen müssen, daß Ps.-Hygins Vexillarii sowohl Immunes als auch Troßangehörige waren, die auf dem Marsch einen gemeinsamen Marschblock bildeten. Dann wird man aber aus der Zahl der Vexillarii Ps.-Hygins keine Rückschlüsse auf die Zahl der Immunes ziehen dürfen.

Von den 1200 überzähligen Mannschaften, die nicht zur Kampftruppe im engsten Sinn gehörten, werden viele an einem Kriegsmarsch ihrer

Legion nicht teilgenommen haben, nämlich die vielen Gregarii, Principales, Immunes und Centurionen, die zu Stäben von Statthaltern und anderen hohen Beamten abkommandiert waren. Viele taten auf Straßen-, Zoll- und Steuerstationen ihren Dienst. Zurück blieben auch diejenigen Immunes und Principales, die in Nachschub- und Arbeitslagern arbeiteten oder andere Daueraufträge außerhalb des Legionsstandlagers ausführten. Wie groß ihre Zahl war, versuchen wir S. 122f. zu schätzen.

Einen Anhalt für die Zahl der Immunes und Principales, die innerhalb eines Legionsstandlagers Dienst machten, gewinnt man aus der Zahl der Sonderunterkünfte. Leider können wir nur in Novaesium die Sonderunterkünfte einigermaßen vollständig feststellen. Das Lager Inchtuthil ist nicht ohne weiteres vergleichbar, weil es eine im Kriegseinsatz befindliche Legion aufnahm (S. 33f.). In Lauriacum mögen viele Spezialisten, wie auch die Offiziere, außerhalb des Lagers gewohnt haben, und in Carnuntum sind einige Teile des Lagers durch spätrömische Neubauten für unsere Fragen verunklärt worden. Andere Lager wie Lambaesis, Vindonissa und Noviomagus sind nicht vollständig ausgegraben. In Novaesium liegen bei einem Wirtschaftsbau im zweitletzten Scamnum der Retentura zwei Sonderunterkünfte, von denen eine etwa 25, die andere 4 Räume und einen großen Raum hat (Bild 5,1 und 9,4). Wenn man in Betracht zieht, daß die Handwerker besonders viele impedimenta hatten, darunter gewiß auch das eigene Werkzeug, von dem sich kein Handwerker trennt, mag jedes Contubernium der Handwerker zwei Räume gehabt haben. Das ist auch deshalb anzunehmen, weil die Räume der Sonderunterkünfte kleiner waren als die Schlafräume der Infanteristen. Dann könnten in den angeführten Sonderunterkünften nur rund 120 Mann geschlafen haben. Rechnet man zwei weitere Bauten in der Praetentura hinzu, die dort bei Magazinen liegen (Bild 5,2), dann können dort höchstens noch einmal so viele Immunes gelegen haben. Der große Bau neben diesen Unterkünften (Bild 9,3) könnte für den Optio fabricae bestimmt gewesen sein[22]. Wie groß eine oder zwei Sonderunterkünfte waren, die neben dem Lagerforum anzunehmen sein werden, vermögen wir am besten in Lauriacum abzuschätzen (Bild 4,4). Hier war Platz für etwa ebensoviel Mann wie in einer Centurienkaserne, also etwa für 80. In Vindonissa ist die Zahl der Sonderunterkünfte, die bei den Wirtschaftsbauten der Retentura lagen, größer als in Novaesium. Dort befanden sich vier Sonderunterkünfte mit insgesamt 2 × 37 Räumen und drei größere Einzelunterkünfte (Bild 5,4 und 5). Sie boten für 300 Mann Platz. In Caerleon scheinen in der „Fabrica", die im linken Teil des mittleren Rententura-Scamnums stand, auch Sonderunterkünfte gelegen zu haben

(Bild 26,1). Es ist allerdings unklar, welche Räume des ganzen Baukomplexes Unterkünfte und welche Arbeitsräume waren. In dem SO-Streifen des Baues könnten 22 Unterkunftsräume angenommen werden, also etwa 176 Mann untergebracht gewesen sein. Nimmt man weitere Bauteile hinzu, die von den genannten durch einen Korridor getrennt sind, kämen mindestens drei weitere Unterkünfte hinzu. Dadurch würde sich die errechnete Belegungszahl auf 280 erhöhen. Das entspräche den Zahlen, die wir in Novaesium und Vindonissa ermittelt zu haben glauben. In Haltern scheinen vier große Unterkunftsbauten einem Wirtschaftsbau im vorderen Scamnum der Retentura zugeordnet gewesen zu sein. Die Zahl der Räume scheint nicht einwandfrei feststellbar zu sein (Bild 5,9). Nur zwei dieser Bauten haben Doppelräume, die allerdings so groß sind, daß man zögert, sie als jeweils einen Schlaf- und einen Geräteraum anzusehen. Die Größe jedes einzelnen Raumes ist etwa dieselbe wie die von papilio und arma einer Centurienkaserne in Haltern zusammengerechnet. Man wird deshalb annehmen dürfen, daß in jedem Raum dieser Sonderunterkünfte sowohl die Immunes wie auch ihr Gerät Platz fanden. Dann aber konnten vielleicht rund 50 Räume mit je 8 Mann belegt werden. 400 Immunes für Handwerks- und Magazinarbeiten ist viel mehr, als wir in Novaesium und Vindonissa feststellen konnten. Das ist wohl damit zu erklären, daß das Lager Haltern vorwiegend Versorgungs- und Nachschubzwecken diente (S. 153). Sehen wir von Haltern ab, dann steht fest, daß die bisher erkannten Sonderunterkünfte der Lager Inchtuthil, Novaesium und Vindonissa – das allerdings noch nicht vollständig bekannt ist – nicht für alle Immunes ausgereicht haben, die eine Legion brauchte.

Wenig wahrscheinlich wäre wohl die Annahme, daß Verwaltungssoldaten in den Räumen gewohnt haben, die das Lagerforum umrahmen. Schon wegen der Sicherheit von Kassen und Registraturen wird man wohl kaum zugelassen haben, daß die Verwaltungs-Immunes in oder bei den Diensträumen wohnten. Dagegen wird man zu überlegen haben, ob Immunes nicht auch in den Tabernae gewohnt haben, die die wichtigsten Straßen der Legionslager beidseitig säumten (S. 53, Bild 6). In Inchtuthil scheint es 180 Tabernen gegeben zu haben, in Novaesium mindestens 140, wahrscheinlich 198 oder mehr. Auch alle anderen uns bekannten Legionslager hatten Tabernen an den Hauptstraßen. Manchmal waren mehrere Tabernen zu breitrechteckigen Bauten zusammengefaßt, die ursprünglich wohl durch leichte Trennwände in Kammern aufgegliedert waren[23]. Ihre Größe schwankt, sie waren aber immer größer als ein papilio einer Infanteriekaserne. Ihre Raumfläche betrug rund 30–40 qm. Die Tabernen wurden häufig als Wirtschaftsräume benutzt (S. 96f.). Weitere Tabernen scheinen für die Unterbringung der Legionskavallerie gedient zu haben (S. 51ff.). Trotzdem ist es nicht auszuschließen, daß einige von ihnen auch für die Unterbringung von Verwaltungs-Immunes benutzt wurden, z. B. die Tabernae, die vor den Tribunenhäusern lagen. Man wird auch die Möglichkeit nicht ausschließen, daß Handwerker-Immunes, die in Tabernae arbeiteten, dort ebenfalls wohnten. Das entspräche Gewohnheiten in römischen Städten (S. 143f.). Ebenso könnten Handwerker-Immunes in den Wirtschaftsbauten gewohnt haben, deren Innengliederung an Basare erinnert (S. 94). Zählt man alle diese Wohnmöglichkeiten zu den Sonderunterkünften hinzu, dürfte die Unterbringung aller im Legionslager tätigen Immunes nicht schwierig gewesen sein. Man wird dabei allerdings die Maßstäbe anlegen müssen, die die militärischen Erfordernisse und die Wohn- und Arbeitsgewohnheiten kleiner Handwerker in römischen Städten, Kleinsiedlungen und auf dem Lande setzten.

Unterkünfte der Legionsreiter

Die Frage, wo die Legionsreiter im Legionslager untergebracht waren, hat man auf verschiedene Weise zu beantworten gesucht. Den einzigen Hinweis auf die Lage ihrer Unterkünfte gibt Polybios (6,28). Danach hatten die Reiter im Lager des konsularischen Zweilegionenheeres im 2. Jahrhundert v. Chr. ihre Zelte auf beiden Seiten der Straße, die man heute Via decumana nennt. Zwar entspricht das Lager des Zweilegionenheeres, das Polybios beschrieb, nicht in allen Einzelheiten den prinzipatszeitlichen Marsch- und Standlagern, aber doch in Grundzügen wie in der Straßeneinteilung, dem Platz des Lagerforums und dem des Scamnum tribunorum. Viele Unterschiede zwischen einem Lager aus der Zeit des Augustus und einem solchen aus der Zeit des Scipio Aemilianus spiegeln bloß den Wandel der Organisation einer Legion und der Logistik wider, gehen aber nicht auf eine Änderung der Prinzipien zurück, nach denen man von republikanischer bis in byzantinische Zeit ein Truppenlager einteilte (S. 113ff.). Aus dem erhaltenen Teil von Ps.-Hygins Schrift erfahren wir nichts über die Unterbringung der Legionsreiterei (S. 126). Über die Zahl von Kavalleristen in einer Legion sind nur zwei direkte antike Zeugnisse auf uns gekommen. Iosephus (b. Iud. 3,6,2) gibt an, daß jede Legion 120 Reiter habe, Vegetius kennt dagegen (2,6 und 2,14) eine Gesamtstärke von 726 Legionsreitern. In der Zeit, von der er spricht, hatte jede Kohorte eigene Legionsreiter und eigene

Artilleristen. Auf welche Epoche der römischen Militärgeschichte seine Angaben zurückgehen, ist unklar, vielleicht auf eine Zeit nach der Tetrarchie (S. 131)[24].

Schon H. Nissen und E. Nowotny haben die Tabernae, die an der Via principalis eines Legionslagers standen, von denen unterschieden, die sich in der Retentura, vor allem an der Via decumana, befanden. Sie haben die zuletzt genannte Gruppe als Unterkünfte der Legionsreiter und ihrer Pferde angesehen. Man dachte daran, daß der vordere Raum als Stall, der rückwärtige als Unterkunft für die Reiter diente[25]. C. Koenen erklärte die Kasernen, die er im mittleren Scamnum der Praetentura von Novaesium ausgegraben hatte, als Reiterkasernen. Wir werden S. 55ff. zu zeigen versuchen, daß diese Unterkünfte eine Hilfstruppe aufnahmen. Sir Ian Richmond hielt die anderthalb Kasernen für Reiterunterkünfte, die in Inchtuthil zwischen dem Lagerforum und den Unterkünften der 1. Kohorte lagen. Wir haben sie S. 121 als Sonderunterkünfte erklärt[26].

Von den bisher vorgebrachten drei Lösungsvorschlägen scheint mir der erste der wahrscheinlichste zu sein. Die Kasernen von Novaesium, die Koenen für die Legionsreiter in Anspruch nahm, haben allein im Scamnum vor den Tribunenhäusern fast 160 Doppelräume (Bild 8,1). Das ist für 120 Reiter mit ihren Pferden entschieden zuviel. Außerdem gibt es keine Parallele zu diesen ‚Reiterkasernen' in einem anderen uns bekannten Legionslager. Daß andererseits die anderthalb Kasernen in Inchtuthil (Bild 4,1) für die Legionskavallerie zu wenig Platz boten, hat schon D. Breeze erkannt[27]. Wir haben bereits darauf hingewiesen, daß nach Polybios (6,28) die Legionsreiter an der heute Via decumana genannten Straße lagen. Die equites singulares waren in seinem Lager gegenüber dem Forum und Quaestorium untergebracht, die equites extraordinarii an der Querstraße hinter dem Forum, Quaestorium und Praetorium (6,31,2–4 und 7). Im Prinzip folgt die Unterbringung der Reiter im Marschlager Ps.-Hygins dieser Tradition. Die Praetorianerkavallerie hatte rechts vom Praetorium ihre Zelte, die equites singulares des Kaisers auf der anderen Seite (c. 7). Die statores lagerten beim Praetorium an der Via quintana (c. 19). Dieser Anordnung der Zelte der Kavallerie entspricht ihr Platz in der Marschordnung der Legion[28]. Überträgt man die Grundsätze der Reiterunterbringung, die die Marschlager des Polybios und Ps.-Hygins erkennen lassen, auf die uns bekannten Legions-Standlager, wird man auf die Tabernae stoßen, die an den ‚latera praetorii', an der Via quintana und der Via ‚decumana' lagen (Bild 6). Sie scheinen die Unterkünfte für die Legionsreiter, die equites

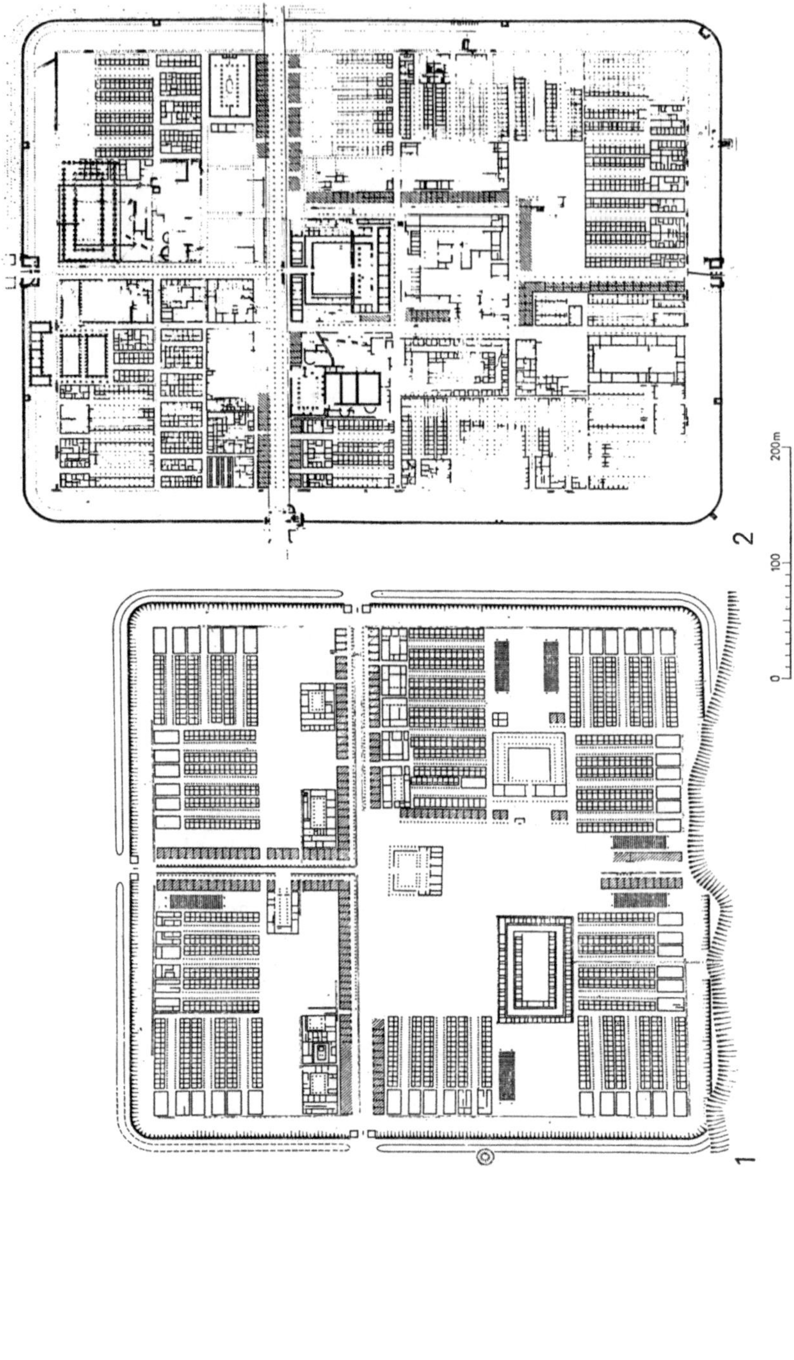

Bild 6: Tabernae in Inchtuthil und Novaesium (zu S. 51–54, vgl. A. 23). 1:6000

singulares und die stratores gewesen zu sein[29]. Ihr Platz an breiten Straßen (an Viae vicinariae und an den Viae quintana sowie ‚decumana') ermöglichte rasches Antreten (S. 114).

Von den Tabernae scheiden die an der Hauptstraße gelegenen aus, weil sie als Magazine und Handwerkerräume, vielleicht als Wagenschuppen, manchmal möglicherweise als Unterkünfte von Verwaltungssoldaten dienten (S. 49, 58f. und 96f.). Man muß also prüfen, ob die Tabernae, die in den rückwärtigen Teilen der Retentura lagen, als Unterkünfte für Pferde und Reiter gedient haben können. Zunächst ihre Zahl: in Novaesium waren es mindestens 78, vielleicht 92 Tabernae, in Inchtuthil höchstens 84. Nach der Zahl könnte man also jeweils zwei Pferde und zwei Reiter in einer Zelle unterbringen. Ein Pferd braucht heute rund 1,5 m Stellbreite und 3,2 m Stellänge (Bild 7). In einer Taberna in Inchtuthil, die 5 m breit und 8 m tief war, konnten also bequem drei Pferde und drei Mann mit Sätteln und Gepäck untergebracht werden. Auch in Novaesium reichten die Tabernae aus. Sie waren in der Retentura durch eine Trennwand in einen vorderen und einen rückwärtigen Teil geschieden. An der Via decumana war der vordere Teil der zweigeteilten Tabernae rund 2,5 bis 3 m tief und gut 6 m breit, der hintere bei gleicher Breite 3,5 bis 4 m tief. Die meisten übrigen Tabernae der Retentura hatten noch günstigere Maße[30]. Man muß bei diesen Überlegungen noch berücksichtigen, daß die Zahl der Pferde größer war als die Zahl der Kavalleristen, daß ferner die Legionsreiter Sklaven als Pferdeburschen hatten und daß in den Unterkünften Platz sein mußte für Pferdegeschirr, Stallgerät, Futter und persönliches Gepäck. Die vollständige und genaue Kartierung einschlägiger Einzelfunde in den Legionslagern könnte

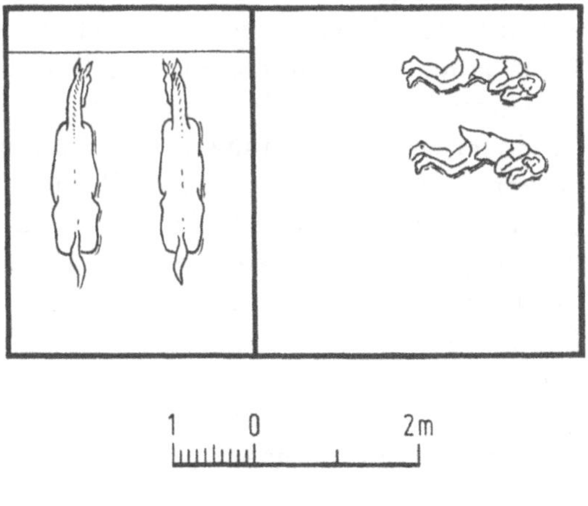

Bild 7:
Belegung einer Taberna mit Reitern und Pferden (s. o., vgl. A. 30). 1:100

manche noch offene Frage klären. Daß die Vorstellung von den Tabernae, die mit Reitern und Pferden belegt waren, nicht abwegig ist, ergibt ein Zitat aus den Digesten des (P.) Alfenus Varus: agaso, cum in tabernam equum duceret, etc. Ein noch erhaltenes Beispiel mag das spätrömische Pilgerhaus von Theveste-Tébessa bieten. Hier standen die Reit- und Tragtiere, wie die Anbinderinge und Krippentröge zeigen, in einer Laube vor dem Fenster, das der Unterkunft des Reisenden Licht gab[31].

Es ist schwer, die Zahl der Reitpferde einer Legion auch nur zu schätzen. Einerseits ist die Organisation der Legionskavallerie noch immer nicht völlig klar, anderseits ist nicht überliefert, wie viele Pferde den Offizieren der Legion zustanden. Aus Ps.-Hygin (c. 7 und 16) ergibt sich, daß die Kavallerie-Offiziere je nach ihrem Dienstgrad 2 oder 3 Pferde hatten. Dasselbe wird auch für die Infanterie-Offiziere vom Centurio an aufwärts anzunehmen sein. Wenn man nur mit etwa 220 Pferden rechnet, kommt man auf rund 75 Tabernen, die mit je drei Pferden belegt waren. Das entspricht ungefähr der Zahl der Tabernen, die in der Retentura von Inchtuthil und Novaesium nachgewiesen sind. Wenn die Zahl der Pferde größer war, müßte man eine dichtere Belegung der Tabernen annehmen.

Unterkünfte der Artilleristen

D. Baatz hat wahrscheinlich gemacht, daß schon die Legionen der Zeit Vespasians ebenso viele Geschütze hatten, wie ihnen nach den Angaben des Vegetius zustanden, nämlich ein Pfeilgeschütz je Centurie und einen Onager je Kohorte[32]. Wahrscheinlich befanden sich in jeder Centurie einige Soldaten, die eine Sonderausbildung an Geschützen erhalten hatten. Ob sie schon im 1. Jahrhundert eine gemeinsame Unterkunft hatten, wie man das aus Vegetius (2,25) für die spätrömische Zeit annehmen muß, ist nicht sicher, aber durchaus möglich. Aufschlußreich ist hierfür eine Beobachtung in Carnuntum, wo in späterer Zeit in einer Kaserne mehrere Räume zu zwei Räumen zusammengefaßt wurden. In einem von ihnen fand sich eine etwa 2 qm große Mulde mit 34 großen, 2 mittelgroßen und 17 kleinen Geschützkugeln. Nach Vegetius war eine Bedienungsmannschaft eines fahrbaren Pfeilgeschützes 11 Mann stark. Der Onager brauchte gewiß nicht weniger Bedienung. Die Artilleristen konnten also in einem ganzen und einem Teil eines weiteren Papilio gemeinsam untergebracht sein[33]. Sie waren aber wohl in die 80 Mannstärke jeder Centurie einbezogen, wenn das auch nicht ausdrücklich überliefert ist. Ungeklärt ist die Frage, wo die Geschütze untergestellt wurden, wenn sie nicht im Einsatz waren. Nimmt man für sie je einen Raum in jeder Centurienkaserne in Anspruch, dann gerät man mit der Unterbringung der Principales der Kohorten in Schwierigkeiten (S. 59f.). Man wird am ehesten annehmen, daß die Geschütze mit den Wagen des Trosses zusammen untergebracht waren (S. 58f.).

Unterkünfte von Hilfstruppen in Legionslagern

Im mittleren Praetentura-Scamnum des Legionslagers Novaesium standen 18 langrechteckige Kasernen mit durchschnittlich je neun Doppelräumen (Taf. 6 und Bild 8,1). Der rückwärtige Raum war ‚um eine Mauerbreite' größer als der vordere. Die Kasernen waren rund 33,7–34,5 m lang und rund 9,5 m breit. Sie waren – von zwei Ausnahmen abgesehen – wie Manipelkasernen paarweise einander zugeordnet, so daß sie eine gemeinsame Gasse hatten. Jeweils zwei Kasernen verschiedener Paare waren mit ihren Rückwänden aneinandergebaut[34]. Es ist

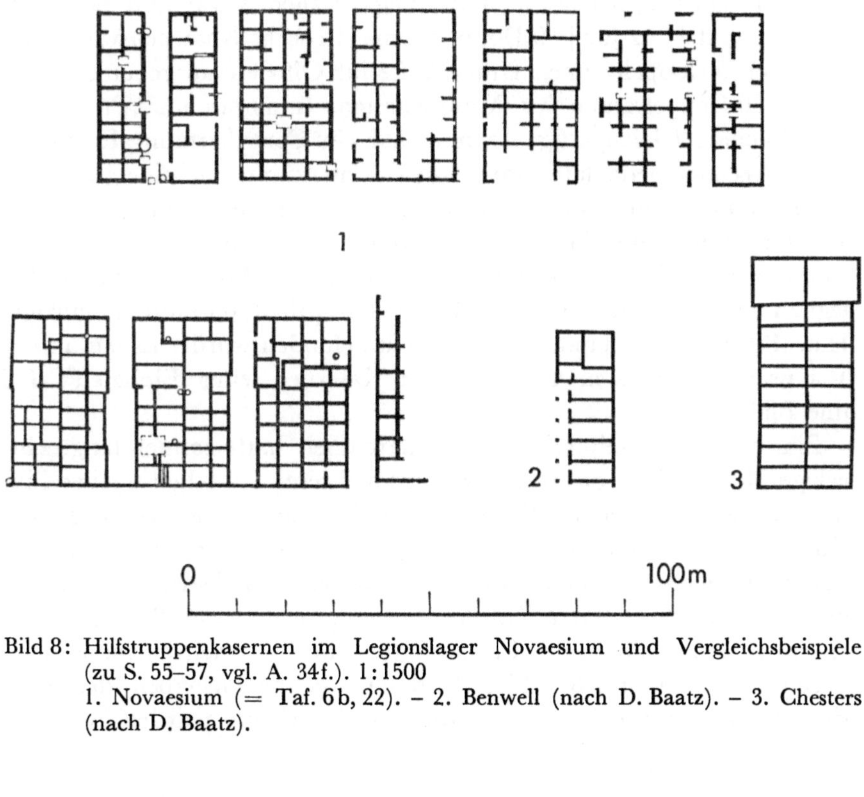

Bild 8: Hilfstruppenkasernen im Legionslager Novaesium und Vergleichsbeispiele (zu S. 55–57, vgl. A. 34f.). 1:1500
1. Novaesium (= Taf. 6b, 22). – 2. Benwell (nach D. Baatz). – 3. Chesters (nach D. Baatz).

nicht sicher, aber wahrscheinlich, daß alle im Plan Taf. 6 eingezeichneten Kasernen gleichzeitig bestanden haben. Nach einer solchen Anordnung ist es fast gewiß, daß diese Bauten als Unterkünfte dienten. Der Ausgräber C. Koenen meinte, mit ihnen Reiterkasernen gefunden zu haben, weil er in den vorderen Räumen einer Kaserne – offensichtlich zweiperiodige – Gruben gefunden hat, die er als Jauche- und Düngergruben erklärte. In einigen von ihnen lagen Unterlagesteine für Holzpfosten, wie sie für Kasernen- und Straßenlauben benutzt wurden. Offensichtlich wurden hier Befunde mehrerer Bauperioden vermengt.

Wir haben S. 51 ff. gezeigt, daß in diesen Unterkünften nicht die Legionsreiter untergebracht waren. Für diese Art von Kasernen gibt es in den bisher bekannt gewordenen Legionslagern keine Parallelen, nur in Hilfstruppenlagern. Die Papiliones in Novaesium hatten fast 14 qm Schlaffläche. Das entspricht ungefähr den Maßen der Papiliones von Alenkasernen[35]. Nach Ps.-Hygin stand dem miles provincialis bei Übernachtungen auf dem Marsch eine 5 Fuß lange Schlafstelle von 2 Fuß Breite zu, dem Legionär ein Schlafplatz von 2,5 Fuß und dem Reiter die doppelte Breite (5 Fuß)[36].

Die 18 Hilfstruppenkasernen im Legionslager Novaesium boten im Durchschnitt Platz für je 9 Doppelräume. In sechs Kasernen waren anstelle von 5 Doppelräumen Unterkünfte für Offiziere ausgebaut, so daß rund 130 Doppelräume für Mannschaften, Immunes und Principales übrigblieben. Gleichgültig, ob man auf ein Contubernium 10 oder 8 Mann rechnet, jedenfalls waren diese Unterkünfte für eine rund 500 Mann starke infanteristische Hilfstruppe viel zu viel. Man hat nur die Wahl, sie mit zwei quingenarischen Kohorten oder mit einer rund 1000 Mann starken Kohorte oder mit einer rund 500 Mann starken Ala belegt zu denken. Gegen die erste Möglichkeit spricht, daß nur ein einziges Haus für den Kommandeur der Einheit gefunden wurde. Es lag an der Via praetoria, etwa in der Mitte der Kasernen seiner Einheit (Taf. 6 und Bild 12,11).

Eine voll- oder teilberittene Auxiliareinheit hatte immer langrechteckige Pferdeställe – das wissen wir aus mehreren Kastellen solcher Einheiten. Zwar wurden in Neuß bei der Ausgrabung der Hilfstruppen-Kasernen keine Spuren von Ställen gefunden oder erkannt, aber der Plan C. Koenens zeigt im rechten Scamnumteil der Hilfstruppe, zwischen der Via praetoria und den Kasernen, einen großen, freien Platz (Taf. 6). In einer älteren Phase des Lagers hatten ihn Thermen eingenommen. Wenn man annimmt, daß hier Pferdeställe gestanden haben, deren geringe Standspuren bei der Ausgrabung nicht erkannt wurden, wäre die

Lücke in der Kasernenreihe verständlich. Folgt man dieser Vermutung, dann müßte die gesuchte Einheit entweder eine Cohors equitata milliaria oder eine Ala quingenaria gewesen sein. Unter den niedergermanischen Alae der flavischen Zeit gab es nämlich keine Ala milliaria.

Die Centurionen- oder Dekurionenunterkünfte in sechs Neusser Auxiliarkasernen scheinen uns nach ihrer Größe und Verteilung nicht für die Zahl der Offiziere in einer Cohors milliaria equitata auszureichen (für 10 Centurionen und 8 oder mehr Dekurionen). Dagegen genügte der Platz für 16 Dekurionen einer Ala quingenaria. Wenn alle angeführten Folgerungen richtig sind – das ist keineswegs sicher –, dann wären die Hilfstruppenkasernen von Novaesium am besten als Unterkünfte einer Ala quingenaria zu erklären (Bild 8,2 und 3). Welche Ala in flavischer Zeit hier gelegen hat, ist eine Frage, deren Diskussion uns zu weit abführen würde[37].

Wahrscheinlich war nicht nur im Legionslager Novaesium eine Hilfstruppe untergebracht, sondern auch in anderen Legionslagern. Vielleicht lag im Lager der Legio XXII Primigenia in Mogontiacum eine Ala. Man hat ferner aus der Lage von Begräbnisstätten vermutet, daß vor dem Bataveraufstand auch im Legionslager Bonna eine Ala gelegen habe. Obwohl hier nach 71 n. Chr. kein Platz für eine zusätzliche Einheit war, könnte in den beiden Vorgängerlagern Platz gewesen sein[38]. Dieser Fall ist aus methodischen Gründen bemerkenswert. Die Legionslager Novaesium und Bonna hatten nämlich auch nach dem Bataveraufstand den gleichen Flächeninhalt, rund 25 ha, obwohl in dem einen Lager außer der Legion noch eine 1000 Mann starke Hilfstruppe lag, im anderen aber nicht. Wir werden dies S. 116f. zu erklären versuchen.

Unterkünfte des Trosses

Die Stärke und Organisation des regulären Trosses einer Legion ist noch weitgehend unbekannt. Die wenigen Zeugnisse der Inschriften, Papyri und archäologischen Quellen wurden bisher nicht im Zusammenhang behandelt, während die einschlägigen Autorennachrichten besser gesammelt und ausgewertet sind[39].

Die wichtigsten Angehörigen des Legionstrosses waren die Tragtier-Führer, muliones, sagmarii oder burdonarii genannt, die Fahrer, die agasones oder muliones hießen, und die Stallburschen (‚Pferdepfleger'), die man agasones oder calones nannte. Die lateinischen Bezeichnungen waren entweder nicht eindeutig, oder ihre Semantik ist noch nicht nach Raum, Zeit und Sondersprachen untersucht. Die Frage, ob diese Troßangehörigen Freie oder Sklaven waren, bedarf ebenfalls weiterer Klärung[40].

Nach Vegetius (2,10) unterstand der reguläre Troß dem Praefectus legionis. Derselbe Schriftsteller berichtet (3,6), daß die Troßangehörigen in Züge mit je einem Vexillum gegliedert waren, die von geeigneten ‚calones, quos galearios vocant' geführt wurden. Calones galearii, die einen Helm tragen durften, wurden auf Grabsteinen von Auxiliarreitern als Pferdepfleger dargestellt[41].

Die Troßangehörigen waren vermutlich bei ihren Tieren und Wagen untergebracht. Die Tragtiere standen im Marschlager vor den Zelten der Centurien, wie Ps.-Hygin (c. 1) mitteilt. Daß die iumenta auch in den Standlagern der Legionen ständig in den Lauben vor den Mannschaftsunterkünften angebunden waren, scheint mir in Anbetracht der Witterungsverhältnisse in vielen Grenzprovinzen nicht sicher zu sein. Wenn sie an anderen Stellen im Lager oder außerhalb des Lagers standen, werden auch die Tragtier-Führer bei ihnen gewohnt haben. Die Fahrer werden ebenfalls bei ihren Zugtieren untergebracht worden sein. Noch zu Beginn unseres Jahrhunderts haben die Stallknechte auf vielen Bauernhöfen im Stall gewohnt. Wahrscheinlich hatten die Zugtiere ihre Ställe in der Nähe der Wagenschuppen. Wenn die Wagen des Legionstrosses, wie vermutet wurde, in den Tabernae der Via principalis und der Via praetoria standen, werden auch die Zugtiere und ihre Fahrer hier untergebracht gewesen sein (Bild 6). Die Pferdeburschen dürften ohnedies bei den Pferden in den Retentura-Tabernen geschlafen haben (S. 53).

Die Gesamtstärke des regulären Legionstrosses kann nur grob geschätzt werden. Jede Centurie hatte eher zwei Tragtiere als nur eines, ein weiteres wird der Centurio gebraucht haben. Zu diesen 180 Tragtieren kamen weitere für die höheren Offiziere und die logistischen Einrichtungen. Es mag also in der Legion rund 300 Tragtiere gegeben haben, für die 150 Führer nötig waren. Für die Geschütze wurden vermutlich 140 Zugtiere mit 70 Fahrern gebraucht (S. 54). Die 120 Legionsreiter und die übrigen berittenen Legionsangehörigen mögen wenigstens 100 Calones gehabt haben. Schätzt man mindestens 50 Fahrzeuge für den Troß, dann kommt man auf eine ungefähre Gesamtstärke des regulären Trosses von etwa 400 Mann. In dieser Zahl sind die Sklaven der Offiziere und Mannschaften nicht enthalten (S. 62). Es ist nicht entschieden, wie viele von den rund 400 Mann zu den Vexillarii zählten, die Ps.-Hygin (c. 5) in seinem Marschlager erwähnt (S. 47). Zieht man in Betracht, daß im Legionslager Inchtuthil 141 und in Novaesium mindestens 57, vermutlich aber 106 Tabernen an der Hauptstraße und an der Via praetoria lagen, dann erscheint es durchaus möglich, daß die Tabernen für den Troß und die Artillerie ausreichten, obwohl manche auch für andere Zwecke gebraucht wurden (S. 50 und 96f.)[42].

Unterkünfte der Principales

Die Centurienkasernen hatten keineswegs immer nur 2 × 10 gleich große Räume für die zehn Contubernia. Innerhalb eines einzelnen Legionslagers schwanken Zahl und Aussehen der Räume beträchtlich. Bei der Interpretation der verschiedenen Befunde sollte man berücksichtigen, daß die Kasernen, die auf unseren Legionslager-Plänen wiedergegeben sind, zu verschiedenen Zeiten gebaut wurden. In den Centurienkasernen fallen zwei Arten von Räumen oder Raumgruppen besonders auf (Bild 2; 1–4 und 6–9). Erstens unterscheidet sich der Raum, der an das Centuriohaus angrenzt, in Glevum, Noviomagus, Novaesium, Vindonissa und Carnuntum von den anderen Kontubernien-Unterkünften dadurch, daß er nicht zweigeteilt ist, außerdem auch oft dadurch, daß er etwas kleiner ist als papilio und arma der übrigen Kontubernien zusammen (Bild 2; 1,3,7,9)[43]. Zweitens haben viele Centurienkasernen an dem Ende, das dem Centuriohaus entgegengesetzt ist, einen verbreiterten Bauteil, der oft mehr als zwei Räume enthält (Bild 2; 2,4,6,8?,9)[44]. Um den Zweck der beiden Erscheinungen zu erschließen, wird man von der Zahl der gleichförmigen Einzelunterkünfte ausgehen müssen. In Inchtuthil haben die Centurienkasernen je 14 Mannschaftsunterkünfte. Auch in Novaesium kann die Zahl der Räume noch einigermaßen sicher festgestellt werden. Hier haben die Kasernen der Praetentura je 12 Mannschaftsunterkünfte und zusätzlich einen an das Centuriohaus angrenzenden besonderen Raum. Ähnlich war es im hintersten Retentura-Scamnum, nur daß hier die Raumzahl zwischen 11 und 12 schwankt (Bild 2,3). Die Kasernen links des Lagerforums hatten 10 Mannschaftsunterkünfte, außerdem einen besonderen Raum am Centuriohaus und einen weiteren verbreiterten Bauteil am rückwärtigen Ende. In der linken Hälfte des mittleren Rententura-Scamnums befanden sich je 11 Unterkünfte und ein besonderer Raum am Centuriohaus, in der rechten Hälfte Kasernen mit 12 oder 13 Mannschaftsunterkünften. In den meisten Legionslagern findet man unterschiedliche Zahlen von Mannschaftsräumen und wechselnde Verbindungen mit besonderen Räumen am vorderen oder rückwärtigen Teil des Mannschaftstraktes. Die Mindestzahl von 10 Mannschaftsunterkünften ohne besondere Räume kommt, wenn ich richtig gezählt habe, nirgends vor. Wir sehen dabei von Kasernen der 1. Kohorte ab (S. 38ff.). Alle anderen mir bekannten Legionskasernen hatten mindestens 10 Mannschaftsunterkünfte mit einem oder zwei zusätzlichen besonderen Räumen oder 11 bis 13 Mannschaftsunterkünfte ohne oder mit weiteren besonderen Räumen. In Lauriacum zählt man in der Retentura noch mehr Mannschaftsunterkünfte je Kaserne (14, 19 und mehr). Da die Räume hier aber sehr klein sind, wird man ihre Zahl nicht mit denen der übrigen bekannten Lager vergleichen dürfen. Diese Angaben bestätigen zunächst unsere oben geäußerte Meinung, daß die Artilleristen keine besonderen Unterkünfte innerhalb der Kohorte beanspruchen konnten, was nicht ausschließt, daß sie beisammen lagen. Ferner besteht – von der Zahl der Unterkunftsräume aus gesehen – keine Schwierigkeit anzunehmen, daß die Principales der Kohorten in den Centurienkasernen bequemer untergebracht waren als die Gregarii[45]. Daß Principales auch im Centuriohaus untergebracht waren, ist unwahrscheinlich (S. 62).

Da die Zahl der Kasernenunterkünfte sogar innerhalb eines Lagers wechselte, dürfte es kaum möglich sein, die Unterbringung der einzelnen Principales genauer zu ermitteln. Außerdem wurden viele Principales in den Stärkelisten der Kohorten geführt, die in einem Stab innerhalb oder außerhalb des Lagers Dienst taten. Vielleicht ist man bei der Zuweisung von Immunes und Principales an einzelne Kohorten sogar vom Vorhandensein freier Unterkünfte ausgegangen. Die Zahl der Principales wird sich auch durch Beförderungen und Abkommandierungen oft verändert haben. Leider können wir in den so oft umgebauten und meistens unzulänglich untersuchten Kasernen der 1. Legionskohorten keine

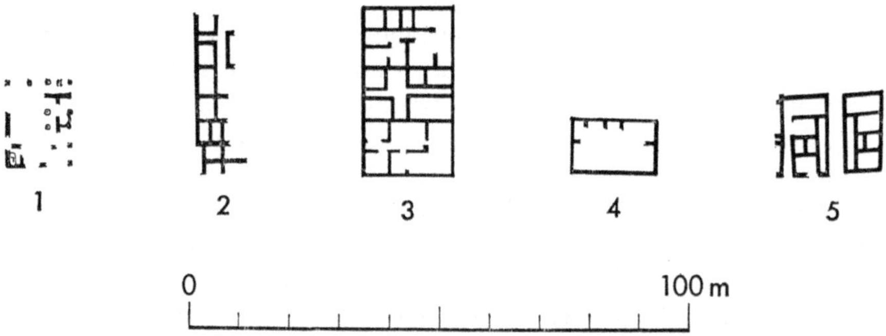

Bild 9: Unterkünfte für Principales bei (an) Sonderunterkünften von Immunes (zu S. 61). 1:1500
1. Exeter (= nach Current Archaeology, mit Erlaubnis). – 2. Noviomagus (= Taf. 4b, 9). – 3. Novaesium (= Taf. 6b, bei 4). – 4. Novaesium (= Taf. 6b, bei 16). – 5. Vindonissa (= Taf. 8b, bei 11).

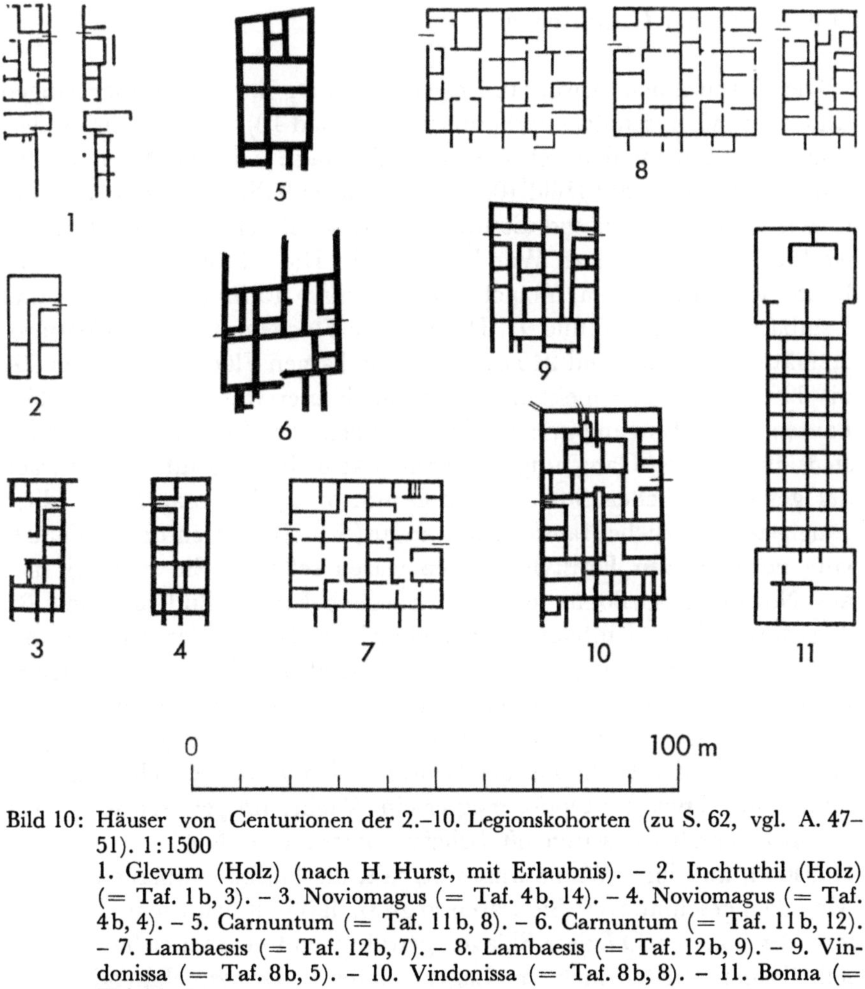

Bild 10: Häuser von Centurionen der 2.–10. Legionskohorten (zu S. 62, vgl. A. 47–51). 1:1500
1. Glevum (Holz) (nach H. Hurst, mit Erlaubnis). – 2. Inchtuthil (Holz) (= Taf. 1b, 3). – 3. Noviomagus (= Taf. 4b, 14). – 4. Noviomagus (= Taf. 4b, 4). – 5. Carnuntum (= Taf. 11b, 8). – 6. Carnuntum (= Taf. 11b, 12). – 7. Lambaesis (= Taf. 12b, 7). – 8. Lambaesis (= Taf. 12b, 9). – 9. Vindonissa (= Taf. 8b, 5). – 10. Vindonissa (= Taf. 8b, 8). – 11. Bonna (= Taf. 7b, 5).

besonderen Räume erkennen, die den Principales zugewiesen werden könnten. Die Unterkünfte der Principales der Techniker, Handwerker und Magazinarbeiter werden in oder bei den Sonderunterkünften zu suchen sein. In Exeter, Noviomagus, Novaesium und Vindonissa, möglicherweise auch in Lambaesis, fanden sich in der Tat bei den Sonderunterkünften in der Nähe von Wirtschaftsbauten entweder auffallende kleine Einzelbauten mit mehreren Räumen, oder ein Teil der Sonderunterkunft war für Principales verbreitert und besonders ausgebaut (Bild 9 und 5; 4,6). Gewiß war hier auch der Optio fabricae untergebracht, der höchste Principalis dieser Sparte[46].

Unterkünfte der Centurionen

Die Centurionen bewohnten eigene Häuser, die am straßenseitigen Ende der Mannschaftsunterkünfte lagen (Bild 10). Im 1. Jahrhundert waren sie manchmal durch eine schmale Gasse von den Mannschaftsunterkünften getrennt (Bild 10,1), vielleicht deshalb, weil es nichts taugte, wenn ein Centurio und die Mannschaften bei der leichten Lehmfachwerk-Bauweise Wand an Wand wohnten[47]. Die Häuser hatten oft eine Breite von rund 11 m, manche bis zu rund 15 m (Carnuntum und Lambaesis) (Bild 10,6 und 7). Der kleinste Flächeninhalt von Centurionenhäusern betrug rund 240 qm[48]. Häufig kamen Flächenmaße von 290 bis 390 qm vor. Die meisten Centurionenhäuser waren langrechteckige Bauten, deren Eingang in einer Breitseite lag. Ihre Inneneinteilung, meistens durch einen Gang aufgeschlossen, war nicht genormt. Es entsprach der gesellschaftlichen Stellung der Centurionen, daß man für sie diese gängigste bürgerliche Hausform anwandte (S. 144f.)[49]. Centurionenhäuser vom vornehmeren Peristylhaus-Typ waren seltener. Sie sind mir nur aus Noviomagus, Bonna und Lambaesis bekannt (Bild 10,4 und 8). Allerdings gibt es Umbauten langrechteckiger Häuser der gängigen Art in Richtung auf Peristylhäuser hin: ein Ausdruck des Sozialprestiges[50]. In den Häusern der Centurionen gab es wohl immer nur eine einzige Wohnung. Häufig hatte der äußerste Eckraum einen eigenen Eingang und war von der Wohnung des Centurio abgetrennt. Zu klein für eine Unterkunft, etwa des Optio, mag er ein Wachraum gewesen sein[51]. Die Centurionenhäuser waren oft beheizt, hatten eine Küche, ein kleines Hausbad, und ihre Wände waren bemalt, die Fußböden manchmal mit Mosaiken geschmückt[52]. Sie waren so groß, daß in ihnen wie in den Häusern der höheren Offiziere Sklaven gewohnt und gearbeitet haben müssen. Frauen durften nicht im Lager wohnen[53]. Der zunehmende Hang zum Luxus zeigt sich nicht nur in der Inneneinrichtung der Häuser, sondern auch in ihrer Größe. Im Legionslager Bonna wurde die Wohnfläche der Centurionen in einer späteren Bauphase verdoppelt. Man baute über der Fläche zweier benachbarter Centurionenhäuser ein neues und ein weiteres am anderen Ende des Mannschaftstraktes (Bild 10,11)[54].

Die fünf Centurionen der 1. Kohorte hatten größere Häuser als die anderen (Bild 11)[55]. Das zeigen vier sichere und zwei unsichere Beispiele. In Inchtuthil, Caerleon, Carnuntum und Lambaesis hatten diese Häuser einen mindestens doppelt so großen Flächeninhalt wie die anderen Centurionenhäuser. Wir haben S. 41f. begründet, weshalb wir die auffallenden Kasernen in der rechten Praetentura-Hälfte des Legionslagers Novio-

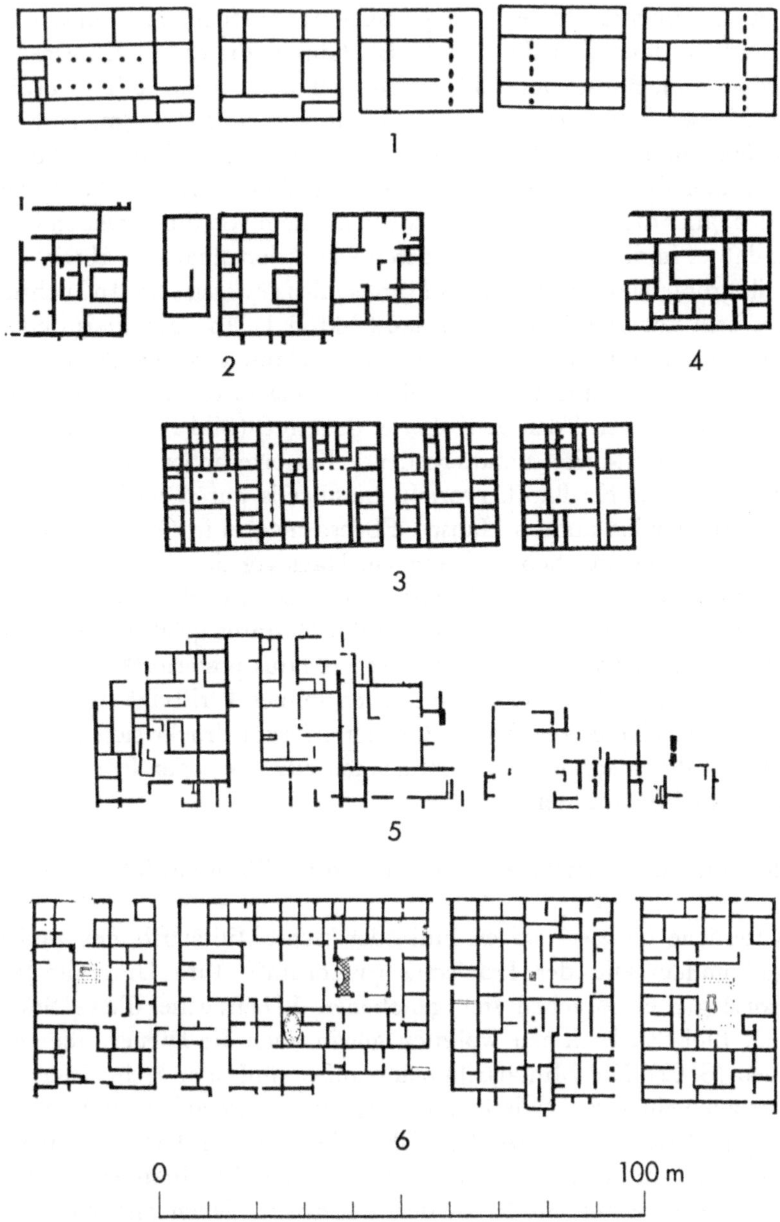

Bild 11: Häuser von Centurionen erster Legionskohorten (zu S. 62 und 64, vgl. A. 15). 1:1500
1. Inchtuthil (= Taf. 1 b, vor 7 und 8). – 2. Caerleon (= Taf. 3 b, 3). – 3.–4. Noviomagus (= Taf. 4 b, 10). – 5. Carnuntum (= Taf. 11 b, 4). – 6. Lambaesis (= Taf. 12 b, 14).

magus als Unterkünfte der 1. Legionskohorte ansehen. Trifft unsere Vermutung zu, dann sind die fünf Peristylhäuser, die diesen Kasernen zugeordnet sind, Häuser der fünf Centurionen der 1. Kohorte (Bild 11,3–4). Drei Häuser hatten einen Flächeninhalt von rund 460 qm, eines von rund 500 qm und ein weiteres eine Fläche von rund 690 qm. In Novaesium konnten die Centurionenhäuser der 1. Kohorte zwar nicht aufgedeckt werden, aber die vermutlichen Reste von einem von ihnen weisen darauf hin, daß es in der Größe von anderen Centurionenhäusern abwich. Das jeweils größte Haus wird das des Primus pilus gewesen sein. In Inchtuthil lag es dem Lagerforum am nächsten (Bild 11,1). In Lambaesis und vermutlich in Carnuntum war es das zweite Haus, von den Principia aus gezählt (Bild 11,5 und 6). In Noviomagus lag es von den vier anderen Centurionenhäusern der 1. Kohorte getrennt (Bild 11,4). Unter den übrigen vier Centurionenhäusern der 1. Kohorte hoben sich manchmal zwei, manchmal ein Bau hervor. In Lambaesis waren zwei Häuser größer als die beiden andern Häuser. Ebenso mag es in Caerleon gewesen sein. In Noviomagus hebt sich nur ein Haus vor den anderen drei hervor. Es wird das Haus des Princeps gewesen sein. In den anderen Fällen werden die Häuser des Princeps und des Hastatus größer gewesen sein als die des Princeps posterior und des Hastatus posterior[56]. Die Häuser der Centurionen der 1. Kohorte dürften immer Peristylhäuser gewesen sein wie die Häuser der hohen Offiziere. Darin drückt sich die Wertschätzung der ranghöchsten Centurionen aus, die sogar in den Ritterstand aufsteigen konnten[57].

Unterkünfte der ritterlichen Offiziere und des Tribunus laticlavius

Ritterliche Offiziere waren fünf oder sechs Militärtribunen und der Lagerkommandant, der Praefectus castrorum[58]. Ihre Unterkünfte im Legionslager entsprachen der gehobenen Lebensweise dieses Standes (S. 35, Bild 12). In ihnen wohnten gewiß auch die Diener, aber nicht Frauen (S. 62). Die Militärtribunen – außer fünf oder sechs ritterlichen gab es auch einen senatorischen, den Tribunus laticlavius – hatten schon im republikanischen Marschlager ihre Zelte an der Lagerhauptstraße. Dieses Scamnum tribunorum blieb auch in der Prinzipatszeit die Regel für die Legionsstandlager[59]. In den Lagern, in denen alle Bauten des Scamnum tribunorum erhalten oder zu erschließen sind, standen mehr als sechs Häuser. Man wird annehmen müssen, daß ein siebtes Haus vom Praefectus castrorum bewohnt wurde, ein weiteres gegebenenfalls vom Tribunus sexmestris oder von einem ‚Primipilus iterum'[60]. In Lambaesis,

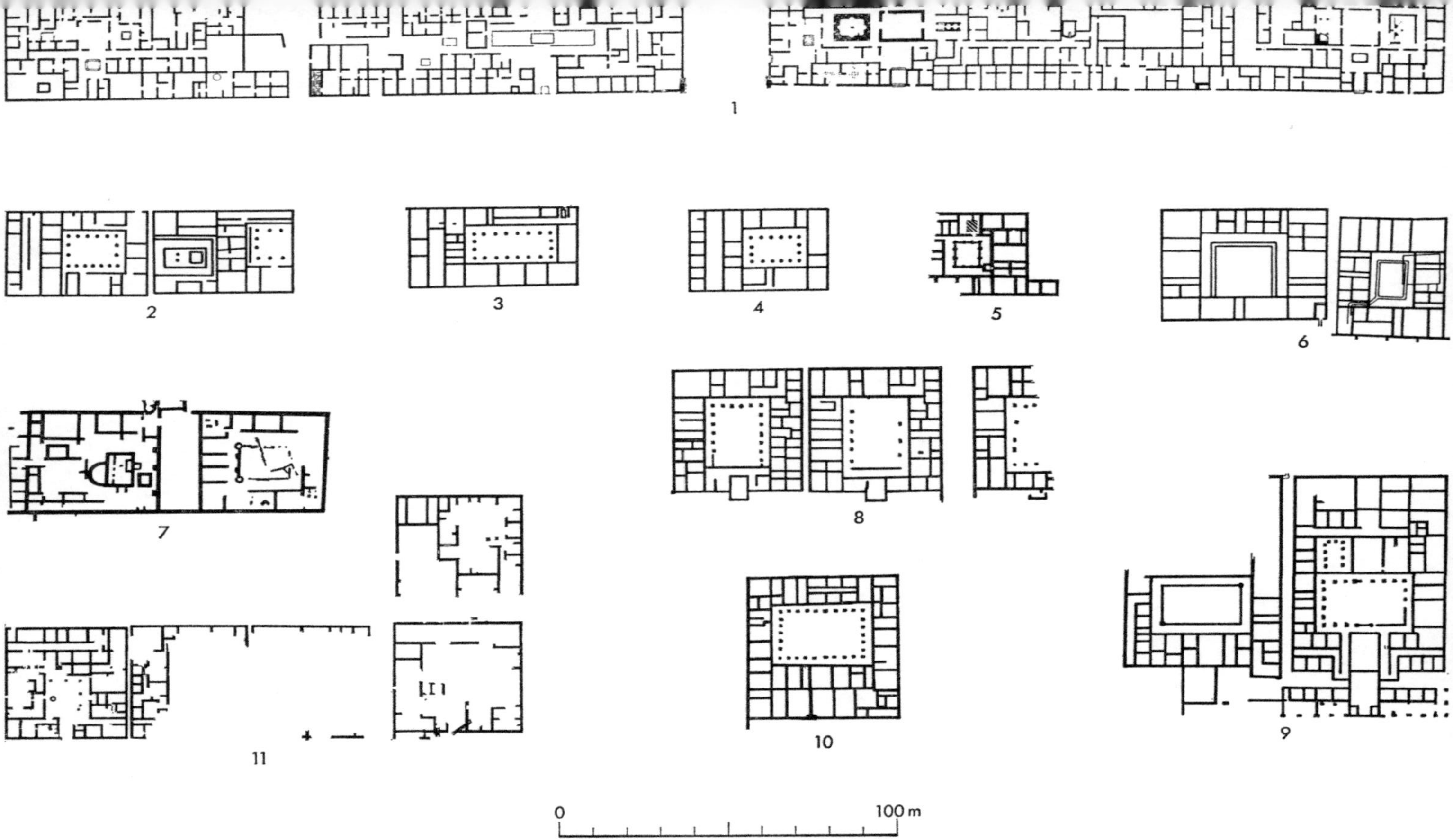

Bild 12: Häuser ritterlicher Offiziere und des Tribunus laticlavius (S. 64 und 67, vgl. A. 60). 1:1500

1. Lambaesis (= Taf. 12b, 16).
5. Noviomagus (= Taf. 4b, 12).
7. Carnuntum (= Taf. 11b, 14).
11. Novaesium (= Taf. 6b, 21 und 23).

2.–4. Inchtuthil (= Taf. 1b, 6).
6. Vindonissa (= Taf. 8b, 4).
8.–10. Vetera (= Taf. 5b, 4).

Inchtuthil, Vindonissa und Carnuntum waren die Häuser des Scamnum tribunorum verschieden groß (Bild 12; 1–4,6,7). In Lambaesis hob sich eines durch seine Größe und Ausstattung besonders hervor (Bild 12,1). Es mag die domus des Tribunus laticlavius oder des Praefectus castrorum gewesen sein[61]. In Inchtuthil, in Noviomagus und vielleicht in Novaesium sind Büros oder Sonderunterkünfte mit einem oder mehreren Häusern von Tribunen oder anderen hohen Offizieren verbunden (Bild 12,2–4 und Bild 4;8,11). Da diese alle eigene Stäbe hatten, ist es verständlich, daß ihre Officia in nächster Nähe untergebracht waren. Wenn eine Auxiliareinheit in einem Legionslager lag wie in Novaesium, befand sich die Unterkunft ihres Kommandeurs bei der Truppe. Sie glich den Häusern der anderen ritterlichen Offiziere (Bild 12,11)[62].

Praetoria

Die Unterkunft des Legionskommandeurs war das Praetorium[63]. Der Legatus legionis war in den ersten zweieinhalb Jahrhunderten der Prinzipatszeit, von wenigen Ausnahmen abgesehen, senatorischer Herkunft. Seine geräumige Unterkunft lag hinter oder neben dem Lagerforum[64]. Der Bautyp der Praetoria entsprach mediterranen städtischen Peristylhäusern (S. 145). Die Innenausstattung war reicher als in anderen Offiziershäusern. Manchmal war mit dem Praetorium ein Hippodromgarten verbunden (Bild 13)[65].

Es wäre interessant, ein Legionslager einer Provinz, in der nur eine einzige Legion stand, vollständig zu kennen, um zu erfahren, ob der Statthalter, der hier zugleich Legionskommandeur war, ein eigenes Praetorium im Lager hatte. Diese Frage ist auch für das Legionslager Lambaesis zu stellen. Dieses wurde in der Form, wie sie der Plan Cagnats und Leschis zeigt, erst im 3. Jahrhundert erbaut, als die Provinz Numidia bereits eingerichtet war. Im Lager Lambaesis braucht es außer dem Haus des Praefectus castrorum (legionis) kein Praetorium für den Statthalter gegeben zu haben[66]. Leider kennen wir von allen Provinzen des 2. und 3. Jahrhunderts, in denen nur eine einzige Legion stand, nur das Lager der Legio II Italica im norischen Lauriacum einigermaßen vollständig. Hier fehlen aber sämtliche Offiziersunterkünfte, obwohl bei der Vermessung des Lagers die Plätze für sie vorgesehen waren. Man möchte annehmen, daß die Offiziere infolge der Erleichterungen, die Septimius Severus den Soldaten zuteil werden ließ, außerhalb des Lagers wohnten (S. 134f.)[67].

Gemeinschafts- und Spezialbauten

Außer den bisher behandelten Unterkünften enthielt ein Legionslager Gemeinschaftsbauten und Bauten für spezielle Zwecke. Sie dienten der Erholung, der Verwaltung, der militärischen Ausbildung und Disziplin, der psychologischen Führung und verschiedenen Zweigen der Logistik. Wie die Baugestalt der meisten Unterkünfte war die der Gemeinschafts- und Spezialbauten aus der städtischen oder ländlichen Architektur übernommen oder adaptiert (S. 140ff.).

Lagerfora

Jedes Legions- und Auxiliarlager hatte ein Lagerforum. In den Standlagern umschloß das Hauptgebäude, die Principia, den Forumsplatz. Es lag an der auffallendsten Stelle des Lagers, dort wo die Via praetoria auf die Hauptstraße traf[68]. Die Bezeichnung ‚forum' wurde für das Lagerforum von Livius (41,2,11), Festus (Paul. Fest. p. 309, 1f. L) und in griechischer Übersetzung als *ἀγορά* von Polybios (6,31,1) sowie vergleichsweise von Flavius Iosephus (b. Iud. 3, 5, 2 = 83) verwendet. Ob auch Ps.-Hygin dieses Wort benutzt hat, ist fraglich. Der baugeschichtliche Zusammenhang des Lagerforums mit den städtischen Fora ist jedenfalls unbestritten (S. 140ff.).

Es ist noch nicht klar, wann das Lagerforum seine seit neronischer Zeit weitgehend verbindliche Gestalt erhalten hat (Bild 14). Das älteste sichere Lagerforum, das in längsaxialer Anordnung die charakteristische Folge eines architektonisch betonten Einganges, des von Lauben und gleichförmigen Räumen umrahmten Forumsplatzes, einer quergerichteten Basilika und einer rückwärtigen Raumflucht mit einem Heiligtum aufweist, ist das des neronischen Zweilegionenlagers Vetera I (Bild 14,6). Das klaudische Lagerforum von Vindonissa war eine Vorstufe dieser Anlage (Bild 14,13). Es ist noch fraglich, ob in älteren Lagerfora eine Basilika ergänzt werden darf[69]. Aber auch die ältesten bekannten Lagerfora der augustischen Zeit waren nach einer Längsachse symmetrisch angelegt und hatten einen architektonisch betonten Eingang, den von Lauben umgebenen Forumsplatz und eine Raumreihe im rückwärtigen Teil (Bild 14; 7,8,11).

In den ständigen Legionslagern waren die Lagerfora nach dem Vorbild städtischer Fora von verschiedenen Bauten umgeben, die – zu einem Ganzen gefügt – das Principia-Gebäude ergaben. Die einzelnen Teile dieser Baulichkeit dienten recht verschiedenen Zwecken[70].

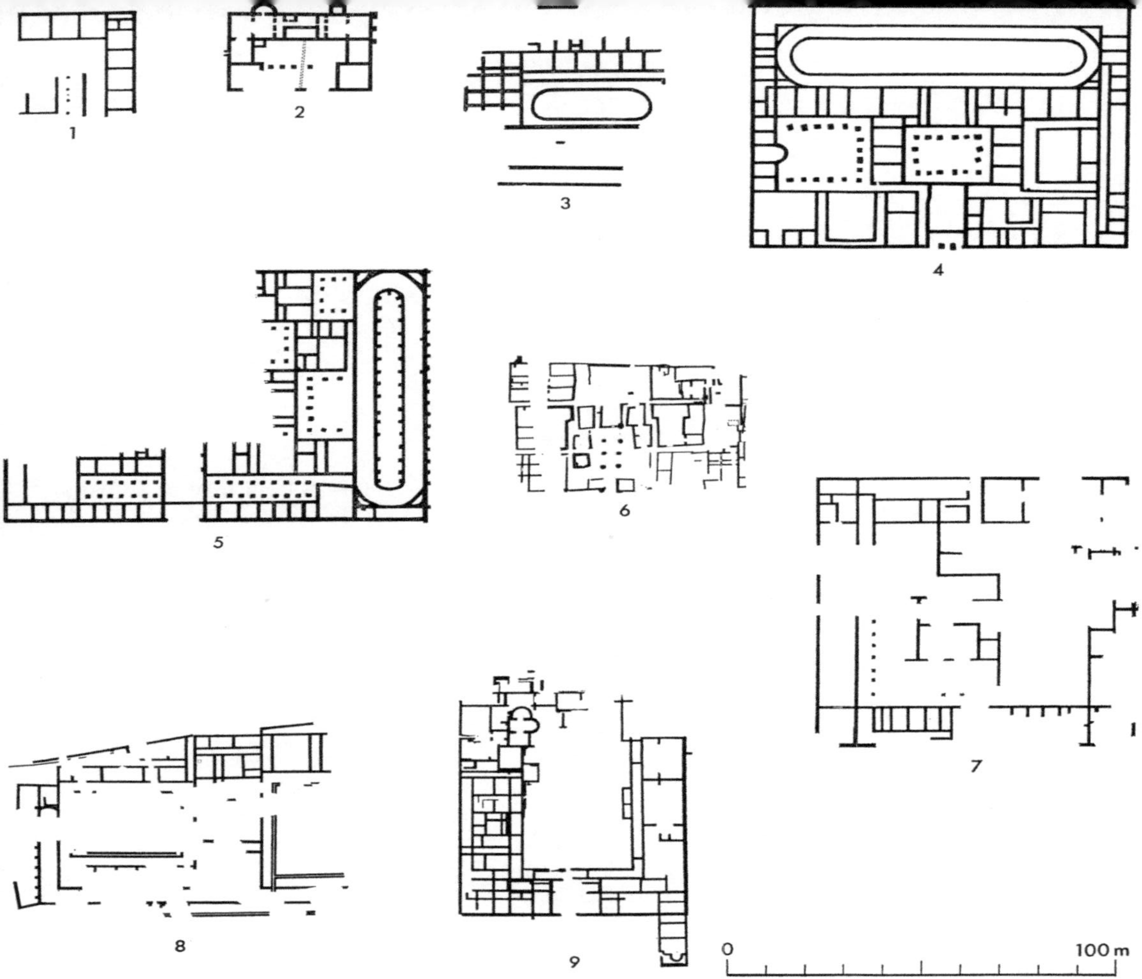

Bild 13:
Praetoria (zu S. 67, vgl. A. 64f.). 1:1500
1. Deva (= Taf. 2b, 7).
2. Carpow (nach JRS 1963, mit Erlaubnis).
3. Caerleon (= Taf. 3b, 9).
4.–5. Vetera (= Taf. 5b, 7).
6. Haltern (nach v. Schnurbein).
7. Novaesium (= Taf. 6b, 13).
8. (?) Vindonissa (= Taf. 8b, 2).
9. Carnuntum (= Taf. 11b, 7).

14

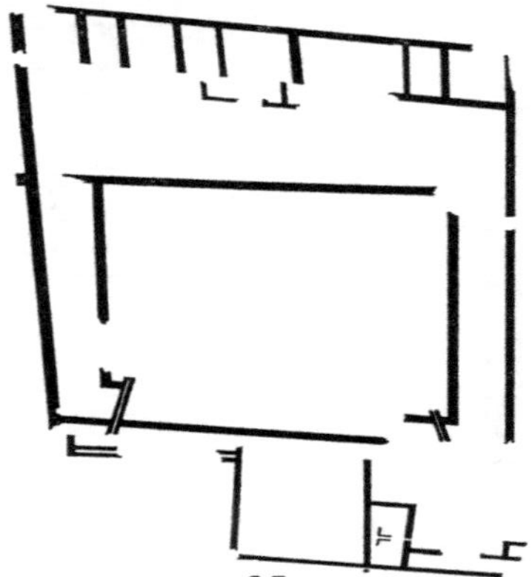

15

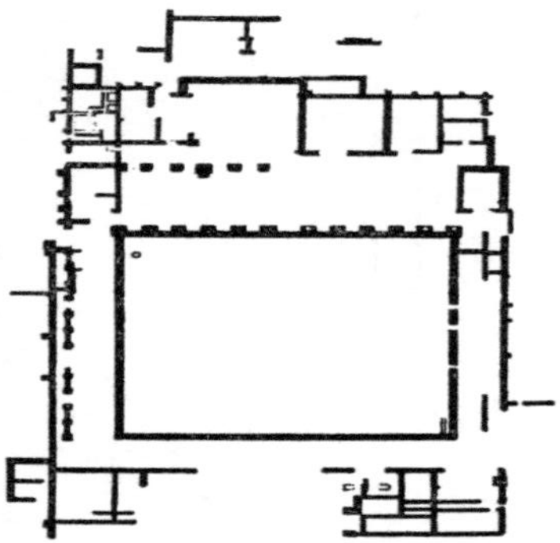

16

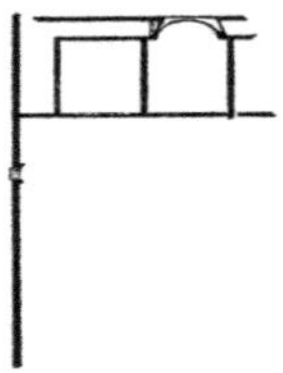

17

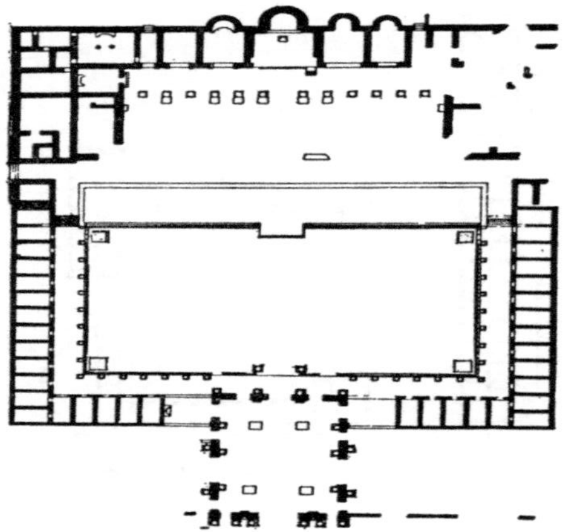

18

Bild 14:
Lagerfora (zu S. 68–75, vgl. A. 70).
1:1500

1. Inchtuthil (= Taf. 1b, 1).
2. Carpow (nach A. R. Birley).
3. Caerleon (= Taf. 3b, 1).
4. Longthorpe (nach S. S. Frere, mit Erlaubnis).
5. Noviomagus (= Taf. 4b, 1).
6. Vetera (= Taf. 5b, 1).
7. Haltern (nach v. Schnurbein).
8. Novaesium (eigene Vorlage).
9. Novaesium (= Taf. 6b, 1).
10. Bonn (= Taf. 7b, 1).
11. Dangstetten (nach G. Fingerlin).
12. entfällt (s. S. 193 zu A. 70, Z. 24).

13.–14. Vindonissa (nach R. Fellmann).

15. Lauriacum (= Taf. 10b, 1).
16. Carnuntum (= Taf. 11b, 1).
17. Burnum (nach E. Reisch).
18. Lambaesis (= Taf. 12b, 1).

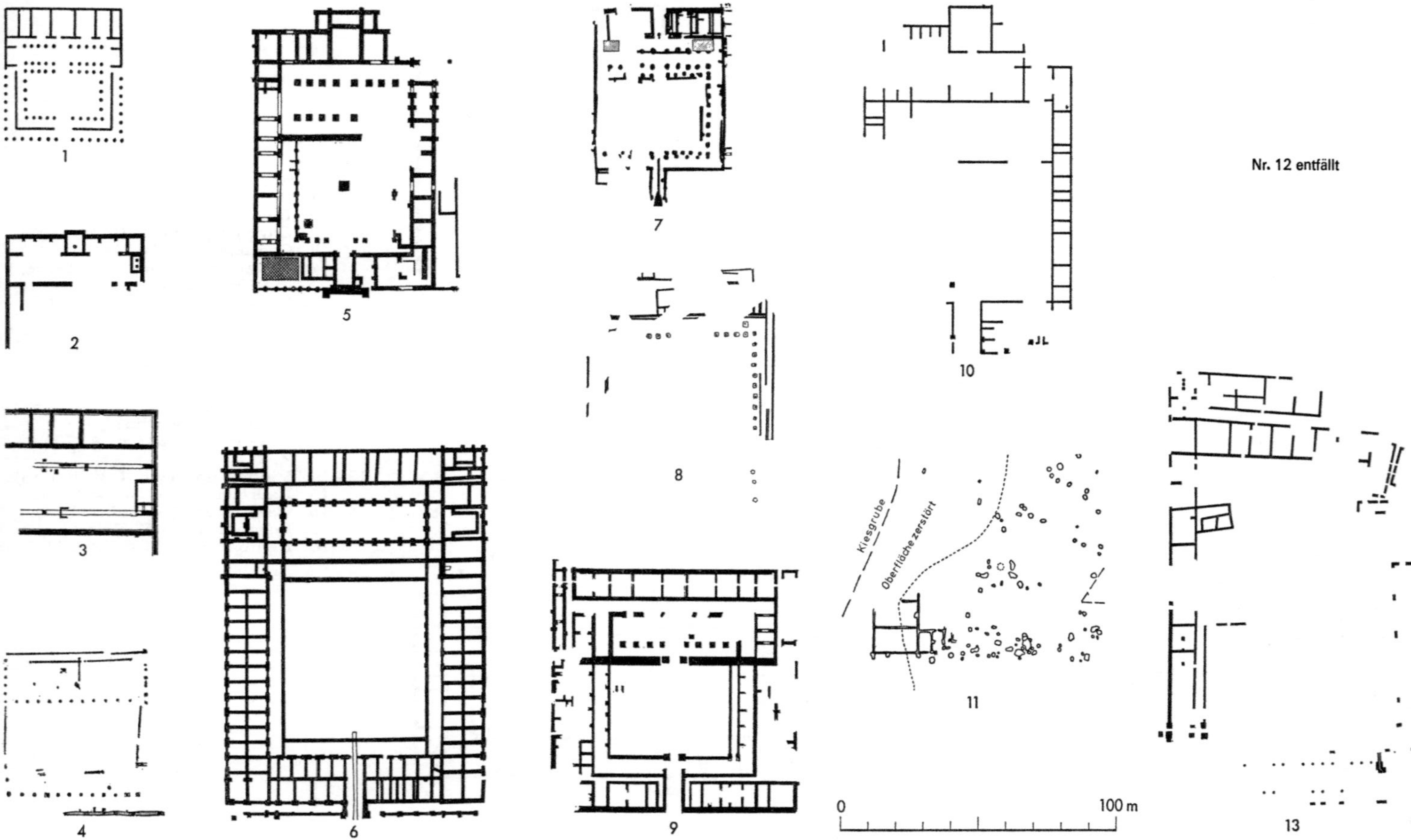
1
2
3
4
5
6
7
8
9
10
Kiesgrube
Oberfläche zerstört
11
0
100 m
Nr. 12 entfällt
13

Die eigentlichen Forumsplätze hatten von Lager zu Lager und auch noch von Bauphase zu Bauphase verschiedene Größen. Die Flächeninhalte der Hauptforumsplätze (ohne Lauben) reichten im allgemeinen von über 1100 qm (Noviomagus) bis über 2300 qm (Lambaesis) (Bild 14,5 und 18). Innerhalb dieser Grenzen scheint keine Größe bevorzugt worden zu sein. Extreme findet man in Inchtuthil mit nur 400 qm und Bonna mit 2760 qm (diese Größe ist allerdings nicht sicher) (Bild 14,1 und 10). Daß der Forumplatz des Zweilegionenlagers Vetera mehr als 2700 qm maß, ist verständlich (Bild 14,6). In wenigen Legionslagern lag hinter dem Hauptplatz noch ein weiterer Platz, der durch sein höheres Niveau oder durch eine Mauer vom vorderen Platz getrennt war (Bild 14; 9,13,14,18). A. v. Domaszewski hat vermutet, daß der rückwärtige Platz den Offizieren, der vordere den Principales vorbehalten war. Selbst auf einer Fläche von 2300 qm konnte nicht die ganze Legion versammelt werden. Auf den Forumplätzen standen – wie auch in der Basilika – Statuen von Kaisern, gelegentlich Weihealtäre für die Disciplina militaris. Auch Rednerpodien sind auf den Lagerfora anzunehmen[71].

Gegenüber dem Eingang der Principia lag an der Rückseite des Gebäudes das Lagerheiligtum, aedes, das etwa seit flavischer Zeit unterkellert war. Im Keller waren eine oder mehrere Kassen untergebracht. Es ist noch nicht geklärt, ob hier nur die Ersparnisse der Soldaten, die deposita, oder auch Gelder der Legion aufbewahrt wurden[72]. Geld war unter dem Heiligtum nicht nur durch höhere Macht geschützt, sondern auch durch eine ständige Wache, die vor der Aedes stand. Bevor wir auf die Innenausstattung der Lager-Aedes eingehen, seien die sonstigen Teile der Principia besprochen.

Beiderseits des Heiligtums lagen Scholae, das sind Versammlungs- und Kulträume bestimmter Dienstgrade oder Dienststellungen der Legion (Bild 16). Hier traf man sich zu geselligen Zwecken. Uns sind auch Vereinsstatuten dieser Gruppen bekannt, nach denen z. B. bei der Versetzung eines Kameraden ein Essen gegeben wurde oder für das Begräbnis eines Verstorbenen gesorgt wurde. Auf die Scholae kommen wir S. 78ff. zurück.

Der Grammatiker Sex. Pompeius Festus, der im 2. Jahrhundert n. Chr. schrieb, hat das Lagerforum als ‚rerum utensilium forum' bezeichnet[73]. Das trifft insofern zu, als die linken Seitenräume der Principia Waffenkammern waren. Sie sind durch Inschriften und archäologische Funde belegt[74]. Im weiteren Sinn können auch Registraturen, tabularia, und Kassen hierher gerechnet werden. Die Officia waren einzelnen Offizieren zugeordnet. In einer Legion gab es neun oder zehn Stäbe, officia, die in mehrere Abteilungen, tabularia, mit eigenen Registraturen und Kassen gegliedert waren: die Stäbe des Legionskommandeurs, des Tribunus laticlavius, des Praefectus castrorum (oder legionis), der Tribuni angusticlavii, des Princeps und gegebenenfalls des Tribunus sexmestris. Das Officium des Legionslegaten und vielleicht das des Praefectus castrorum lag im Hauptgebäude. Das ergibt sich aus Inschriften, die im Legionslager Lambaesis gefunden wurden. Die wichtigste Registratur einer Legion war das Tabularium legionis. Sie war ein Teil des Stabes des Legionskommandeurs. Aus einer Inschrift erfahren wir, daß sich dieses mit Kaiserbildern ausgestattete Tabularium an bevorzugter Stelle im rückwärtigen Teil der Principia von Lambaesis befand. Da diese Anordnung des Legionstabulariums auch für zwei Hilfstruppenlager bezeugt ist, dürfte es allgemeine Regel gewesen sein. In den Principia wird sich auch das Tabularium principis befunden haben, weil zwei Inschriften, die sich auf diese Registratur beziehen, in und bei den Principia von Lambaesis gefunden wurden. Diese Registratur war für den täglichen Lagerdienst wichtig. Ihren genauen Platz innerhalb des Principia-Gebäudes kennen wir ebensowenig wie den des Tabularium rationis castrensis, das ein Teil des Officiums des Praefectus castrorum (legionis) war. Es ist fraglich, ob es außer diesen drei Tabularia in einer Legion noch weitere gab[75]. Die Officia der Militärtribunen befanden sich teils bei den Häusern der Offiziere (S. 67), teils vermutlich an der Via principalis.

In der Basilika, die in den meisten ständigen Legionsstandlagern zum Lagerforum gehörte, befand sich ein ‚tribunal'. Das weist darauf hin, daß hier von Offizieren – wie in den zivilen Forumsbasiliken von Beamten – offizielle Mitteilungen oder Befehle bekanntgegeben und Recht gesprochen wurde (S. 81f. und 143). Entweder in der Basilika oder an einer anderen Stelle der Principia muß es auch eine Möglichkeit gegeben haben, schriftliche Verlautbarungen anzuschlagen. Der Platz der Basilika konnte innerhalb des Forumbereiches wechseln. Vielleicht lag die Basilika des Lagers Haltern rechts vom Forum (S. 142f.)[76]. In den Basiliken von Caerleon und Lambaesis, wahrscheinlich auch in anderen, standen wie auf den Forumplätzen Kaiserstatuen. Seit es üblich geworden war, die Basilika zwischen den Forumplatz und die Aedes zu bauen, wurde sie auch eine Art Vorraum für das Feldzeichenheiligtum. Das wurde in Caerleon architektonisch betont (Bild 14,3). Es ergibt sich auch aus der Formulierung einer britannischen Inschrift, die von der aedes p[rinci]piorum cu[m b]asilica spricht[77].

Der Eingang zum Lagerforum wurde meistens architektonisch in der

Weise hervorgehoben, daß entweder die geschmückten Laibungen und der Bogen des Tores plastisch vor die Mauerfront traten oder die Hauptstraße vor dem Eingang zum Lagerforum durch einen besonderen Torbau überdeckt wurde. Der Platz und der Bau über ihm hießen ‚groma', weil hier der Vermessungsmittelpunkt des Lagers lag. Der Torbau von Lambaesis, ein Tetrapylon, ist noch heute weitgehend erhalten (Bild 14,18). In anderen Lagern wurde die Hauptstraße vor den Principia durch Straßenbögen betont (Bild 14; 13,14)[78]. An der Außenwand der Principia an der Hauptstraße mag der richtige Platz für die Lageruhr gewesen sein. Sie ist uns durch eine Reparaturinschrift aus einem Hilfstruppenlager des niedergermanischen Limes bezeugt und durch die inschriftliche Nennung eines ‚horologiarius', eines Soldaten der Legio XIII gem.[79].

Religiöse Bauten

Die Feldzeichen der Legion – eine aquila, ein tragbares Kaiserbild sowie zahlreiche signa und vexilla – waren seit frühester Zeit numinos. Im Standlager wurden sie in einem zentral gelegenen Raum der Principia aufgestellt, der wohl im strengen Sinn des Wortes ein ‚locus sacer' war[80]. Diese Aedes mußte eine Mindestgröße haben, wenn in ihr etwa 72 Feldzeichen und vielleicht noch weitere Vexilla Platz finden sollten, zu denen noch Kaiser- und Götterbilder kamen. Die meisten Aedes von Legionslagern hatten nutzbare Innenflächen von rund 60–110 qm (Bild 14). Die Heiligtümer waren breit- oder schmalrechteckig oder quadratisch. Sie konnten über die Rückseite des Principiagebäudes vorspringen wie in Noviomagus und Lambaesis, hier sogar mit einer Apsis (Bild 14; 5,18). An der Rückwand, wohl auch an den Seitenwänden des Innenraums befanden sich manchmal Sockel, auf denen die Feldzeichen und Bildnisse gestanden haben werden. Wir verzichten darauf, einzelne Berichte über die Inneneinrichtung von Legions-Aedes zusammenzustellen, weil das nur dann zu befriedigenden Ergebnissen führt, wenn man die zahlreichen Aedes und Aediculae der Hilfstruppenlager einbezieht. Erst dann, wenn die archäologischen Funde aus den Lagerheiligtümern gesammelt sind, wird man die These A. v. Domaszewskis überprüfen können, daß Götterbildnisse in den Lager-Aedes erst vom 3. Jahrhundert n. Chr. ab aufgestellt wurden. Dann wird man auch besser als bisher beobachten können, wie der Kaiserkult die Verehrung der Feldzeichen immer mehr verdrängte[81] (S. 194). Die Front des Lagerheiligtums war gegenüber den Nachbarräumen hervorgehoben. Seine Türgewände waren wie bei großen Tempeln geschmückt und mit Inschriften versehen. Die Giebelplastiken werden auf den besonderen Charakter des Heiligtums hingewiesen haben. In Caerleon lag vor der Aedes eine Art Pronaos (Bild 14,3). Vor der Aedes der in Holz gebauten Principia von Inchtuthil waren die Pfosten der Basilika und der Hoflaube so weit auseinandergerückt, daß man das Heiligtum vom Principia-Eingang aus sehen konnte (Bild 14,1). In dieser Achse lag unter dem Kopfsteinpflaster des Forumplatzes eine Opfergrube[82].

Die Lageraedes nahm die numinosen Feldzeichen und Kaiserbildnisse auf. Vor dem Heiligtum, meistens also in der Basilika, wurden die Opfer dargebracht und die Gebete gesprochen, die sich an die göttlichen und irdischen Schirmherrn des Staates und seines Heeres wandten. Der Feldherr brauchte nach altrömischer Tradition aber auch noch ein templum, einen rituell abgegrenzten Platz, in dem er vor einem Unternehmen aus dem Flug der Vögel den Willen der göttlichen Mächte ersehen konnte. Ps.-Hygin (c. 11) fordert, daß das ‚auguratorium' (oder augurale) auf der rechten Seite des Praetoriums an der Hauptstraße liege und daß auf der linken Seite ein ‚tribunal' gebaut wurde, von dem aus der Feldherr den Soldaten das Ergebnis seiner Vogelschau mitteilen könne. Diese Angaben beziehen sich auf ein Marschlager und brauchen für ein Standlager nicht verbindlich gewesen zu sein. Man hat oft vorschnell ein Auguratorium erkennen zu können geglaubt[83]. Zwei Anlagen in Vindonissa und Noviomagus verdienen aber für die Frage der Auguratoria Beachtung.

Im Legionslager Vindonissa stand ein kleines Heiligtum inmitten eines Heiligen Bezirkes rechts neben den Principia (Bild 15,1). Der abgegrenzte

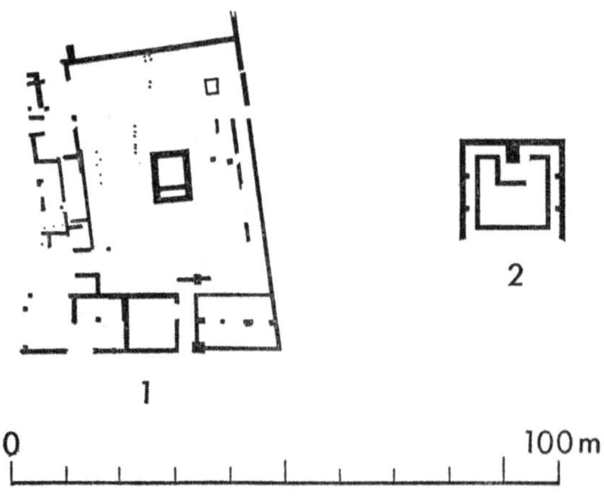

Bild 15:
Auguratoria (?) (zu S. 76f., vgl. A. 84f.). 1:1500
1. Vindonissa (= Taf. 8b, 17).
2. Noviomagus (= Taf. 4b, 13).

Bezirk maß durchschnittlich 36 m in der Breite und 42 m in der Tiefe. Er scheint von Lauben umrandet gewesen zu sein und war von der Hauptstraße aus zugänglich. Hier waren Altäre und andere Weihegaben aufgestellt. Aus den Weihinschriften könnte man sogar vermuten, daß dieser Heilige Bezirk auch von Zivilisten aufgesucht wurde, die allerdings mit der Truppe in geschäftlicher Verbindung standen[84]. In Noviomagus lag rechts vom Lagerforum eine Baulichkeit, die H. Brunsting als Tribunal deutete (Bild 15,2). Sie war in flavischer Zeit errichtet worden. Sie maß 18,7 m im Quadrat und hatte einen quadratischen Innenhof von 13,2 m Seitenlänge, an dessen Rückwand ein 3,1 × 2,3 m großes Fundament noch erhalten war. Vor dem Fundament war ein Podium von 2,5 × 6,2 m Grundfläche zu erkennen. Dieser Bau wurde zu einem noch nicht bestimmten Zeitpunkt durch einen vermutlichen Wirtschaftsbau vom Hoftyp ersetzt (S. 85f.)[85]. Die Anlagen in Vindonissa und Noviomagus liegen beide rechts von den Principia, dort wo Ps.-Hygin (c. 11) für sein Marschlager das Tribunal, das Gegenstück zum Augurale, ansetzt. Das Auguratorium setzt Ps.Hygin auf der linken Seite des Feldherrnzeltes an. Im ständigen Legionslager mag man sich mit einer einzigen Anlage begnügt haben. Wenn die beiden besprochenen Anlagen des 1. Jahrh. Auguralia waren, muß eine Erklärung dafür gesucht werden, daß sie in den späteren Standlagern fehlten. Vielleicht wurde die alte Vogelflugbeobachtung später durch die Platz sparende Eingeweideschau und die Befragung von Hühnern ersetzt. Im Stab des Legionskommandeurs dienten nämlich ein haruspex, ein victimarius und ein pullarius. Die ersten beiden Immunes waren zwar für alle blutigen Opfer notwendig, der Haruspex mußte aber auch Spezialist für Eingeweideschau sein[86]. Vielleicht konnte man im Standlager auf ein Augurale verzichten, weil die wichtigsten Entscheidungen doch nur im Einsatzfall, also im Marschlager zu treffen waren.

Nicht nur im Kampf, sondern auch im schweren täglichen Dienst und bei der Arbeit brauchten und suchten der einzelne Soldat und die militärische Gruppe Hilfe der höheren Mächte. Das zeigen viele Amulette, die in Truppenlagern gefunden wurden, aber auch zahlreiche Weihinschriften und Bildnisse von Schutzgottheiten. An vielen Stellen eines Legionslagers gab es Weihealtäre, Götterbildnisse und Kultnischen. Gewöhnlich wurde der Genius einer Centurie oder einer Gruppe von Immunes oder Principales angerufen. In Carnuntum sind Weihealtäre an verschiedenen Stellen angeblich in situ gefunden worden: im Wirtschaftsbau C, in einem Bau G, dessen Zweckbestimmung unbekannt ist, in einem weiteren Bau unbekannter Bestimmung nördlich der Via quintana und an einer Centurien-Kaserne. Auch in Vindonissa wurden Weihealtäre bei einem Wirtschaftsbau in der Retentura gefunden[87]. In den Legionslagern Carnuntum und Vindobona werden kleine Heiligtümer in Lazaretten angenommen[88]. Götterbilder werden auch in Thermen und an Brunnen zu sehen gewesen sein. Die vielen Götternischen, die es in Unterkünften und Arbeitsräumen gegeben haben wird, sind uns unbekannt geblieben, weil sich kaum aufgehende Teile von Legionslagern erhalten haben. Sie werden aber hier ebensowenig gefehlt haben wie in den Wohn- und Arbeitsstätten der Zivilbevölkerung[89].

Scholae

Die Soldaten konnten sich in ihren engen, dicht belegten Unterkünften schlecht tagsüber aufhalten, vor allem, wenn sie andere Kameraden aus anderen Kontubernien treffen wollten. Im allgemeinen werden sie ihre Freizeit auf den Lagerstraßen und -plätzen verbracht haben oder auch die Basilica thermarum aufgesucht haben, wenn sie das Lager nicht verlassen konnten. Die Immunes, die Principales, die Legionsreiter und die Soldaten der 1. Kohorte hatten aber eigene Aufenthaltsräume, Scholae. Dieses Wort bedeutet Muße, Freizeit, Ruhebank und einen Raum, in dem man seine Freizeit verbringt. In den Städten und kleinen Siedlungen gab es Scholae von Vereinigungen. Im rückwärtigen Teil der Legionsprincipia gab es vor allem Scholae für Angehörige gleicher Dienstgrade und Dienststellungen. Uns sind mindestens 16 verschiedene militärische Gruppen bekannt, deren Scholae inschriftlich bezeugt sind. Die meisten Scholae-Inschriften wurden in Lambaesis gefunden, einzelne in den Legionslagern Brigetio, Aquincum und in Lugudunum, wo seit Septimius Severus Legionsvexillationen aus den Rheinarmeen standen. Andere Inschriften stammen aus dem Flottenkommando West in Misenum und aus verschiedenen Hilfstruppenkastellen. In Lambaesis waren die Einrichtun-

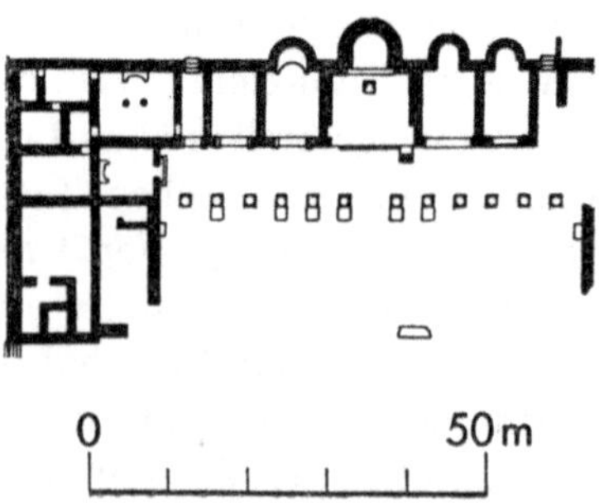

Bild 16:
Scholae der Principia von Lambaesis (= Taf. 12b, 1; S. 78f., vgl. A. 90).
1:1500

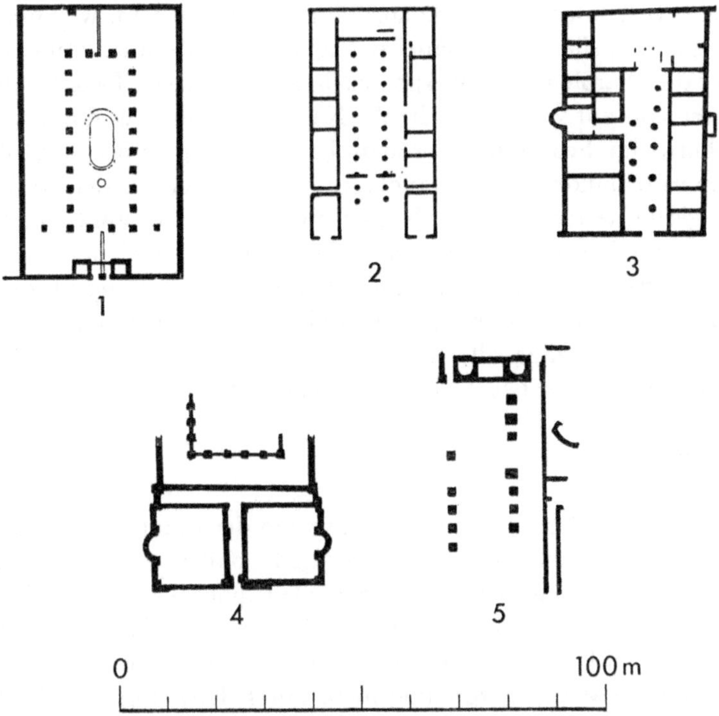

Bild 17: Scholae erster Legionskohorten (zu S. 79f., vgl. A. 93). 1:1500
1. Novaesium (= Taf. 6b, 9). – 2. Inchtuthil (= Taf. 1b, 5). – 3. Carnuntum (= Taf. 11b, 13). – 4. Vetera (= Taf. 5b, 2). – 5. Caerleon (= Taf. 3b, 12).

gen einiger Scholae noch weitgehend erhalten: An der Rückseite eines rd. 45–75 qm großen Raumes stand eine halbrunde Bank, davor ein Altar, die Wände des Raumes waren durch Pilaster gegliedert und bemalt (Bild 16). Auf den Pilastern und Bänken, auf dem Altar sowie auf dem Gewände und Epistyl des Eingangs zur Schola waren Inschriften angebracht. In den Räumen standen natürlich auch Kaiserbildnisse und Statuen von Gottheiten, besonders ein Bild des Genius der betreffenden Gruppe[90]. Die Ausstattung der Scholae mit Götterbildern und Weihinschriften erweckte in manchen Archäologen den Eindruck, in den Principia habe es außer der Lageraedes noch weitere Heiligtümer gegeben. In Lambaesis wurden militärische Scholae auch außerhalb des Lagers in der benachbarten Stadt erbaut, offenbar, weil innerhalb des Lagers nicht genug Platz war[91].

Die einfachen Soldaten, milites gregarii, hatten keine eigenen Scholae, mit Ausnahme der bevorzugten 1. Kohorte (S. 38ff.). Ps.-Hygin (c. 20) setzt eine Schola der ersten Kohorte im Marschlager an, weil dort ‚munera legionum dicuntur'. Dabei denkt man sowohl an die tesserae für Befehle und Parolen, wie an Appians *βιβλίον ἐφήμερον*. Tagesbefehle solcher Art sind auf Papyri erhalten[92]. Nach Ps.-Hygin lag die Schola der 1. Kohorte im Scamnum, das den Principia gegenüber lag, also im Scamnum tribunorum der Standlager. Gerade hier wurden in den Legionslagern Caerleon, Vetera, Novaesium und Carnuntum basilikaartige Bauten gefunden, die für den angegebenen Zweck geeignet erscheinen. In der Bauweise entsprach ihnen ein Bau in Inchtuthil, der im mittleren Scamnum der Praetentura auf der linken Seite der Via praetoria lag (Bild 17). Es liegt nahe, alle diese Bauten im Sinne Ps.-Hygins als Scholae der jeweiligen ersten Legionskohorte anzusehen[93].

Übungshallen

In seiner Schilderung der Ausbildung und der ständigen Übungen des römischen Heeres berichtet Vegetius (2,23), daß man für das Training der Kavalleristen im zielsicheren Schießen ‚porticus' gebaut habe, die mit Ziegeln, Schindeln oder leichtem Material gedeckt waren, und daß für dieselbe Ausbildung der Infanteristen ‚quaedam velut basilicae' dienten, damit die Waffenausbildung nicht durch Unwetter und Sturm behindert werde. Diese Nachricht wird durch eine Inschrift aus dem Kastell einer Cohors equitata von der britannischen Hadriansmauer bestätigt, in der von einer ‚basilica equestris exercitatoria' die Rede ist[94].

Seit A. v. Cohausen hielt man lange Zeit die überdeckten oder architektonisch durch Einfriedung hervorgehobenen Abschnitte der Hauptstraße mancher Hilfstruppenlager für ‚Exerzierhallen'. Davon ist man seit Untersuchungen von W. Schleiermacher und R. Fellmann abgekommen. Sir Ian Richmond meinte, eine ‚drillhall' in der dreischiffigen Halle erkennen zu können, die im linken mittleren Praetentura-Scamnum mit dem Eingang an der Via praetoria lag – wir haben sie oben in die Gruppe der Scholae erster Legionskohorten eingeordnet (Bild 17,2). Die Halle war innen rd. 26 m lang, das Mittelschiff war rd. 5 m, die Seitenschiffe waren rd. 3 m breit. Für Wurf- oder Schießübungen scheint uns aber die Länge von 26 m viel zu gering zu sein. Sie reicht nur für den Pilumwurf, aber nicht für Speere, Pfeile und Schleudern[95]. Auch Fechtübungen konnte in einer Halle dieses Ausmaßes eine Centurie kaum durchführen. Die anderen Übungen, die Vegetius anführt, brauchen ebenfalls mehr Platz, vor allem die im Verband ausgeführten.

Für eine Reithalle, eine ‚basilica equestris exercitatoria', war der Bau erst recht zu klein. Eine Reitbahn ist heute gewöhnlich mindestens 20 × 40 m groß. Der kleinste Kreis, den ein Pferd beschreibt, die Volte, hat sechs Schritt Durchmesser, rd. 4,5 m, der Durchmesser eines ‚Zirkels' ergibt sich aus dem Durchmesser von vier Volten. Ich kann mir schlecht vorstellen, welche Übungen einzelne Reiter oder ganze Verbände in einer Halle wie der von Inchtuthil ausgeführt haben können. Die vermutlichen Reitplätze innerhalb des Kastells Baginton und des Stadtlagers Lambaesis zeigen die Mindestmaße solcher Einrichtungen[96]. Wichtig erscheinen uns noch die kleineren Räume auf zwei oder drei Seiten der Mittelbasilika, von denen in Vetera und Carnuntum ein oder zwei Räume Apsiden haben (Bild 17,3 und 4). Leichte Übungshallen, wie sie Vegetius beschreibt, konnten außerhalb des Lagers errichtet werden – in Caerleon ist neben dem Legionslager ein großer Übungsplatz gefunden worden[97].

Gefängnisse

In mehreren Inschriften werden Principales und Immunes genannt, die mit der Aufsicht über das Lagergefängnis betraut waren, an ihrer Spitze ein Optio custodiarum (o. ä.), dann carcerarii oder clavicularii. Allerdings wurde Gefängnisstrafe gegen Soldaten kaum verhängt. Für Untersuchungs- und Vollstreckungshaft war aber ein Lagergefängnis trotzdem notwendig. Es wird nicht sehr groß gewesen sein. Den einzigen Anhalt für ein Gefängnis in einem Legionslager bieten fünf Altäre in Bau XX in Carnuntum. Dieser Bau(teil) liegt hinter dem Magazin, das an das Lazarett links anschließt. Er ist durch spätrömische Bauten stark zerstört (Bild 18). In Raum a des Baues standen die Altäre auf dem unteren Estrich. Sie wurden von einem ex optione cust(odiarum) und mehreren clavicularii gesetzt[98]. Man hat auch Bauten mit 59 und mehr kleinen Räumen für Carceres gehalten, die in den Legionslagern

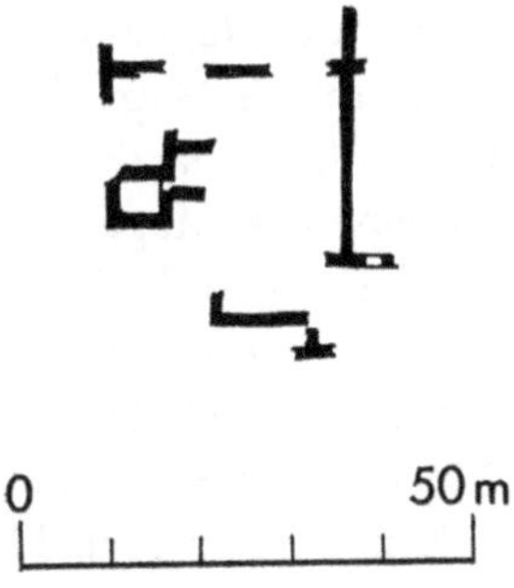

Bild 18: Fragliches Lagergefängnis in Carnuntum (= Taf. 11 b, 10; zu S. 81 f., vgl. A. 98). 1:1500

Novaesium und Bonna, in einem Lager in Asciburgium sowie im Zweilegionenlager Vetera gefunden wurden. Gegen diese Annahme spricht, daß derartige Bauten in anderen Legionslagern fehlten, daß sie in der Nähe eines Lagertores lagen und daß der Bonner Bau in einem reinen Wirtschaftsbezirk mit einem Horreum verbunden war. Wir werden S. 87f. versuchen, diesen Bautyp zu erklären.

Wirtschaftsbauten

Militärische Logistik ist der Bereich dessen, was man im Krieg vorausberechnen kann. Man zählt heute dazu die Verpflegung von Mensch und Tier, die Versorgung mit Waffen, Gerät, Bekleidung und Treibstoff, ferner Nachrichtenwesen und medizinische Betreuung. Die Verpflegung der römischen Soldaten kann hier nicht im einzelnen abgehandelt werden. Sie bestand in der Hauptsache aus Getreide, vor allem Weizen, ersatzweise aus Gerste, aus Fleisch, Speck, Käse, Gemüse und saurem Wein. Der Weizen wurde als Brot oder Zwieback verbacken oder als Brei, puls, oder in Teigwaren bereitet. Der einzelne Soldat erhielt mindestens eine Bilibra Getreide am Tag, 650 Gramm, fast immer mehr. Wenn die Nachricht des Tacitus (Agr. 22,2) verallgemeinert werden darf, daß die Militärlager in Britannien in ihren Wehrmauern Verpflegung für ein Jahr aufnehmen konnten, dann mußten in einer Legionsfestung bis zu 2000 t Getreide gelagert werden. Dazu kamen große Mengen an Fleisch und anderen Lebensmitteln[99]. In den Marschlagern und in den kurzfristig benutzten Lagern brauchte man Verpflegungsmagazine, auch wenn jeder Soldat seine eiserne Ration mit sich trug. Verpflegungsmagazine lagen, wie es scheint, im oder beim Quaestorium, der Unterkunft des Quaestors, der während der republikanischen Zeit im Felde den Konsul als Wirtschaftsbeamter begleitete. Diese Bezeichnung für das Verpflegungsmagazin hat sich wohl bis in die Zeit Ps.-Hygins erhalten. In der Kaiserzeit wurde die seit Plautus nachweisbare Bezeichnung horreum für Magazine aller Art allgemein üblich. Die Übersetzung von horreum als Getreidespeicher, Kornhaus oder granary ist insofern irreführend, als das lateinische Wort, dessen Ableitung noch unklar ist, ein allgemeines Magazin meint und nicht auf Getreidespeicher eingeengt ist. In einem Pfeilerhorreum von Novaesium wurden außer Getreide Hülsenfrüchte und Reste von Fleischnahrung gefunden. Im unteren Geschoß eines Pfeilerhorreums in Lambaesis lagerten Schleudergeschosse. Militärische Magazine gab es in Legions- wie in Hilfstruppenlagern[100].

Schon die frühen Holzlager aus der Zeit des Augustus hatten Horrea

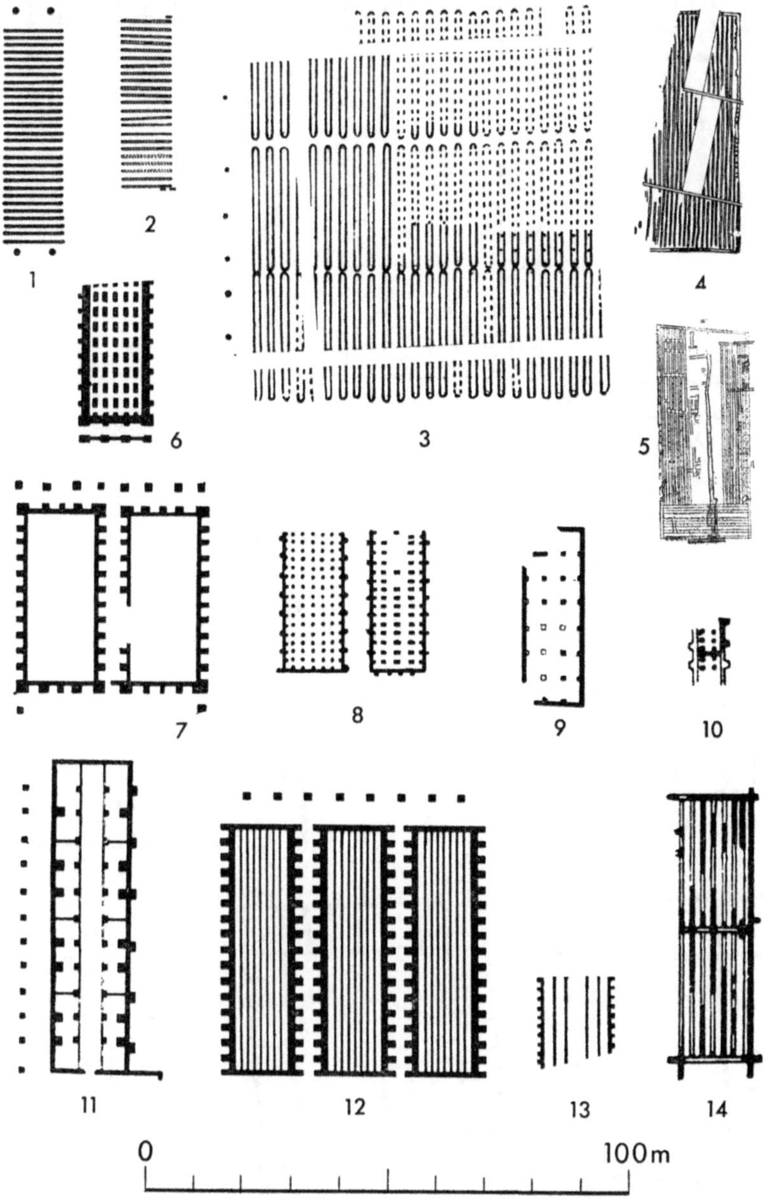

Bild 19: Horrea aus Holz und Pfeilerhorrea aus Stein: 1–5 Holzhorrea, 6–11 Pfeilerhorrea aus Stein, 12–14 (Stein-)Horrea mit Längsmauern (zu S. 82 und 85, vgl. A. 101). 1:1500
1. Inchtuthil (= Taf. 1b, 4). – 2. Longthorpe (nach S. S. Frere, mit Erlaubnis). – 3. Usk (nach W. H. Manning, mit Erlaubnis). – 4. Rödgen (nach H. Schönberger). – 5. Vindonissa (nach C. Simonett). – 6. Noviomagus (= Taf. 4b, 2). – 7. Novaesium (= Taf. 6b, 3). – 8. Bonna (= Taf. 7b, 2). – 9. Vindonissa (= Taf. 8b, 9). – 10. Aquincum (nach J. Szilágyi). – 11. Lambaesis (= Taf. 12b, 12). – 12. Deva (= Taf. 2b, 3). – 13. Mogontiacum (nach J. Laske). – 14. Aquincum (nach J. Szilágyi).

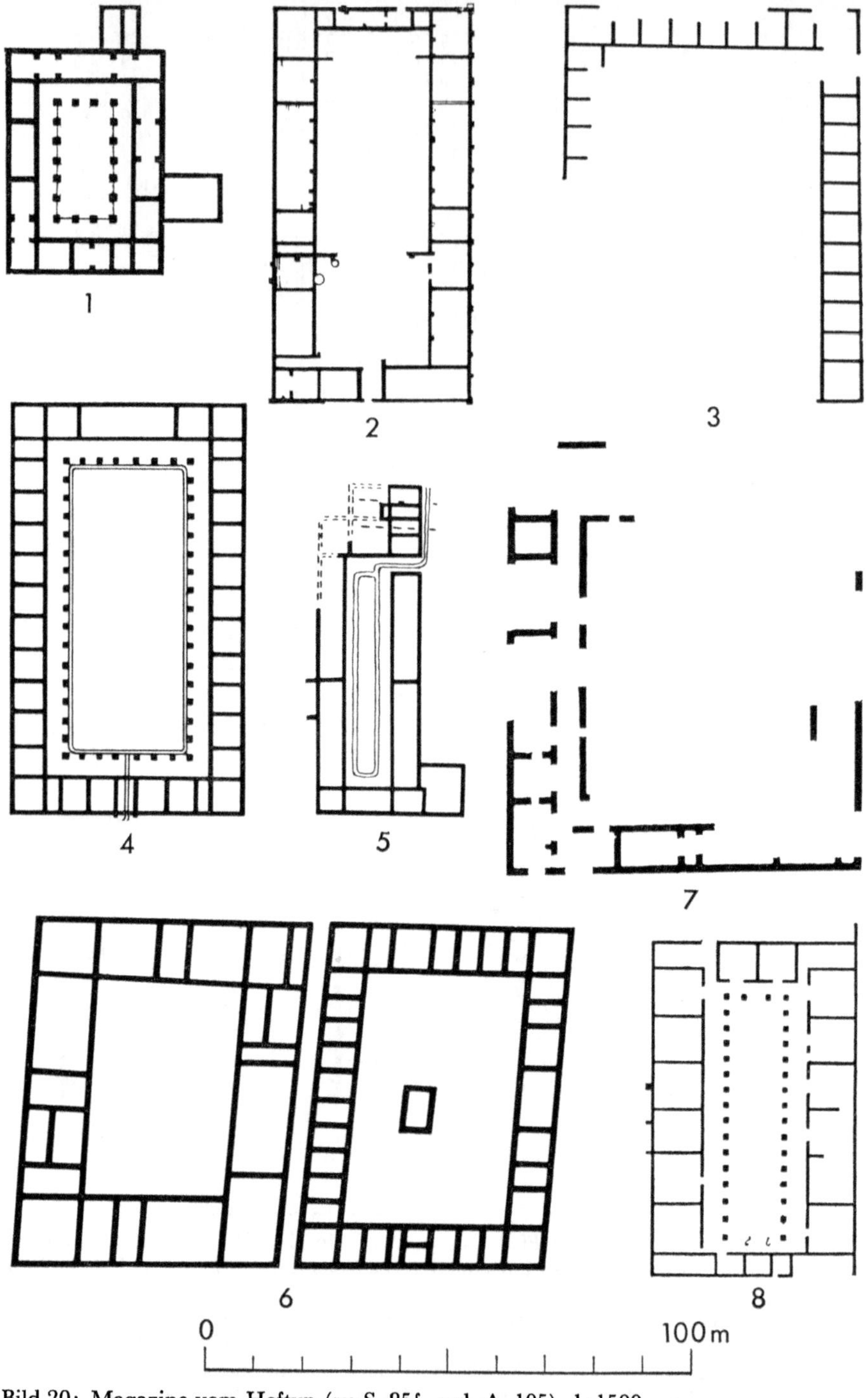

Bild 20: Magazine vom Hoftyp (zu S. 85f., vgl. A. 105). 1:1500
1. Noviomagus (= Taf. 4b, 5). – 2. Novaesium (= Taf. 6b, 15). – 3. Bonna (= Taf. 7b, 10). – 4. Vindonissa (= Taf. 8b, 3). – 5. Vindonissa (= Taf. 8b, 12). – 6. Carnuntum (= Taf. 11b, 6). – 7. Aquincum (nach J. Szilágyi). – 8. Lambaesis (= Taf. 12b, 2).

(Bild 19,4). Hölzerne Horrea waren oft mit Schwebeböden ausgestattet, die durch Luftzug ventiliert waren. Das war vor allem für die Lagerung von Getreide nötig, um seine biologische Selbstentzündung zu verhindern. Dieses System wurde auch in steinernen Magazinen verwendet (Bild 19)[101]. Steinerne Horrea wiesen häufig strebepfeilerartige Außenverstärkungen auf. Sie sind verschieden erklärt worden: 1. die Verstärkungen sollten den Seitenschub des hochgelagerten Getreides oder anderer Lasten abfangen, 2. sie waren statisch notwendig als Auflager für die Unterzüge der schwerbelasteten Schwebeböden, 3. sie trugen schwere, stark vorragende Ziegeldächer zum Schutz vor feindlichen Brandgeschossen. Weil die Spannweiten der Magazinhallen beträchtlich groß waren – 10,5 bis fast 14 m – und weil Innenstützen in Lagerhallen hinderlich sind, wo man schwere und sperrige Lasten bewegen muß, wird man für die Dächer Sprengwerkkonstruktionen verwendet haben, für die man ein besonders breites Auflager schaffen wollte. Dazu kam, daß solche Horrea allein schon wegen der Schwebeböden höher waren als die meisten anderen Lagerbauten. Man hat auch an breite Lüftungsöffnungen in den Mauern zwischen den Pfeilern gedacht, die die Mauern statisch schwächten. Viele Horrea lagen am oder im Intervallum, im feuerarmen Raum hinter der Wehrmauer. Hier war auch Platz für Ladearbeiten und Rationenausgabe[102].

Außer den Magazinbauten mit unterlüfteten Schwebeböden gab es in den Legionslagern noch andere Magazinbauten. Sie können nach der Ähnlichkeit ihrer Grundrisse mit Magazinen, deren Zweckbestimmung wir kennen, in der Stadt Rom, in Ostia und anderwärts identifiziert werden[103]. Es waren rechteckige Bauten, deren gleich oder verschieden große Räume von einem großen Innenhof erschlossen waren (Bild 20). In dem oft von Lauben umrandeten Hof befand sich manchmal ein Wasserbecken. Solche Magazine vom Hoftyp standen am häufigsten in der Retentura oder in einem eigenen Wirtschaftsbezirk. In einem Raum eines derartigen Magazins, das sich im mittleren Retentura-Scamnum des Legionslagers Carnuntum befindet, wurde in einer Ecke neben drei Kalksteinaltären ein Haufen von 54 steinernen Geschoßkugeln entdeckt. Es wurde aber kein Arbeitsabfall einer Steinmetzwerkstatt beobachtet[104]. Man wird in solchen Magazinen alles mögliche Gerät und Gepäck, auch Rohstoffe, gelagert haben. In ihnen haben aber auch Handwerker gearbeitet (S. 96). Neben einem Magazin vom Hoftyp befand sich in einem Wirtschaftsbezirk des Legionslagers Lambaesis ein Bau mit einem gewölbten Keller (Taf. 12b, 4). In der Hitze Numidiens kann der Keller zum Lagern von geräuchertem Fleisch und Käse oder von Flüssigkeiten wie Öl, Milch, Essig und Wein gebraucht worden sein, wenn er nicht als Zisterne diente[105].

Magazine vom Pfeiler- und vom Hoftyp waren nicht die einzigen Bauformen von Magazinen in Legionslagern. In der Praetentura von Novaesium lösten einander zwei Magazine ab, die an der Via sagularis gebaut waren und, nach Weizenresten zu schließen, teilweise als Kornhäuser dienten (Bild 21,1–2). Außer Getreide war hier auch Fleisch gelagert. Die gleichfalls gefundene zahlreiche Gefäßkeramik diente vielleicht zur Aufbewahrung von Nahrungsmitteln. Beide Bauten hatten Grundrisse wie Magazine vom Hoftyp, also Nutzräume, die um einen großen Innenhof herum lagen, aber ihre Mauern waren sowohl außen wie an der Hofseite mit Vorlagen verstärkt. Die Lebensmittelreste wurden in den Räumen, nicht im Hof gefunden[106]. Langrechteckige Hallenbauten wurden gleichfalls als Magazine benutzt (Bild 21,3–4). In Lambaesis waren je fünf Hallen von rund 15 × knapp 6 m lichter Größe beiderseits einer Fahrstraße angeordnet. Auf der Straßenseite lagen vor ihnen durchgehende Straßenlauben. Sie waren mit einem Hallenbau, der auch Handwerkern als Arbeitsstätte diente, zu einem großen Wirtschaftskomplex verbunden. Magazine des Lagers Dangstetten, die aus Holz gebaut waren,

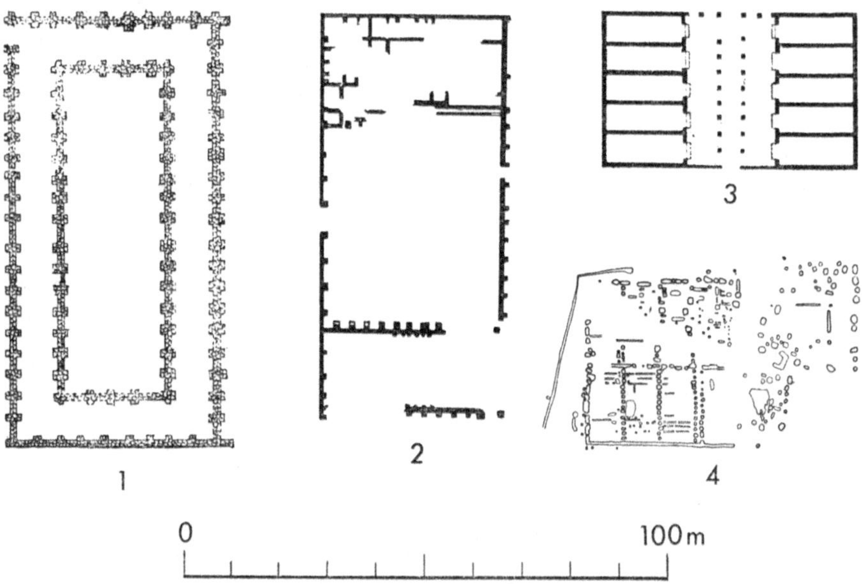

Bild 21: Magazine verschiedener Gestalt (zu S. 86f., vgl. A. 106f.). 1:1500
1. Novaesium (= Taf. 6b, 6). – 2. Novaesium (= Taf. 6b, 5). – 3. Lambaesis (= Taf. 12b, 10). – 4. Dangstetten (nach G. Fingerlin).

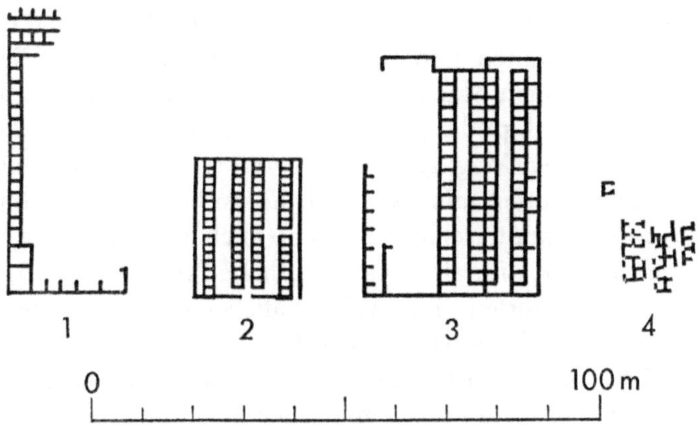

Bild 22: Kammerbauten (zu S. 87f., vgl. A. 109). 1:1500
1. Vetera (= Taf. 5b, 3). – 2. Novaesium (= Taf. 6b, 20). – 3. Bonna (= Taf. 7b, 4). – 4. Asciburgium (nach T. Bechert).

sahen diesen Steinmagazinen von Lambaesis sehr ähnlich. Auch einzeln wurden langrechteckige Hallenbauten als Magazine verwendet wie in Caerleon[107]. Der Magazinbau an der westlichen Lagermauer von Carnuntum, in dem sehr viele Waffen, Lederreste und Lebensmittel gefunden wurden, gehört der spätrömischen Zeit an und wird deshalb hier nicht behandelt[108].

Nach den Magazinbauten sei eine Gruppe von Kammerbauten besprochen, auf die schon S. 81f. kurz eingegangen wurde (Bild 22). Sie sind uns aus den Legionslagern Vetera, Novaesium und Bonna bekannt, ferner aus einem vorklaudischen Lager in Asciburgium, dessen Garnison noch unbekannt ist. Diese Bauten hatten einen rechteckigen Grundriß und waren durch mehrere Reihen kleiner Kammern gekennzeichnet, die sich wie Schweinekoben oder Badekabinen auf langgestreckte schmale Flure öffneten. Die bisher bekannten Beispiele scheinen vier bis sechs Kammerreihen gehabt zu haben. Die lichte Größe der Kammern schwankte von rd. 1,7 m b × 1,2 m t (Novaesium) bis rd. 1,8 m b × 2 m t (Vetera), also von rd. 2 bis 3,6 qm lichter Bodenfläche. Die Gesamtzahl der Kammern betrug 59 (69?) (Novaesium), 60 (?) (Asciburgium) und 69 (Bonna)[109].

Die Erklärung der Kammerbauten als Lagergefängnisse scheint uns wenig wahrscheinlich zu sein (S. 81f.). Um ihren Verwendungszweck zu ermitteln, wird man von Gegenstücken aus Städten und von der Lage der Bauten innerhalb der Lager ausgehen müssen. Die Grundrisse der Kammerbauten sind denen der Magazine vom Korridortyp in Ostia und Portus sehr ähnlich. Der wichtigste Unterschied zwischen den militärischen Kammerbauten und den Korridormagazinen ist die Größe der Räume. Die kleinen Magazinräume dieses Typs in Ostia waren mit rd. 9 qm über viermal größer als die Kammern in Novaesium. Die Räume eines vermutlichen Magazins vom Korridortyp in der Colonia Ulpia Traiana (Xanten) hatten mindestens rd. 12 qm lichten Flächeninhalt[110]. Trotz dieses Größenunterschiedes spricht auch die Lage der militärischen Kammerbauten für ihre wirtschaftliche Nutzung. In Bonna lag der Kammerbau inmitten eines Wirtschaftsbereiches, wie die Ausgrabungen des Jahres 1959 gezeigt haben. In Vetera war der Kammerbau nur durch einen noch unbekannten Bau von einer Fabrica getrennt. In Novaesium war der Kammerbau mit einer der Sonderunterkünfte verbunden, die häufig bei Wirtschaftsbauten lagen (S. 43ff.). In Bonna und Novaesium standen die Kammerbauten in der Nähe eines Lagertores. Die Ähnlichkeit der militärischen Kammerbauten mit Magazinen vom Korridortyp und ihre Lage in der Nähe von Wirtschaftsbauten, einer Sonderunterkunft und von Lagertoren scheint uns nahezulegen, sie als Magazine für besonders kleine oder wertvolle Gegenstände anzusehen. Die Zahl der Kammern erinnert an die Zahl der Centurien einer Legion, vielleicht aber nur zufällig.

Die Truppe erhielt ihre Getreideverpflegung zum größten Teil aus Lieferungen der Provinzen. Ihr standen auch eigene Ländereien zur Verfügung, die sie wohl vor allem als Weide- und Wiesenland für ihre Nutztiere brauchte. Außer Reit-, Trag- und Zugtieren, also Pferden, Maultieren und, wo nötig, Dromedaren, brauchte die Truppe Rinder-, Schaf- und Schweineherden für Leder- und Wollgewinnung, ferner für Milch-, Fleisch- und Fetterzeugung[111]. Mit Gewerbeerzeugnissen versorgte sich die Truppe durch Lieferungen der Provinzen, durch Kauf bei Zivilhandwerkern und Händlern, aber auch durch eigene Produktion. Autoren und Inschriften erwähnen folgende Militärhandwerker: Eisen- und Buntmetallschmiede; in Holz arbeitende Handwerker vom Waldarbeiter bis zum Zimmermann, Stellmacher und Tischler; Zeltmacher; Töpfer; Bauhandwerker; Steinmetzen und Köhler. Außer den bezeugten Handwerkern brauchte die Truppe noch Gerber, Sattler und Schuster, Seiler und Ziegler. Im Krieg und während des Okkupationsstadiums einer Provinz mußten sie aus Sicherheitsgründen alle im Lager arbeiten. Wenn die Gefahren feindlicher Überfälle und einer Belagerung für die Standlager vorüber waren, legte man möglichst viele Handwerkerbetriebe aus dem Lager heraus in die Lagervorstadt, vor allem diejenigen, die durch Funkenflug und Rauch lästig waren. Betriebe, die auch im Belagerungsfall unentbehrlich waren, ließ man in jedem Fall in Fabricae innerhalb der Legionsfestungen arbeiten[112].

Nach Ps.-Hygin (c. 4 und 35) sowie Vegetius (2,11) durften Fabricae weder in dauerhaften Lagern noch in Marschlagern fehlen. Josephus (bell. Iud. 3,83) spricht von einem Platz für Handwerker im Lager (*χειροτέχναις χωρίον*). In verschiedenen Legionslagern wurde beobachtet, daß Handwerker in Höfen oder auf Plätzen vor Wirtschaftsbauten gearbeitet haben[113]. Handwerkliche Arbeiten sind in verschiedenen Bauten innerhalb von Legionslagern nachgewiesen worden: vor allem in Hallenbauten, in Bauten mit unregelmäßiger Inneneinteilung, in den schon beschriebenen Wirtschaftsbauten vom Hoftyp und in Tabernae (Kammern) an Straßen.

Die einfachsten Bauformen waren rechteckige lange Hallen, die aus Holz oder Stein gebaut wurden (Bild 23). In einem Wirtschaftsbereich ihres Lagers in Dangstetten hat die 19. Legion eine fast 4 × 6,5 m große Halle gebaut, an deren Schmalseite ein von außen beheizbarer Ofen angebaut war (Bild 23,2). Auf einer Lang- und einer Schmalseite lag eine Laube. Diese Bauform war für handwerkliche Betriebe bezeichnend: eine nach einer Seite offene Werkstatt, die durch ein Vordach vor Sonne und Regen geschützt war[114]. Mit dem einfachen Holzbau von Dangstetten kann eine Fabrica in Exeter (Devon) verglichen werden (Bild 23,1). Sie war eine dreischiffige, rechteckige Halle, in der beträchtliche Spuren von Bronzeschmiedearbeiten gefunden wurden. Derartige ein- oder mehrschiffige Fabricae gab es auch in den Legionslagern Deva, Noviomagus, Vindonissa, Regensburg und Carnuntum (Bild 23,3–6). Ein rechteckiger Werkhallenbau im Wirtschaftsbereich des Legionslagers Noviomagus hat mindestens eine Erweiterung erfahren (Bild 23,3). In ihm wurden Metallschlacken und Schmelztiegel gefunden. Im Intervallum hinter der Ostumwehrung des Legionslagers Regensburg stand gleichfalls eine rechteckige Werkhalle (Bild 23,5). Sie wurde später am selben Platz durch einen in der Form gleichen Bau ersetzt. Diese Werkhalle maß rd. 60 × 9 m. Ihr Dach war in der älteren Bauphase von zwei Reihen hölzerner Stützen, in der jüngeren Phase von nur einer Holzstützenreihe getragen. Die Höhe des Baues betrug mindestens 7 m, ohne daß an einer Stelle Spuren eines Zwischengeschosses erkennbar gewesen wären. Seine westliche Innenwand war geometrisch bemalt. Auf dem älteren Estrich der Werkhalle wurden verstreut Metallreste aus Eisen und Kupferlegierungen gefunden, die sicher Werkstattabfälle und nicht Fertigprodukte waren. Vermutlich gehört auch der große fünfschiffige Hallenbau des Legionslagers Vindonissa hierher (Bild 23,4). Er lag im mittleren Retentura-

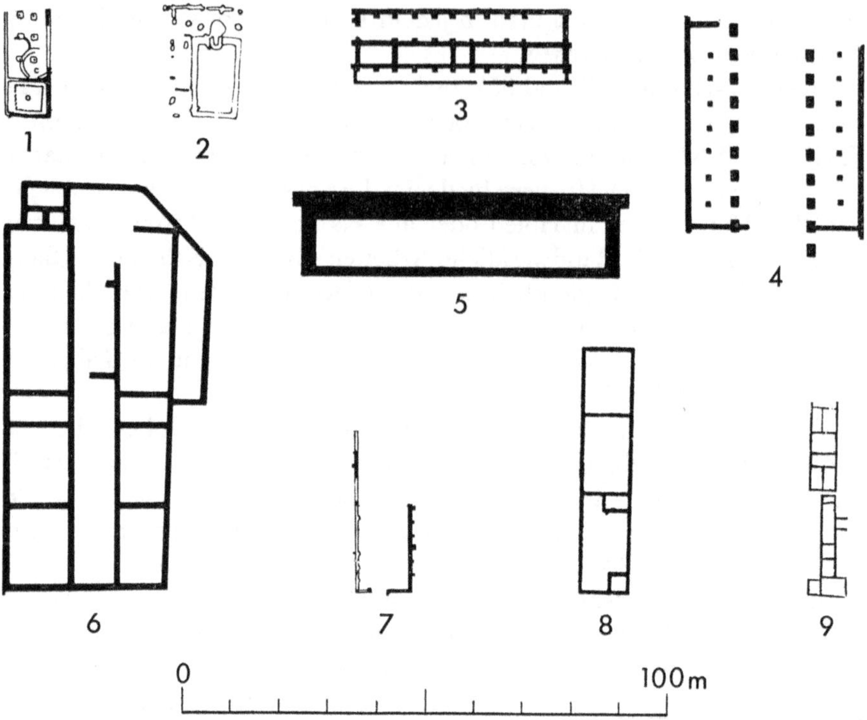

Bild 23: Langrechteckige Fabricae (zu S. 89f., vgl. A. 114f.). 1:1500
1. Exeter (nach Current Archaeology, mit Erlaubnis). – 2. Dangstetten (nach G. Fingerlin). – 3. Noviomagus (= Taf. 4b, 6). – 4. Vindonissa (= Taf. 8b, 6). – 5. Regensburg (= Taf. 9b, 2). – 6. Carnuntum (= Taf. 11b, 5). – 7. Carnuntum (nach v. Groller). – 8. Housesteads (vgl. A. 114, Housesteads, Bau 4). – 9. Fishbourne (nach B. Cunliffe, mit Erlaubnis).

Scamnum am rechten Intervallum. In ihm wurden Ofenreste, Bronzeschlacken, Halbfertigwaren und viele Gefäßkeramik aufgedeckt[115]. Im Wirtschaftsteil der rechten Retenturahälfte des Lagers Carnuntum lag ein vielleicht dreischiffiger Bau, den man wegen der Gestalt seines Grundrisses ebenfalls in die Gruppe rechteckiger Werkhallenbauten stellen möchte (Bild 23,6).

Links der Via praetoria des Legionslagers Lambaesis lag in Verlängerung der Tabernenreihe eine einfache langrechteckige Halle, die von einer Schmalseite her zugänglich war (Bild 24). Ihre lichten Maße waren rd. 44 × rd. 11 m. Im großen vorderen Teil der Halle waren – seitlich verschoben – zwei in Stein gesetzte rd. 34 m lange Rinnen, die dieselbe Form und Spurbreite wie das Wagengeleise im Pflaster der Via praetoria hatten (2,80 m). Man hat die Halle deshalb als Wagenschuppen angesehen. Dafür ist sie aber zu kurz. Sie könnte höchstens 10 bis 12 Wagen aufgenommen haben, wenn die Deichseln hochgeklappt oder herausgenommen waren (S. 58f.). Ich halte es für wahrscheinlicher, daß die Halle eine Stellmacherei war, als daß sie Spezialfahrzeuge wie bewegliches Belagerungsgerät oder schwere Geschütze aufnahm[116]. Der Bau in Lambaesis kann Gegenstücke haben, die wir allerdings anders erklären. An der Via decumana der Legionslager Inchtuthil, Vindonissa und Lauriacum scheinen an der Stelle von Tabernae oder in deren Fortsetzung Hallen von ähnlichen Ausmaßen gestanden zu haben (Taf. 1, 8, 10). Die Bauten von Vindonissa und Inchtuthil waren allerdings nicht von der Schmalseite aus zu befahren. Wir haben deshalb diese Bauten lieber als Ställe oder nicht erkannte Tabernae angesehen (S. 49 und 53f.).

Die angeführten Werkhallenbauten, die in Stadt und Land zahlreiche Gegenstücke hatten, weisen einige Kennzeichen auf, die zum Verständnis der nächsten Gruppe von Fabricae wichtig sind. Alle Bauten lagen entweder in einem Wirtschaftsbereich des Legionslagers oder am und im Intervallum (nur in Exeter kennen wir die Einteilung des Lagers noch nicht). Einige von ihnen waren auf einen Platz hin geöffnet. Die Werkhalle in Regensburg zeigt, wie hoch Bauten dieser Art gewesen sein können. Das stützt unsere Vermutung, daß Pfeilerhorrea deshalb in den feuerarmen Raum des Intervallums gebaut wurden, weil sie höher als die meisten anderen Lagerbauten waren (S. 85). Die Zahl der Arbeits- und Materiallagerplätze war in diesen Bauten offenbar so groß, daß man sie mehrmals durch Pfeilerstellungen zu mehrschiffigen Hallen verbreitert hat. Die Bauten in Noviomagus und Carnuntum hatten teils Außen-, teils Innenvorlagen (Bild 23,3 und 7). Vielleicht weisen sie wiederum auf eine besondere Höhe der Bauten hin, möglicherweise auch auf Entlüftungseinrichtungen (S. 85).

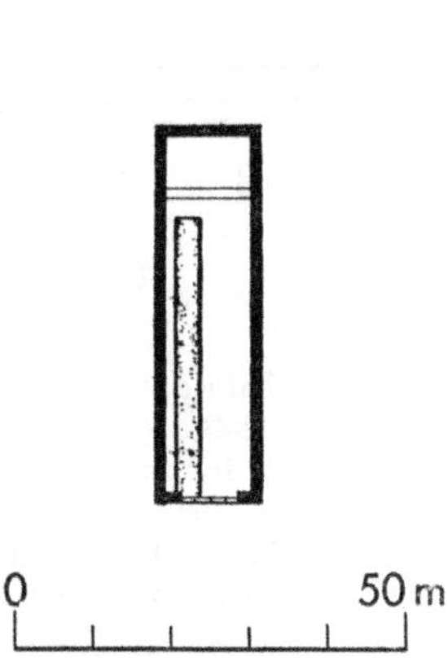

Bild 24:
Stellmacherei (?) in Lambaesis (= Taf. 12b, 8; zu S. 90f., vgl. A. 116). 1:1500

Offenbar brauchte man sehr viel Platz für Handwerker, ihr Rohmaterial, ihre Halbfertigwaren und die Fertigprodukte. Wollte man die Werkhallen nicht zu lang werden lassen, knickte man sie doppelhakenförmig um oder kombinierte kleinere und größere Räume in langen Fluchten (Bild 25). Wo es ging, wird man die lästigen Dachstützen vermieden haben, die für größere Hallenbreiten notwendig waren. Man wird versucht haben, mit Sprengwerkkonstruktionen auszukommen, die wir auch für Horrea angenommen haben. Vielleicht zeigen aus diesem Grunde die Fundamente großer, in Stein gebauter römischer Werkhallen mit doppelhakenförmigem Grundriß die gleichen Außenvorlagen wie die einfacher Werkhallen und Pfeilerhorrea.

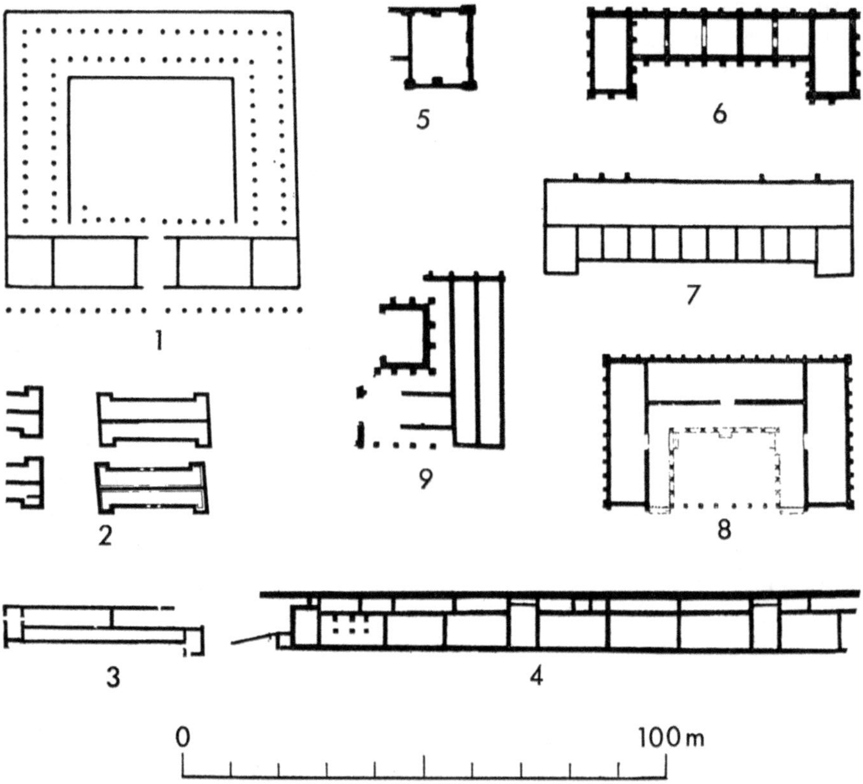

Bild 25: Fabricae (Wirtschaftsbauten) mit doppelhakenförmigem Grundriß (zu S. 92–94, vgl. A. 117–119). 1:1500
1. Inchtuthil (= Taf. 1b, 9). – 2. Corstopitum (nach Sir Ian Richmond and E. Birley, mit Erlaubnis). – 3. South Shields (nach I. Richmond, mit Erlaubnis). – 4. Caerleon (= Taf. 3b, 8). – 5. Vetera (= Taf. 5b, 6). – 6. Novaesium (= Taf. 6b, 2). – 7. Bonna (= Taf. 7b, 12). – 8. Lambaesis (= Taf. 12b, 11). – 9. Vindonissa (= Taf. 8b, 10).

Sir Ian Richmond hat nachgewiesen, daß ein rechteckiger Holzbau, der in der Retentura von Inchtuthil lag, eine Fabrica war (Bild 25,1). Im Südflügel des Baues fand er eine Esse, Schlacken und Nägel, also Reste einer Schmiede. Der Bau maß rd. 60 × 54 m und hatte drei doppelhakenförmig angeordnete Hallen mit je zwei Stützenreihen. Der Fabrica von Inchtuthil ähnelt im Grundriß ein in Stein errichteter Bau des Legionslagers Lambaesis, der ebenfalls drei doppelhakenförmig angeordnete Hallen aufwies (Bild 25,8). Sie lagen auf einem Podium mit hofseitiger Laube, zu dem fünf Treppen hinaufführten. Gegen den Hof öffnete sich ein Korridor mit einer Säulenreihe. Dieser auf beiden Seiten durch Tore verschlossene Korridor verband den Hof mit dem S. 86 beschriebenen Magazinbau. Neuere archäologische Untersuchungen des Deutschen Archäologischen Instituts in Rom, die mit Unterstützung des algerischen Antikendienstes durchgeführt wurden, haben erwiesen, daß der Hallenbau als Fabrica genutzt wurde[117]. Doppelhakenförmige Wirtschaftsbauten sind aus mehreren militärischen Anlagen bekannt. In der hadrianischen Erstanlage des Kastells South Shields und in der militärischen Nachschubbasis von Corstopitum-Corbridge wurden derartige Bauten aufgedeckt (Bild 25,2 und 3). Hier lagen jeweils zwei doppelhakenförmige Werkhallen Rücken an Rücken beisammen wie zwei Centurien-Kasernen. Ihr Eingang befand sich jeweils in der Mitte der Breitseite wie in Lambaesis. In vier von den neun Werkhallen des ‚West Compound' der Nachschubbasis Corbridge wurden Öfen, Eisenschlacken, Halb- und Fertigprodukte und Wasserbecken aufgedeckt. Nach solchen sicheren Beispielen von Wirtschaftsbauten mit Handwerksbetrieben können im Grundriß ähnliche Bauten in anderen Legionslagern derselben Gruppe zugeordnet werden[118].

Ein besonderer Fall scheint ein Bau im Gewerbebereich des Legionslagers Vindonissa zu sein, das sogenannte Arsenal (Bild 25,9). Er enthält drei große doppelhakenförmig angeordnete Hallen und eine weitere rechteckige Halle in der Mitte, die auf allen Seiten durch mächtige Außenvorlagen zusätzlich verstärkt ist. Die Mittelhalle hatte keine besonders große Spannweite. Ihre zusätzlichen Auflager für Unterzüge waren wohl durch ein zweites Geschoß bedingt. Die zwei großen Hallen waren rund 8,5 m breit und über 30 m lang. Auf einer mittleren Längsmauer, die nicht hochgeführt war, werden wohl Dachträger gestanden haben. Deshalb brauchten diese Hallen keine Außenverstärkungen. In die wie in Lambaesis hoch gelegenen Hallen führte je eine Rampe, so daß sie auch mit Wagen befahrbar waren. In der mittleren Halle und um sie herum wurden zahlreiche Waffen gefunden[119].

Die Wirtschaftsbauten mit rechteckigem wie mit doppelhakenförmigem Grundriß gehören in dieselbe funktionale Gruppe. Sie wiesen Werk- oder Lagerhallen auf, öffneten sich mit Lauben auf einen freien Platz oder eine Straße und ragten anscheinend über die Unterkunftsbauten hinaus. In Vindonissa und Lambaesis waren die Hallen durch ein Podium angehoben, vermutlich um das Beladen und Entladen von Wagen zu erleichtern[120]. Für zahlreiche Bauten dieser Gruppe sind handwerkliche Arbeiten nachgewiesen. Wir werden sie deshalb als Fabricae bezeichnen dürfen, ohne dabei ihre Verwendung als Lagerhallen auszuschließen.

Für einen anderen Fabrica-Bautyp sind zahlreiche Räume kennzeichnend, die entweder von der Straße aus zugänglich oder um Innenhöfe herum angeordnet waren (Bild 26). Dieser Wirtschaftsbautentyp hat manche Ähnlichkeit mit Basaren. Er war in Auxiliarlagern offenbar häufig vertreten, weil er Platz sparte. Im Kastell Hofheim ist er schon vor der Mitte des 1. Jahrh. n. Chr. belegt, ferner in den Hilfstruppenkastellen Niederberg und Oberstimm (Bild 26,6–8). In den Legionslagern Deva, Caerleon, Novaesium und Bonna sind Wirtschaftsbauten vom Basartyp gleichfalls nachgewiesen, ferner im augustischen Nachschublager Haltern (Bild 26; 1, 2, 5)[121]. Mir scheint auch der riesige, 124,5 × 95,4 m messende Bau hinter dem Lagerforum von Vetera ein Wirtschaftsbau vom Basartyp gewesen zu sein (Bild 26,3). Er wurde leider noch nicht vollständig ausgegraben, auch scheint man bei seiner bisherigen Ausgrabung Umbauten nicht ausreichend beobachtet zu haben. Er hat auf allen vier Straßenseiten Räume, die nach außen geöffnet gewesen sein dürften, und zahlreiche Korridore, die von den Straßen in das Innere des Wirtschaftsblocks geführt haben. In den ausgegrabenen inneren Teilen des Baukomplexes sind mindestens sechs Hallen oder Höfe zu erkennen und zahlreiche weitere Räume, die entweder durch Flure erschlossen waren oder auf die Höfe oder Hallen hin geöffnet waren. Zwei Außenmauern dieses größten uns bekannten militärischen Wirtschaftsbaues waren durch Außenvorlagen verstärkt. Sie schienen wohl notwendig, um zusätzlich die Dachkonstruktionen zu tragen, die gewiß recht kompliziert waren. Man hat diesen Bau als Quaestorium bezeichnet. Nach dem, was wir zu diesem Ausdruck auf S. 82 ausgeführt haben, wird man das Wort hier nur mit Einschränkung anwenden dürfen. Wenn der Praefectus castrorum hier auch nicht wohnte (S. 64), so unterstand ihm doch die ganze Einrichtung mit den zahlreichen Immunes, die dort arbeiteten[122].

In der rechten Hälfte des mittleren Retentura-Scamnums von Carnuntum lagen zwei Wirtschaftsbauten vom Hoftyp nebeneinander. An sie schloß in einer annexartigen Erweiterung des Lagers vermutlich noch ein

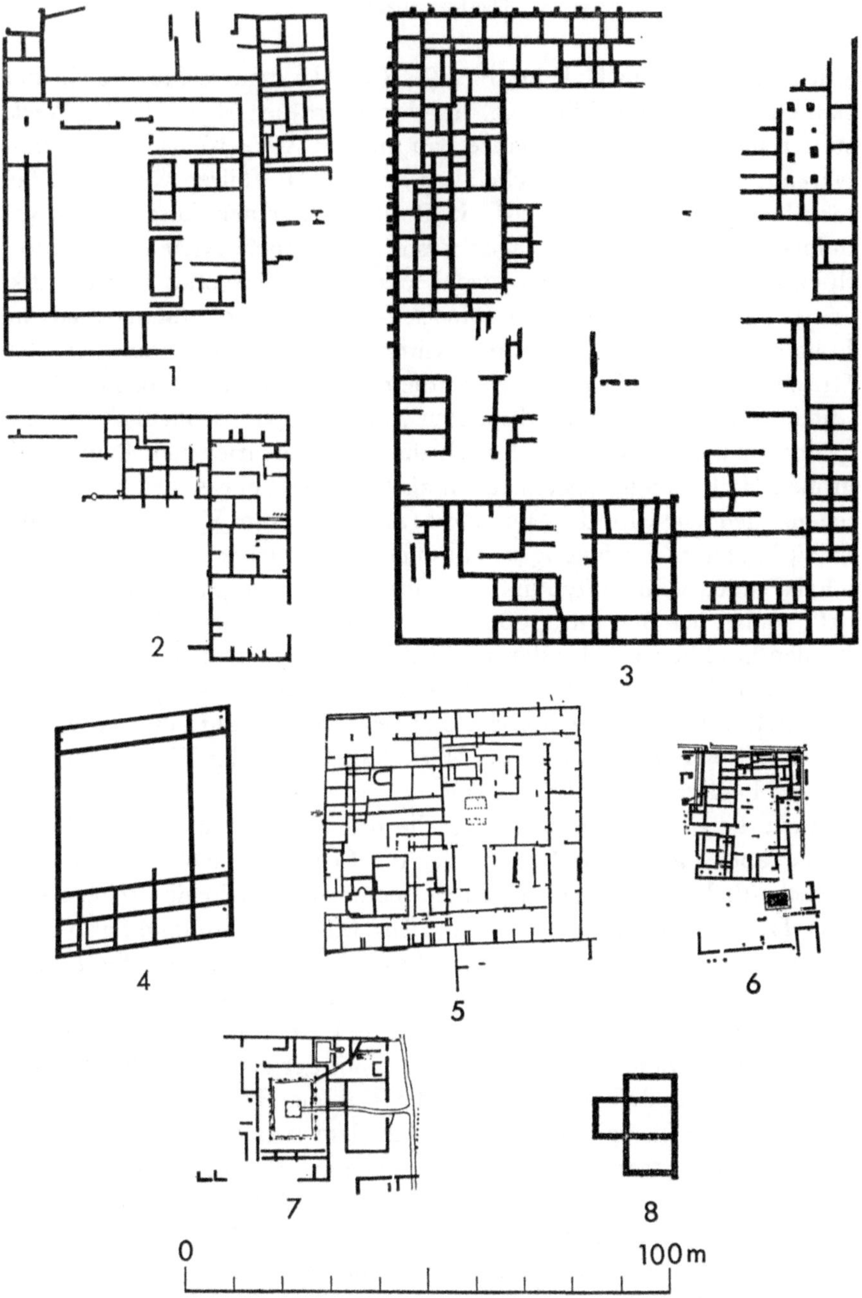

Bild 26: Wirtschaftsbauten vom Basartyp (zu S. 94, vgl. A. 121f.). 1:1500
1. Caerleon (= Taf. 3b, 10). – 2. Novaesium (= Taf. 6b, 17). – 3. Vetera (= Taf. 5b, 8). – 4. Lauriacum (= Taf. 10b, 5). – 5. Haltern (nach v. Schnurbein). – 6. Hofheim (nach E. Ritterling). – 7. Oberstimm (nach H. Schönberger). – 8. Niederberg (nach ORL).

Wirtschaftsbau vom Hallentyp an (S. 89f.). In dem rechten der beiden Bauten vom Hoftyp (Bild 20,6) hat der Ausgräber M. v. Groller Werkstätten nachgewiesen. Der ganze Bau maß rd. 49 × 67 m. Drei Räume waren sicher, weitere wahrscheinlich beheizt. Die Türen von acht Räumen führten in den Mittelhof, ein Raum hatte einen Ausgang zur Via quintana. In einem Raum lagen Reste von Blechen, Nieten und Drahtstücken aus Cu-Legierungen, wohl „eine Spängler- oder Gürtlerwerkstätte". Aus anderen Räumen führten Rohre in einen Sammelkanal. Im Füllschutt eines weiteren Raumes wurden über 100 Stücke von zersägten Hirschgeweihen aufgedeckt. Nach diesem Befund wird man sich davor hüten müssen, die Wirtschaftsbauten vom Hoftyp ausschließlich für Magazine zu halten. Man sollte auch die oben beschriebenen Bauten mit großen Hallen nicht ausschließlich als handwerkliche Arbeitsstätten ansehen. Vielmehr wird die Meinung M. v. Grollers im Kern für alle Wirtschaftsbauten in Legionslagern zutreffen: er bezeichnet die beiden Wirtschaftsbauten vom Hoftyp im karnuntiner Lager als „Fortifikations-Bauhof", wobei der Bau mit größeren Räumen Magazine und Werkstätten für den Großbetrieb, der Bau mit den kleinen Räumen Werkstätten für den Kleinbetrieb enthielt. Ein Wirtschaftsbau vom ‚Basartyp' in Lauriacum nahm gleichfalls teilweise Handwerksbetriebe auf (Bild 26,4). Ein drittes Beispiel ist vermutlich der Wirtschaftsbau an der Via quintana des Bonner Legionslagers (Bild 20,3)[123].

Auch die zahlreichen Tabernae, die sich auf die Lauben der Hauptstraße, aber auch auf andere Straßen der Legionslager öffneten, dienten wirtschaftlichen Zwecken, soweit sie nicht von den Legionsreitern und vom Troß belegt waren (S. 51ff und 58). Sir Ian Richmond hat bei der Ausgrabung des Legionslagers Inchtuthil beobachtet, daß die Truppe beim Abbruch des Lagers aus zwei Tabernae, die an der Nordseite der Via principalis lagen, Gefäße aus Glas und Keramik in den Rinnstein geworfen hat. Diese Beobachtung stimmt mit der Nachricht des Polybios (6,27,5) überein, daß bei den Zelten der Tribunen Platz für Pferde, Tragtiere und Gepäck vorgesehen war. Nachdem man nun diese Tatsache kennt, versteht man ältere Grabungsnotizen, die ähnliches berichten. Hinter Tabernae, die vor Tribunenhäusern an der Hauptstraße des Legionslagers Carnuntum standen, fand man eine „Ablagerungsstätte für allen möglichen Kehricht", zahlreiche Scherben von Gefäßkeramik und Gläsern. Ähnliches wird von den Tabernae an der Hauptstraße von Vindonissa berichtet[124]. So wie in den anderen Wirtschaftsbauten der Legionslager Magazine und Werkräume in denselben Bauten beieinander lagen, wurden die Tabernae an den Straßen der Lagerpraetenturen nicht nur als Magazine, sondern auch als Werkstätten benutzt. Dafür gibt es zahlreiche Beispiele in den Legionslagern von Caerleon, (Haltern), Bonna, Vindonissa, Lauriacum und Carnuntum[125].

Viele Handwerker brauchten für ihre Arbeit gewerbliche Herde oder Öfen. Auf Plätzen, Straßen oder Höfen vor handwerklichen Arbeitsräumen wurden oft Spuren oder Reste solcher Feuerstellen gefunden. Kleine Herde befanden sich auch innerhalb der Arbeitsräume. Manchmal weisen Werkstattabfälle, Halbfertigfabrikate und Schlacken auf handwerkliche Arbeiten hin. Hier sollen nicht alle Spuren aufgezählt werden. Es sei nur auf einige Arten von Öfen kurz eingegangen. Die keramischen Brennöfen aus der Zeit bis um die Mitte des 1. Jahrhunderts n. Chr. lagen, soweit sie gefunden wurden, sowohl am Rande der Lager als auch zwischen den hölzernen Lagerinnenbauten. In ihnen wurde nicht nur Gefäßkeramik gebrannt, sondern auch Lampen und figürliche Terrakotten. So ist es nicht besonders auffallend, daß im Legionslager Bonna auch Glasöfen betrieben wurden. Im Okkupationsstadium einer Provinz war die römische Truppe viel mehr als später darauf angewiesen, gehobene Alltagsgüter selbst herzustellen[126]. Außer keramischen Brennöfen und Glasöfen waren in den Lagern Schmiedeherde und einfache Schmelzherde häufig. In diesen wurden natürlich keine Metallerze ausgeschmolzen, sondern nur Metallbarren mit nicht zu hohem Schmelzpunkt, Luppen oder Altmaterial geschmolzen oder hammergerecht erhitzt. Auch für Lötarbeiten und verschiedene Arten des Oberflächenschmucks von Metallsachen wurden kleine Herde benötigt. Es ist für die Klärung technischer Fragen römischen Militärhandwerks zu bedauern, daß sorgfältige Veröffentlichungen solcher Öfen und Herde und der Analysen von Arbeitsabfall, Halbfertigerzeugnissen und Schlacken so selten sind. Eine weitere Art von Öfen hatte einen langrechteckigen Grundriß mit einem einzigen Nutzraum, der von einer Schmalseite aus beheizt wurde. Vielleicht hatten sie Tonnengewölbe. Ein Fundzusammenhang in einer militärischen Wirtschaftsanlage außerhalb des Legionslagers Bonna kann so ausgedeutet werden, daß solche Öfen zum Räuchern von Fleisch, Fischen und Käse dienten. Es ist aber auch nicht auszuschließen, daß sie Getreidedörröfen waren[127].

Man erwartet in jedem ständigen Legionslager Küchen, Bäckereien und Mühlen. Zwar mußte sich jeder Soldat oder jedes Contubernium im Kriegseinsatz sein Essen selbst bereiten, aber im Garnisonsdienst wäre das wohl unrationell gewesen. Leider fällt es uns vorläufig noch schwer, für die eine oder die andere Möglichkeit archäologische Nachweise anzuführen. Manchmal wurden in kurzfristig belegten Lagern Feuerstellen gefunden, die von kleinen Gruppen benutzt wurden. Wenn in einem Lager feste Kasernen errichtet wurden, dann hat man manchmal in den einzelnen Kontubernien Herde gebaut (S. 38). Nach den bisher bekannten Grabungsberichten war das aber nicht die Regel. Man hat eher den Eindruck, als ob die Beheizung der Papiliones erst allmählich Gewohnheit wurde. Dann aber muß es Zentralküchen gegeben haben. Zwar wurden in mehreren Legionslagern Öfen im Intervallum gefunden – sie waren meistens in oder an die Umwehrung gebaut –, aber manche von ihnen waren Backöfen. Einen recht guten Nachweis für eine Gemeinschaftsküche scheinen wir bisher nur aus Caerleon zu kennen, weil dort zahlreiche Tierknochen bei den Öfen gefunden wurden. Dagegen dürften andere Öfen im Intervallum von Caerleon wegen ihrer Bauart Backöfen gewesen sein. Hier wurden auch Stempel gefunden, die vielleicht Brotstempel waren. Eine weitere Gemeinschaftsküche meint man in Deva gefunden zu haben. Einzelne oder mehrere Öfen in anderen Legions- und Auxiliarlagern standen ebenfalls im Intervallum (in Inchtuthil, Deva, Glevum, Haltern, Mogontiacum, Carnuntum?). Auch in Vindonissa meint man eine Gemeinschaftsbäckerei gefunden zu haben. In Inchtuthil waren die Öfen deutlich einer Kohorte, im schottischen Kastell Fendoch je einer Kaserne zugeordnet. In Mogontiacum wurde ein Brotstempel einer Legionscenturie gefunden. Wenn also größere Untereinheiten der Legion (Centurien oder Kohorten) gemeinsam Brot buken, dann werden sie auch größere Mühlen gehabt haben als die kleinen Handmühlen, mit denen man nur kleine Mengen, und auch nur grob, ausmahlen konnte. Die einzelnen Kontubernien werden eigene Handmühlen gehabt haben, um Getreide zur Herstellung von puls oder Fladen auszumahlen. Darauf scheint die Inschrift auf einem Mühlstein des Kastells Saalburg hinzuweisen. Leider wurden bisher in keinem Legionslager die Mühlsteinfunde kartiert. Beim jetzigen Kenntnisstand ist also die Frage, ob es Gemeinschaftsküchen für Untereinheiten der Legion gab, noch nicht bündig zu beantworten. Dagegen ist es wahrscheinlich, daß die Kohorten oder die Centurien gemeinsam ihr Brot gebacken haben[128].

Lazarette

Zur militärischen Logistik gehört auch die hygienische und ärztliche Versorgung der Truppe. Die römischen Militärärzte genossen beträchtliches Ansehen. Sie waren teilweise spezialisiert. In jedem Legionslager und in manchen Auxiliarlagern gab es ein Lazarett, valetudinarium (Bild 27). Die Lazarette waren rechteckige Bauten, die ein bis drei Reihen von

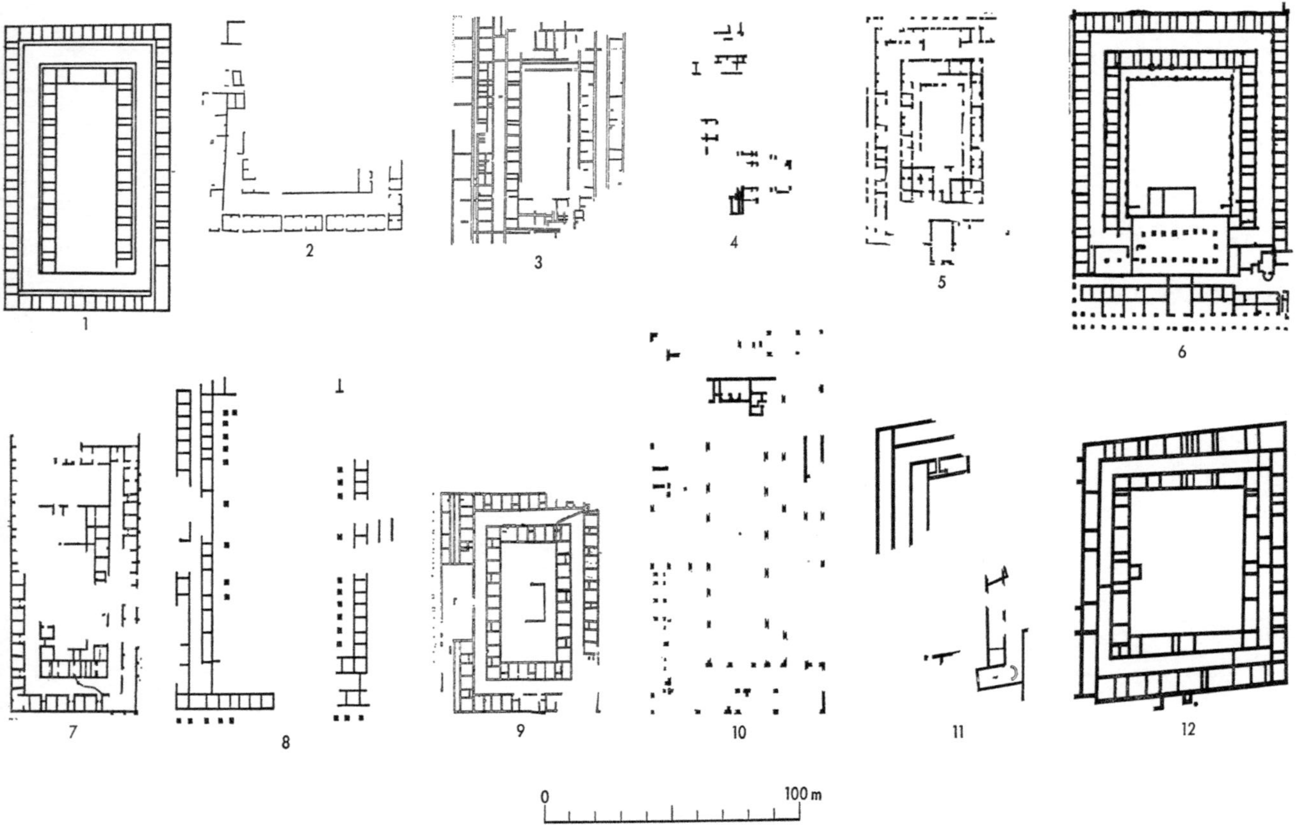

Bild 27:
Lazarette (zu S. 98 und 101, vgl. A. 129).
1:1500

1. Inchtuthil (= Taf. 1b, 10).
2. Haltern (nach v. Schnurbein).
3. Vindonissa (nach C. Simonett).
4. Caerleon (= Taf. 3b, 13).
5. Vetera (nach H. Lehner).
6. Vetera (= Taf. 5b, 5).
7. Novaesium (= Taf. 6b, 18).
8. Bonna (= Taf. 7b, 9).
9. Vindonissa (= Taf. 8b, 13).
10. Ločica (nach F. Lorger).
11. Lauriacum (= Taf. 10b, 8).
12. Carnuntum (= Taf. 11b, 11).

Krankenstuben um einen Innenhof herum aufwiesen. Die Stubenreihen waren durch Flure voneinander getrennt. In jeder Krankenstube war für viel Licht und Luft gesorgt, indem nicht nur an den Vorder- und Rückseiten der Stuben große Flure waren, sondern meistens auch kurze Querflure, die die Hauptflure nach jeder zweiten oder dritten Stube miteinander verbanden. Die Krankenstuben waren in der Frühzeit mindestens 12, später rd. 15–20 qm groß, boten also etwa vier bis fünf Kranken Platz. Da die meisten Krankenstuben rd. 3 m breit und 4–5 m tief waren, wird man annehmen dürfen, daß die Krankenlager parallel zu den Fluren lagen. Einige Zimmer waren beheizt, aber nicht alle. Nahe dem Eingang oder an zentral gelegener Stelle lag ein großer Aufnahmeraum oder Operationssaal. In einigen Lazaretten wurden ein Abort und ein Baderaum gefunden. Daß diese Bauten wirklich Lazarette waren, erweisen Funde von medizinischem Gerät und von Heilkräutern[129]. Gleichzeitig mit dem ältesten uns bekannten Valetudinarium, dem von Haltern (Bild 27,2), gab es in Rom Valetudinarien für die kaiserlichen Sklaven, wie wir durch Inschriften erfahren. Dagegen waren allgemeine Krankenhäuser für die städtische Bevölkerung unbekannt (S. 147).

Nach den Angaben der Wörterbücher entsprachen den Valetudinaria für Soldaten Veterinaria für Tiere. Nach Ps.-Hygin (c. 4 und 35) hatte jede Legion im Marschlager ein Veterinarium, das ebenso groß war wie ein Valetudinarium oder eine Fabrica. Das lateinische Adjektiv veterinus – mit vitulus zu vetus gehörig – bedeutet ‚zu Trag- oder Zugtieren gehörig'. Der ältere Cato verwendet es in ‚bestia veterina'. Kollektive Substantivierungen sind die Formen veterinae (f.) und veterina (n.). Aus solchen Substantiven wurde wieder ein Adjektiv ‚veterinarius' gebildet mit der Bedeutung ‚für Zugtiere bestimmt, geeignet'. Wenn auch dieses Adjektiv seit Columella mit Ausdrücken der Tierheilkunde verbunden wurde, scheint es mir nicht sicher zu sein, daß es nur in dieser Bedeutung verwendet wurde. Die Semantik müßte prüfen, ob nicht ein (stabulum) veterinarium einen Pferch oder Stall für Zug- und Tragtiere bedeuten kann[130]. Diese Bedeutung wird durch den Vergleich mit ‚valetudinarium' nahe gelegt. Das Adjektiv valetudinarius bedeutet ‚krank', das Substantiv valetudinarius ‚Kranker, Patient'. Ein Valetudinarium ist ein Bau, der ‚für Kranke bestimmt oder geeignet ist'. Da in den ständigen Legionslagern bisher keine Tierlazarette identifiziert wurden, sollte man die Möglichkeit ins Auge fassen, daß kranke Tiere, die besonders behandelt oder wegen Ansteckungsgefahr isoliert werden mußten, vom gesunden Tierbestand getrennt und außerhalb des Lagers untergebracht wurden. Das lag schon deshalb nahe, weil die Legion außer Reit-, Trag- und Zugtieren auch große Bestände an Nutztieren für Fleisch-, Milch-, Wolle- und Ledergewinnung hatte, die auf dem Nutzland der Legion gehalten wurden. Die Veterinaria der Marschlager werden eher Zug- und Tragtierpferche gewesen sein, um so mehr als die Vexillarii in ihrer nächsten Nähe lagen (S. 47). Kranke Zug- und Tragtiere, die eine längere Behandlung brauchten, wird man im Einsatz nicht mitgeführt, sondern möglichst rasch durch einsatzfähige Tiere ersetzt haben.

Mit unseren Überlegungen über Veterinaria soll natürlich nicht bezweifelt werden, daß es in den Legionen ‚medici veterinarii' gab, die wie die Humanmediziner Immunes waren. Außer ihnen sind mehrfach pecuarii bezeugt. Man hat darüber diskutiert, ob sie Viehhirten, Verwaltungsbeamte für den Viehbestand oder Tierärzte waren. Eine Inschrift aus Lambaesis spricht dafür, daß sie Tierärzte waren. Es ist ansprechend vermutet worden, daß sie für das Nutzvieh auf den Weideflächen der Legion zuständig waren, während die Medici veterinarii eher auf Reit-, Zug- und Tragtiere, vor allem also auf Pferde und Maultiere spezialisiert waren. Das braucht bei ihnen nicht Verwaltungstätigkeit für den Tierbestand auszuschließen[131].

Bäder

Ein ständiges römisches Legionslager brauchte außer Lazaretten für Menschen und Tiere noch hygienische Einrichtungen, ohne deren vorbeugende Wirkung sich rasch Seuchen verbreitet hätten. Zu diesen sind einerseits Bäder und die Versorgung mit gesundem Trinkwasser, anderseits die Abwasserableitung, die Müllbeseitigung und Latrinen zu zählen.

Thermen scheint es in allen oder fast allen Standlagern gegeben zu haben (Bild 28). Daß Marschlager und kurzfristig belegte Lager keine Thermen hatten, versteht sich von selbst. Deshalb führt sie Ps.-Hygin nicht an. Wegen der Feuergefahr war es ratsam, Thermen in Stein zu bauen, auch dann, wenn die übrigen Lagerbauten aus Holz errichtet waren. Im Lager der Legio XIII gem. in Vindonissa gab es allerdings Thermen aus Holz. Die Bäder der Legions- und Auxiliarlager waren für die gängige römische Badeweise mit den traditionellen drei Bäderarten und einem Schwitzbad eingerichtet. Manchmal gab es ein Freischwimmerbecken, wohl immer eine Latrine. Mit den Thermen war häufig eine Basilica thermarum verbunden. Sie diente wohl als Mehrzweckhalle: als Aufenthaltsraum für die Freizeit und auch als Palaestra, wenn diese fehlte[132].

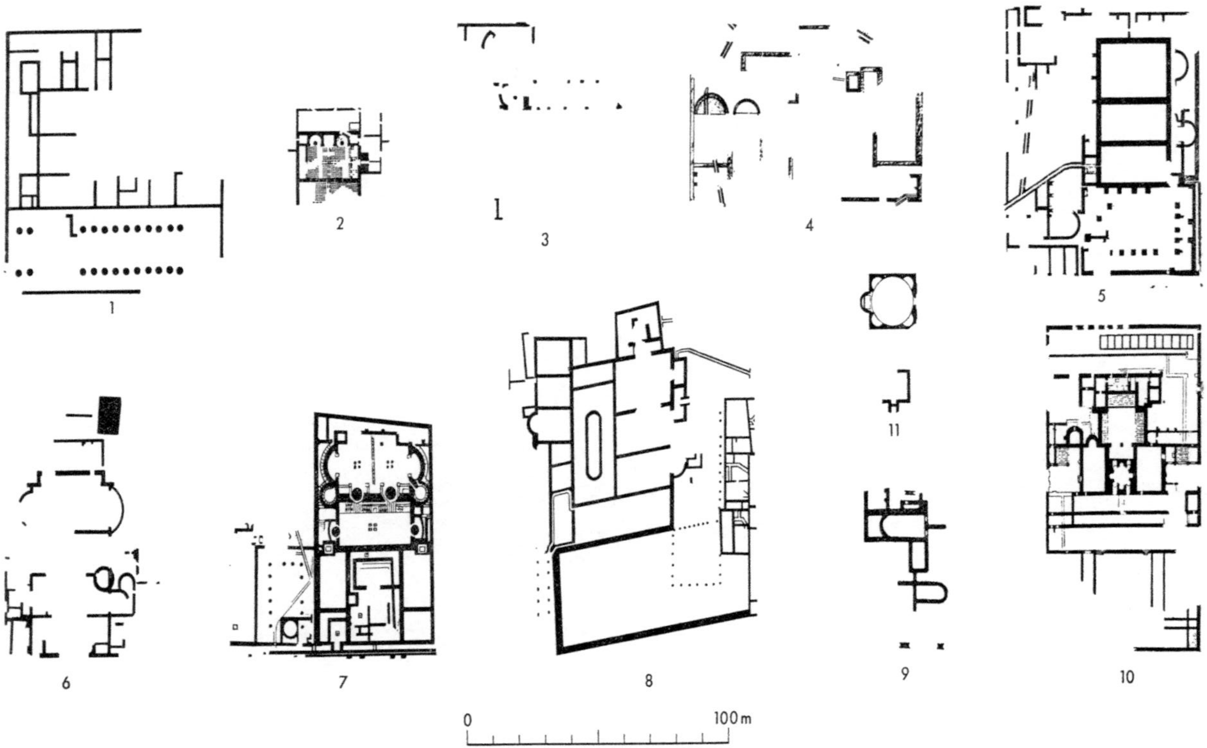

Bild 28:
Bäder (zu S. 102, vgl. A. 132).
1:1500

1. Deva (= Taf. 2b, 2).
2. Exeter (nach Current Archaeology, mit Erlaubnis).
3. Caerleon (= Taf. 3b, 14).
4. Novaesium (= Taf. 6b, 7).
5. Novaesium (= Taf. 6b, 19).
6. Mogontiacum (nach D. Baatz).
7. Vindonissa (= Taf. 8b, 16).
8. Lauriacum (= Taf. 10b, 3).
9. Aquincum (nach J. Szilágyi).
10. Lambaesis (= Taf. 12b, 15).
11. Albano (nach G. Lugli).

Versorgung mit Wasser

Die Versorgung der Legionen mit Trink-, Koch- und Gebrauchswasser war für Menschen und Tiere lebenswichtig. Rechnet man je Person 2,5 l Trink- und Kochwasser je Tag, ergab das einen Höchstbedarf von täglich 15 cbm. Hierzu kamen der Bedarf an Nutzwasser, ferner der für die Tiere, die innerhalb des Lagers standen, und die großen Wassermengen für die Thermen, das Lazarett und die Laufbrunnen. Selbst wenn täglich insgesamt 150–200 cbm gebraucht wurden, waren sie durch eine Wasserleitung gut heranzubringen[133]. Wasserleitungen zur Versorgung von Legionslagern sind mehrfach beobachtet und untersucht worden. Sie waren im Falle einer Belagerung natürlich eine schwache Stelle für die Versorgung der Truppe. Für den Bau einer Wasserleitung war nach Veget. 2,10 der Praefectus castrorum zuständig. Innerhalb des Lagers gab es einen Wasserverteiler, von dem aus das Wasser in Blei- oder Holzrohren an die Verbrauchsstellen geleitet wurde. Über die Wasserentnahmestellen in Legionslagern scheint bisher wenig bekannt geworden zu sein, weil das Wasserverteilungssystem eines Lagers nirgends vollständig aufgedeckt wurde. Laufbrunnen standen mehrfach an großen Lagerstraßen. In den Gärten der Praetoria und in anderen Offiziershäusern wird es auch Springbrunnen gegeben haben[134]. Zieh- und Schöpfbrunnen scheinen in Legionslagern selten gewesen zu sein, während sie in Auxiliarlagern häufiger angelegt wurden. In den Legionslagern, die im Osten und Süden des Reiches Schwierigkeiten mit der Wasserversorgung hatten, wurden Zisternen gebaut (Bild 29). Für gewerbliche Zwecke hat man auch in den anderen Provinzen Nutzwasser in Zisternen gesammelt. Ein Beispiel bietet

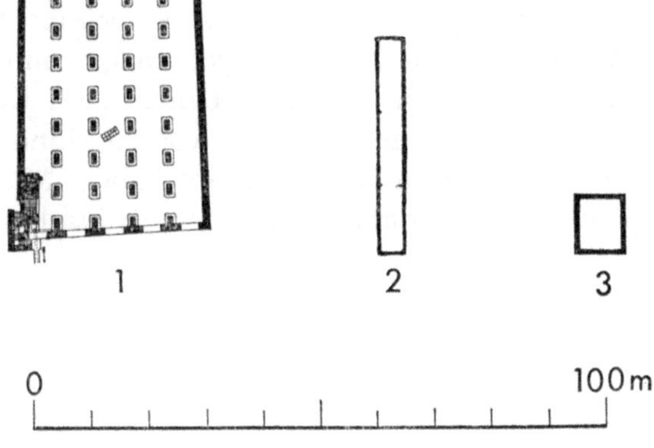

Bild 29:
Zisternen (zu S. 105f., vgl. A. 135). 1:1500
1.–2. Albano (nach G. Lugli).
3. Noviomagus (= Taf. 4b, 7).

Noviomagus. Außerdem hat man das Regenwasser von den Dächern der Lagerinnenbauten als Nutzwasser gesammelt. Die meisten Legionslager lagen an Flüssen und konnten aus diesen versorgt werden[135].

Latrinen, Kanalisation und Müllbeseitigung

Die Fäkalien-, Müll- und Schmutzwasserbeseitigung war eine wichtige hygienische Forderung. Wir wollen hier nicht über die Abwasserableitung handeln. In den Legionslagern gab es ein verzweigtes System von Wasserrohren zur Frischwasserzuleitung und von offenen und gedeckten Kanälen zur Abwasserableitung. Häufig verlief im ganzen Intervallum ein Hauptsammelkanal. Dieses System ist wegen des geringen Gefälles von Leitungen schwer vollständig zu untersuchen. Am besten dürfte es in Lauriacum beobachtet worden sein. Latrinen lagen meistens im Intervallum, überdies bei Thermen. Zugeleitetes Wasser spülte die Fäkalien fort. Außerdem diente Wasser in einer Rinne zur Körpersäuberung, wie das in der Antike üblich war und noch heute in weiten Gebieten (Bild 30).

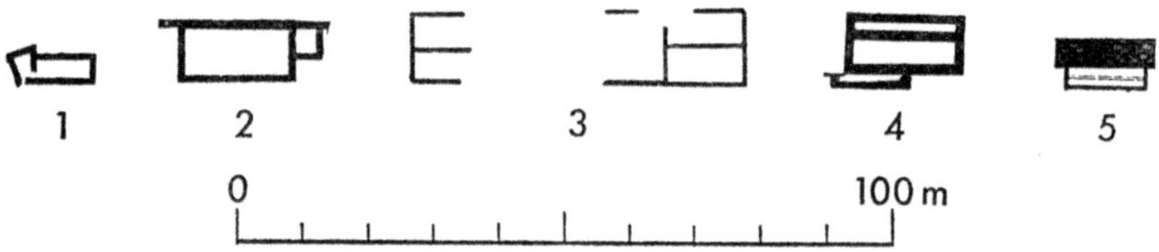

Bild 30: Latrinen (vgl. A. 136). 1:1500
1. Caerleon (= Taf. 3b, 7). – 2. Noviomagus (= Taf. 4b, 7). – 3. (?) Bonna (= Taf. 7b, 8). – 4. Carnuntum (= Taf. 11b, 9). – 5. Lambaesis (= Taf. 12b, 6).

In manchen Lagern wurden die Fäkalien in Senkgruben abgesetzt. Nach den archäologischen Befunden ist es noch nicht klar, für wieviel Mann je eine Latrine diente. In den Lagern mag es mindestens fünf bis sechs gegeben haben, also je eine für höchstens zwei Kohorten. Im Durchschnitt konnte eine Latrine gleichzeitig von 20 Mann benutzt werden. Die Offiziere werden Hausklosetts gehabt haben. Müllhalden sind bei den Legionslagern Mogontiacum und Vindonissa bekannt geworden[136].

Nicht erklärte Bauten

In den meisten Fällen läßt sich der Verwendungszweck römischer Legions-Bauten an Benutzungsspuren oder an spezifischen Kennzeichen ablesen. Unterstützende Argumente können aus Inschriften, Papyri oder antiken Nachrichten gewonnen werden. Ein weiterer Anhaltspunkt kann die Lage des Baues innerhalb des Lagers sein (S. 115). Gelegentlich führt auch der Vergleich mit städtischen und ländlichen Bauten weiter. Trotzdem bleiben einige vereinzelte Bauten übrig, die sich vorläufig keinem Bautyp zuordnen lassen. Sie sind im folgenden kurz angeführt.

Im Legionslager Deva ist rechts neben dem vermutlichen Praetorium, zwischen diesem und einer Fabrica ein rechteckiger Bau mit einem elliptischen Hof aufgedeckt worden (Bild 31,1). Der Bau maß in seinem letzten Bauzustand rund 66 × 33,5 m. An seinen Schmalseiten lag je eine Flucht rechteckiger Räume mit Lauben. Die Langseiten wurden von (halboffenen) Fluren eingenommen. Innerhalb dieses rechteckigen Rahmens stand ein elliptischer Bauteil. Er bestand aus einer Anzahl von Räumen, die um einen elliptischen Hof herum angeordnet waren. Die erste von sechs Bauperioden, die man unterscheiden kann, ist durch ein Bleirohr datiert. Sein Stempel aus dem Jahr 79 n. Chr. entspricht ungefähr der Erbauungszeit des Legionslagers. Der erste Bau wurde nicht fertigestellt. Über ihm wurde am Ende des 2. oder am Anfang des 3. Jahrhunderts ein neuer Bau von sehr ähnlichem Grundriß errichtet, von dem Teile noch am Ende des 4. Jahrhunderts benutzt wurden. Das Gebäude ähnelt mit seinen langen

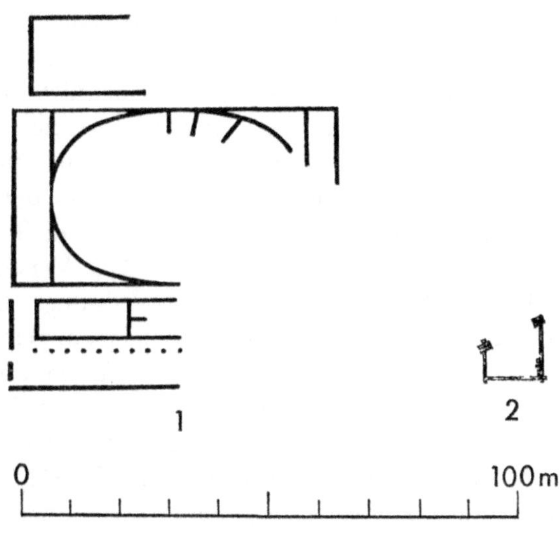

Bild 31: Bauten unklarer Verwendung (zu S. 107f., vgl. A. 137). 1:1500
1. Bau mit elliptischem Hof in Deva (= Taf. 2b, 6).
2. „Kneipe“ in Carnuntum (= Taf. 11b, 3).

Fluren, den Seitentrakten und dem Hof Palästen und prächtigen Landhäusern. Man hat verschiedene Vermutungen über die hochgestellten Personen geäußert, für die im Legionslager Deva ein derartiger Prachtbau geplant oder errichtet wurde. Architekturreste eines achteckigen Baues wurden in der spätrömischen Stadtmauer von Mogontiacum gefunden. Sein ursprünglicher Standort ist unbekannt. Da man ihn auch im Legionslager vermutet hat, sei er hier erwähnt.

In der rechten Hälfte des vordersten Praetentura-Scamnums in Carnuntum sind einige Bauten gefunden worden, von denen einer (Bau G) schräg an die Innenseite der Wehrmauer angebaut gewesen sein soll (Bild 31,2). Über die Datierung des Baues und seine Zugehörigkeit zum Legionslager kann man nichts Sicheres aussagen. An einer Langseite des Raumes, in den man über drei Stufen hinabstieg, standen zwei Weihesteine, die dem Liber pater und seiner Kultgenossin Libera geweiht waren. Man hielt deshalb den Bau für eine Kneipe[137].

Gliederung der Legionslager

Unter den wenigen vollständig bekannten Legionslagern lassen sich hinsichtlich der Anordnung der Kasernen zwei Haupttypen unterscheiden (Bild 32): Im Typus 1 liegen die Kasernen wie ein Rahmen um die meisten Gemeinschaftsbauten herum und sind so orientiert, daß die Soldaten auf dem kürzesten Weg von ihren Unterkünften zu dem Umwehrungsabschnitt gelangten, den sie zu verteidigen hatten. Zwei Kohorten, darunter die 1. Kohorte, lagen beiderseits der Hauptgebäude der Legion an der Via principalis. Dieser Typus ist durch die Legionslager Inchtuthil, Novaesium und Lambaesis, wahrscheinlich auch durch die Lager Deva, Vetera, Noviomagus und Vindonissa vertreten. Typus 2 kennen wir von den Legionslagern Caerleon, Lauriacum und Carnuntum, vermutlich auch von Bonna. Hier liegen die Kasernen der Kohorten 1–10 gleich ausgerichtet in den Scamna 1, 3 und 5. Beide Typen scheinen schon in der Zeit des Augustus vorzukommen. Das Versorgungslager Haltern folgte nämlich offenbar dem ersten Anordnungsschema, während das Lager Dangstetten nach dem zweiten Schema angelegt gewesen sein dürfte. Das erste Schema war wohl für eine rasche Besetzung der Wehranlagen geeigneter als das zweite. Das zweite Schema dürfte dagegen vermessungstechnisch günstiger gewesen sein als das erste: es erleichterte die geschlossene Anordnung der Spezialgebäude. Ps.-Hygin (c. 2) legte sich auf keines der beiden Schemata fest, weil er Planungen von Lagern für Armeen be-

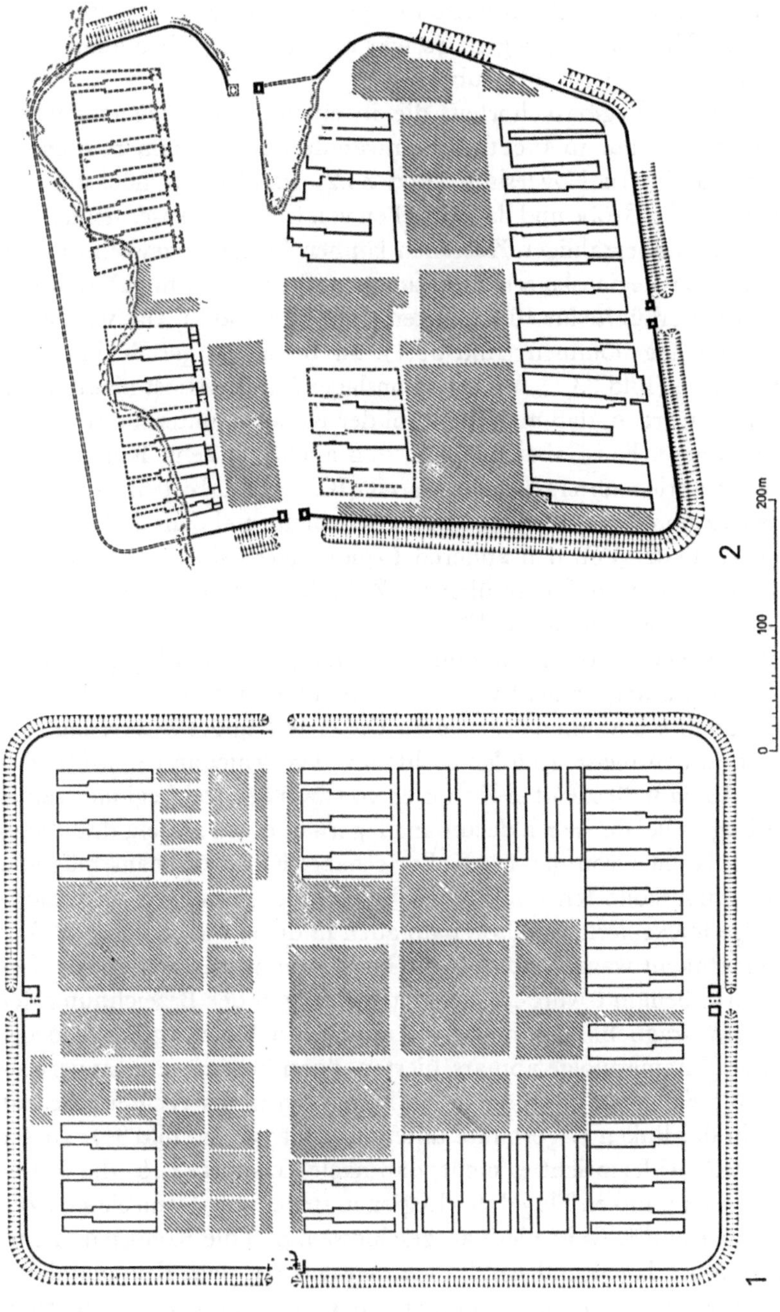

Bild 32: Zwei Anordnungsweisen von Kasernen in Legionslagern (zu S. 108). 1:6000
1. Novaesium (= Taf. 6).
2. Carnuntum (= Taf. 11).

handelt, die aus Legionen, Hilfstruppen und Praetorianern bestanden. Obwohl in ihnen oft vergleichsweise wenige Legionen waren, sollten diese doch an der Umwehrung liegen. So war es notwendig, sie anders als in ständigen Legionslagern unterzubringen.

Die Zahl der Legionskohorten, die in einem Legionslager untergebracht waren, ist nur in Inchtuthil einwandfrei zu bestimmen, nämlich zehn (Bild 33,1). In Novaesium (Bild 33,2) standen 61, höchstens 63 Kasernen, die die Größe und das Aussehen von Centurienkasernen hatten. In den über 60 überzähligen Kasernen können Immunes gewohnt haben (S. 46). In den Legionslagern Lauriacum und Carnuntum gab es wahrscheinlich Unterkünfte für 10 Kohorten (Bild 33,4 und 5). Das wird auch für Caerleon angenommen (Bild 33,1). In Bonna ist gerade Platz für zehn Kohorten (Bild 33,3). Vom Legionslager Lambaesis ist nicht genug ausgegraben worden, daß man die Zahl der Kohortenunterkünfte rekonstruieren könnte. Es ist aber möglich, daß auch hier zehn Kohorten zu je sechs Centurien untergebracht waren (Bild 33,6). In dem aus Stein gebauten Legionslager Noviomagus hatten nicht mehr als 8, höchstens 9 Kohorten Platz. Von den anderen Legionslagern sind zu kleine Ausschnitte bekannt, als daß man über die Zahl der Unterkünfte berechtigte Vermutungen anstellen könnte[138].

Wenn vielleicht in der Mehrzahl der ständigen Legionslager vollständige Legionen untergebracht waren, wüßte man auch gerne, in welcher Reihenfolge ihre Unterkünfte standen. Die erste Legionskohorte lag, wie es scheint, in den meisten Fällen rechts von den Principia (S. 38ff.). Ps.-Hygin (c. 18) läßt die zehnten Kohorten von zwei der drei Legionen seines Modell-Lagers bei der Porta decumana lagern und will wissen, daß dieses Tor seinen Namen von der 10. Kohorte habe. Es ist durchaus möglich, daß die Legionskohorten – mit Ausnahme der 1. Kohorte – in numerischer Folge marschierten und deshalb auch in dieser Reihenfolge im Lager untergebracht waren. Ob aber die Porta decumana nach der 10. Legionskohorte benannt wurde, erscheint mir wegen der Bezeichnung der Via quintana fraglich. Folgt man der Annahme, daß die Legionskohorten nach ihrer Nummernfolge abmarschierten, dann liegt es nahe zu vermuten, daß die Kohorten mit ungeraden Nummern in der rechten, die mit geraden in der linken Lagerhälfte untergebracht waren (Bild 34). Dieser Kombination widerspricht es nicht, daß nach Vegetius (2,15) die 5. Legionskohorte am linken Flügel der Legionen stehen soll, wenn sie sich zur Schlacht aufstellt[139]. Es ist nicht ausgeschlossen, daß die Kohorten, die in der Praetentura lagen und wohl auch meistens vor dem Kommandeur, dem Legionsadler sowie der tragbaren Imago des Kaisers marschierten,

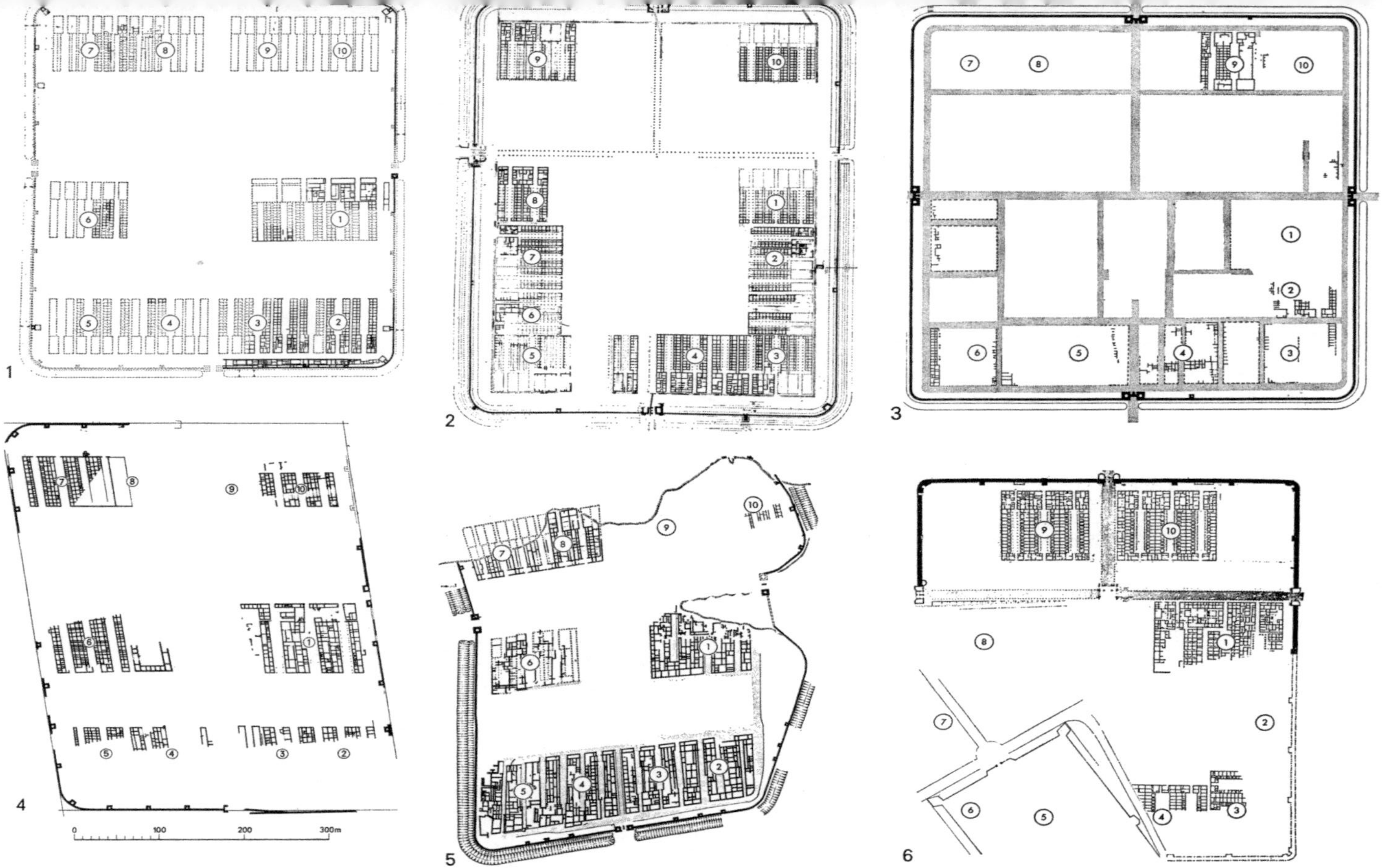

Bild 33: Zahl der Kohortenunterkünfte in Legionslagern (zu S. 110, vgl. A. 138). 1:6000
1. (?) Caerleon (= Taf. 3).
2. Novaesium (= Taf. 6).
3. (?) Bonna (= Taf. 7).
4. Lauriacum (= Taf. 10).
5. Carnuntum (= Taf. 11).
6. (?) Lambaesis (= Taf. 12).

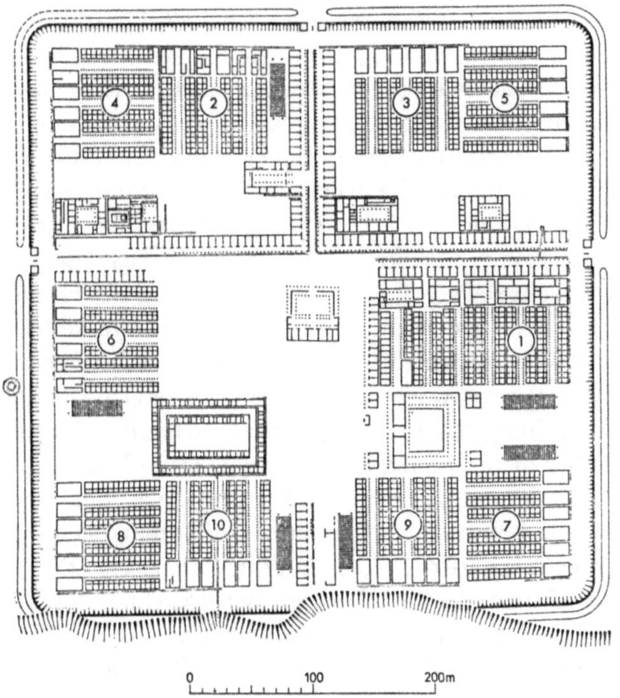

Bild 34: Mögliche Unterbringungsfolge der Legionskohorten (Inchtuthil, vgl., Taf. 1; zu S. 110). 1:6000

die ‚antesignani' der Kaiserzeit waren, die aus vier lambaesitaner Inschriften zu erschließen sind.

Ps.-Hygin (c. 21) hält es für wünschenswert, daß ein Lager ‚tertiata' sei. Damit meint er, daß sich seine Länge zur Breite wie 3 : 2 verhalten soll. Als Gründe führt er an, daß der Wind in einem solchen Lager die Ausdünstungen der Menschen besser wegwehe und daß in einem Lager, das eine gestrecktere Proportion hat, die akustischen Signale im rückwärtigen Teil nicht mehr gehört würden. Tatsächlich haben die meisten Legionslager einen rechteckigen Gesamtgrundriß. Nur Deva und Vetera hatten ungefähr die von Ps.-Hygin geforderte Proportion. Alle anderen Lager sind verhältnismäßig breiter, häufig etwa 4 : 3 (wie Noviomagus, Novaesium und Regensburg), etwa 5 : 4 (Glevum, Lauriacum, Carnuntum und Lambaesis) bis etwa 6 : 5 (wie Caerleon). Dem Quadrat näherten sich bereits die ungefähren Proportionen von etwa 7 : 6 bei Deva und Lambaesis und 9 : 8 beiLočica, fast ganz quadratisch waren Bonna und Inchtuthil, vielleicht auch Aquincum. Extrem schmal war Albano mit einem Längen-Breiten-Verhältnis von etwa 5 : 3. Bei diesen Proportionsangaben bleiben Unregelmäßigkeiten wie die der Lager Carnuntum und Lauriacum unberücksichtigt. Vindonissa und Vindobona bildeten in ihrer weitgehend dem Gelände angepaßten Gesamtform eine Ausnahme.

In allen uns bekannten Legionslagern war die Praetentura in der Längsrichtung kürzer als die Retentura. Das Längenverhältnis beider betrug am häufigsten 1 : 1,2 bis 1 : 1,7. Die Extreme waren einerseits Deva und Caerleon (1 : 1 und 1 : 1,1), anderseits Lambaesis, Albano und Vindonissa mit ungefähr 1 : 2,3. Während in der Längsrichtung des Lagers nur wenige Straßen ungebrochen über eine größere Strecke verliefen, waren die Scamna oft von Querstraßen aufgeschlossen, die von einem Intervallum zum gegenüberliegenden durchliefen. Nur diese ermöglichten also eine wirksame Entlüftung des Lagers, wie sie Ps.-Hygin (c. 21) fordert. Deshalb durften sie nicht zu lang sein, was wiederum bedingte, daß die Legionslager, wo es anging, einen längsrechteckigen, höchstens quadratischen, aber nicht breitrechteckigen Grundriß hatten. Auch für die Anlage von Städten verlangt Vitruv (1,6), daß die vorherrschende Windrichtung bei der Ausrichtung der Straßenzüge berücksichtigt werde. Ps.-Hygin macht in seiner Schrift mehrmals Vorschriften über die Breite der verschiedenen Straßen. Außer den großen Straßen, den Viae principalis, praetoria und quintana sowie der Via sagularis des Intervallums, führt er Viae vicinariae an, die breiter waren als die einfachen Viae, weil sie für Antreten und Abmarsch notwendig waren[140]. Solche Viae vicinariae findet man immer in den ‚Latera praetorii', weil hier – nach unserer Meinung – die Legionsreiter zum Abmarsch aufsaßen (S. 53). Sie sind in den Legionslagern Inchtuthil, Caerleon, Novaesium, Bonna, Lauriacum, Carnuntum, Ločica und Lambaesis erhalten. Wohl in allen Lagern war die Rententura durch eine Via quintana unterteilt. Der Anteil der Straßen (einschließlich des Intervallums) an der Lagergesamtfläche war sehr groß. Von den 24,70 ha der Lagergesamtfläche von Novaesium entfielen nur 14,79 ha (fast 60%) auf Bauflächen (einschließlich der Gassen zwischen den Manipelkasernen innerhalb einer Kohorte). In Inchtuthil war sie zwar auffallend schmal, aber doch vorhanden. Die meisten Legionslager hatten zwei Scamna in der Praetentura und drei in der Retentura. Nur in Novaesium, Caerleon und Inchtuthil wiesen die Praetenturen drei Scamna auf, in Bonna war die Retentura etwas verkürzt.

In fast allen Legionslagern wurde die größte Längsstraße, die Via praetoria und die Via decumana, wenigstens durch die Principia unterbrochen. Nur Vindonissa und vermutlich auch Dangstetten machen darin eine Ausnahme (S. 68). Keines der bisher bekannten prinzipatszeitlichen Legionslager wurde aber durch ein Kreuz zweier durchlaufender Hauptstraßen in gleich große Viertel geteilt. Das ist vielmehr erst ein spätrömisches und byzantinisches Prinzip der Lagerteilung[141].

Einen festen Platz hatten fast nur das Lagerforum, außerdem die Unterkünfte der 1. Kohorte und die Häuser der hohen Offiziere außer dem Praetorium. Vermutlich hatten auch die Legionsreiter traditionell immer in den Tabernae an den Straßen der Retentura ihre Unterkünfte. Die Principia lagen fast immer gegenüber der Einmündung der Via praetoria in die Via principalis (S. 68). Die Häuser der Tribunen und des Praefectus castrorum waren in der Praetentura entlang der Via principalis aufgereiht. Das Praetorium des Legionskommandeurs lag häufig, aber nicht immer, hinter dem Lagerforum. Die Plätze der übrigen Unterkünfte, Gemeinschafts- und Spezialgebäude wechselten. Wirtschaftsbauten waren häufig im mittleren Scamnum der Retentura oder in einem eigenen annexartigen Gewerbebezirk zusammengefaßt. Oft lagen sie auch auf oder an dem Intervallum. Wenn wir S. 82 das Quaestorium richtig als Wirtschaftsbau erklärt haben, dann stimmt dazu die Anweisung Ps.-Hygins (c. 18), daß es hinter den Principia liegen soll. Derselbe Verfasser (c. 4) setzt auch die Fabrica des Marschlagers in die Retentura. Für die Thermen gab es, wie es scheint, keinen festen Platz. Sie waren offenbar ebensooft in der Praetentura wie in der Retentura angeordnet. Auch innerhalb der beiden Hauptlagerteile lag ihr Platz nicht fest. Wenn das Bad in der Praetentura lag, wurde es natürlich nicht am Intervallum gebaut. In der Retentura fanden die Thermen entweder im mittleren oder im hintersten Scamnum Platz, auch neben dem Lagerforum. Die Lazarette lagen meistens in nächster Nähe der Thermen. Es gab für sie zwei feste Plätze: entweder im hinteren Scamnum der Praetentura oder im mittleren Scamnum der Retentura. Ps.-Hygin (c. 4) empfiehlt, daß das Lazarett nicht in der Nähe der Fabrica liegen soll, damit die Kranken nicht gestört werden. An diesen Rat hat man sich aber nicht immer gehalten. In Novaesium und in Bonna lagen die Lazarette neben Wirtschaftsbauten, in denen auch Handwerker tätig waren.

Die Legionslager waren so dicht bebaut, daß es in ihnen kaum freie Flächen außer dem Forum, den Straßen und einigen Höfen gab. Nur in Inchtuthil und Lauriacum wurden größere unbebaute Flächen gefunden. Das Lager Inchtuthil war noch nicht fertig, als die Legion ohne Ersatz abgezogen wurde und das Lager planmäßig räumte und verbrannte (S. 34 und 119f.). In Lauriacum hatte man zunächst die Offiziersunterkünfte eingeplant, hat sie aber dann nicht gebaut (S. 67). An ihrem Platz wurden teils Bauten mit anderer Zweckbestimmung errichtet, teils ließ man, wie es scheint, unbebaute Plätze von Handwerkern benutzen. Vielleicht haben hier auch leichte Lagerschuppen gestanden, die keine oder nur geringe Spuren im Boden hinterließen.

Das Verhältnis der mit Unterkünften überbauten Lagerflächen zu den Flächen, auf denen Gemeinschaftsbauten oder Bauten für spezielle Zwecke standen, wechselte nicht unerheblich von Lager zu Lager. Darin drücken sich wahrscheinlich Unterschiede der taktischen oder logistischen Funktion der Lager aus. Zuverlässige Zahlen können wir allerdings vorläufig nur für Novaesium und Inchtuthil angeben, mit hoher Wahrscheinlichkeit vermögen wir sie in Carnuntum und Lauriacum zu schätzen (Bild 33; 1, 2, 4 und 5). In der folgenden Tabelle verzichten wir auf die Zahlen von Lauriacum, weil hier alle Offiziersunterkünfte fehlten (Taf. 10).

	Novaesium		Inchtuthil		Carnuntum	
(Gruppen von) Bauten	ha	% der Gesamtfläche	ha	% der Gesamtfläche	ha	% der Gesamtfläche
Unterkünfte	9,99	67,5	8,23	76,3	8,05	79,5
Tabernae	0,91	6,2	1,00	9,3	0,30	3,0
Wirtschaftsbauten	1,99	13,5	0,70	6,5	0,45	4,4
Principia und Schola der 1. Kohorte	0,90	6,1	0,31	2,8	0,66	6,5
Lazarett	0,44	2,9	0,55	5,1	0,67	6,6
Bad	0,56	3,8	–	–	–	–
gesamte bebaute Fläche	14,79	100,0	10,79	100,0	10,13	100,0

Für Inchtuthil, ein Kriegslager, ist der hohe Anteil an Unterkunftsfläche kennzeichnend. Zu den Unterkünften wird man nämlich eine große, allerdings nicht sicher anzugebende Zahl der Tabernae hinzurechnen müssen, wie wir S. 51 ff. gezeigt haben. Zählt man die ganze Tabernenfläche zur Fläche der Unterkünfte hinzu, wodurch die Verhältniszahlen kaum verzerrt werden, hat Inchtuthil mit 85,6 % mehr Unterkunftsgesamtfläche als Carnuntum (83,9%) und Novaesium (73,7%), obwohl dieses außer einer Legion noch eine Hilfstruppe aufnahm. Wären in Inchtuthil schon sämtliche Offiziersunterkünfte gebaut worden (es fehlten einige Häuser für Tribunen und das Praetorium), dann wäre die Fläche für die Unterkünfte noch größer gewesen. Für die besondere Funktion von Inchtuthil ist auch die Kleinheit der Baufläche für die Principia und die Schola der 1. Kohorte bezeichnend. Gegenüber Carnuntum ist in Inchtuthil die Fläche der Wirtschaftsbauten beachtlich groß.

Die Unterschiede zwischen den beiden Standlagern Novaesium und Carnuntum sind schwer zu interpretieren. Daß in Novaesium die Fläche für Unterkünfte ohne oder einschließlich der Tabernae größer ist als in Carnuntum, erklärt sich aus dem Umstand, daß dort außer der Legion noch eine wahrscheinlich berittene Hilfstruppe stand. Weshalb die Fläche der Tabernae in Carnuntum um so viel kleiner ist als in den beiden anderen Lagern, vermögen wir nicht zu erklären. Vielleicht sind in Carnuntum nicht alle Tabernae erkannt worden. Am auffallendsten sind die Flächenunterschiede der Wirtschaftsbauten und der Lazarette beider Lager. In Novaesium ist der absolute und relative Anteil an Wirtschaftsfläche beträchtlich größer als in Carnuntum, während hier das Lazarett merklich größer ist als dort. Diese Unterschiede dürften am ehesten auf verschiedene Funktionen beider Lager in ihren Verteidigungsabschnitten zurückgehen, die wir vorläufig nicht erkennen können, weil die meisten Auxiliarlager noch nicht ausgegraben wurden, die zu den beiden Legionen gehörten, und weil die außerhalb der Legionslager gelegenen Wirtschaftsbauten noch nicht untersucht sind.

3. Allgemeine Ergebnisse und neue Fragen

Die Stärke der prinzipatszeitlichen Legion

Unsere Ermittlungen über die Unterkünfte in den Legionslagern haben Material erbracht, um die Frage der Sollstärke der prinzipatszeitlichen Legion neu zu überdenken – vorausgesetzt, daß die Legionen gleich stark waren und denselben organisatorischen Aufbau hatten. Kernfragen sind dabei die Stärke einer Centurie und die der 1. Kohorte. Daß die Centurie einmal 100 Mann stark war, ergibt sich nicht nur aus ihrem Namen, sondern auch aus einer Notiz des Festus sowie indirekt aus einer Angabe Ps.-Hygins[142]. Weil aber Ps.-Hygin (c. 1) für die Unterbringung einer Centurie zehn Zelte ansetzt, in denen je acht Mann, also insgesamt 80 Mann schliefen, meinte man, daß die Centurie irgendwann von 100 auf 80 Mann verringert worden sei. Dies schien durch die archäologischen Befunde in Legionslagern bestätigt zu werden, weil auch hier die Centurienkasernen mindestens 10 Kontubernien aufweisen. Die Annahme, daß die Sollstärke einer Centurie nur 80 und die einer Kohorte nur 480 Mann betrug, widerspricht nicht nur Zahlenangaben zeitgenössischer Schriftsteller, sondern läßt auch außer acht, daß neben der Kampftruppe, die in den Centurienkasernen untergebracht waren, ebenfalls zur Legion 120 Legionsreiter zählten, ferner zahlreiche Immunes, Soldaten der Stäbe und Soldaten, die für verschiedene Aufgaben von der Legion abkommandiert waren. Unsere Ausführungen über die Sonderunterkünfte von Reitern, Handwerkern, Lazarettangehörigen und Stäben haben gezeigt, daß die Centurien auch in der Prinzipatszeit 100 Mann stark gewesen sein dürften, so daß das Verhältnis der Kampftruppe zu den übrigen Soldaten 4 : 1 betrug[143]. In dem beträchtlichen Anteil von Nichtkämpfern in der Legion – der übrigens im Vergleich mit modernen Armeen sehr gering ist – drückt sich ein wichtiger Unterschied zwischen den spätrepublikanischen und den kaiserzeitlichen Legionen aus. Unter Augustus mußte das stehende Heer seine gesamte Logistik mit der von ihr bedingten Verwaltung anders organisieren als die beweglichen Kriegsheere des 1. Jahrhunderts v. Chr. Diese konnten sich aus dem besetzten Land versorgen oder ihre Versorgung mit den illegalen Mitteln einer Militärdiktatur und eines Bürgerkrieges erzwingen. Auch archäologische Befunde dürften dafür sprechen, daß Augustus es war, der der militärischen Logistik einen maßgeblichen Anteil an der Organisation der Legionen zuwies. Zugunsten dieser Annahme können sowohl die Versorgungslager Rödgen und vermutlich Haltern angeführt werden als auch die Größen der Centurienkasernen in Legions- und Nachschublagern jener Zeit. Die ältesten vermutlichen Centurienkasernen, die wir aus augustischer Zeit kennen, sind die von Dangstetten, Haltern und Rödgen. Allerdings ist es in allen drei Lagern noch mehr oder weniger ungewiß, ob die Kasernen Legionscenturien aufgenommen haben. Am wahrscheinlichsten ist das für Dangstetten anzunehmen. Hier dürften die einigermaßen erhaltenen Centurienkasernen je 11 oder 12 Kontubernien gehabt haben. Die Unterkünfte im Versorgungslager Rödgen haben zwar keine verbreiterten Unterkünfte für Centurionen (oder Dekurionen), zeigen aber, wie es scheint, an einem Ende je eine Unterkunft von doppelter Größe. Zieht man diese ab, dann bleiben 11 Kontubernien für die Mannschaft übrig. In Haltern scheint die Zahl der Kontubernien viel größer gewesen zu sein als in Dangstetten und Rödgen. Man kann in ihnen etwa 14 bis 16 Kontubernien erschließen[144]. Obwohl diese Beispiele nicht über jeden Zweifel sicher sind, ist doch wahrscheinlich, daß die Centurie schon in der Mitte des 2. Jahrzehnts v. Chr. eine Kampf-Sollstärke von 80 Mann hatte wie in den folgenden drei Jahrhunderten der Prinzipatszeit. Trifft das zu, dann dürfte die Gliederung der Centurie in 80 Mann „Grabenstärke" und 20 Mann nichtkämpfender Truppe auf die Reorganisation des Heeres durch Augustus zurückgehen.

Schwieriger ist es, die Nachrichten bei Ps.-Hygin und Vegetius sowie Zeugnisse auf Inschriften über die Stärke der 1. Legionskohorte mit den archäologischen Befunden in Einklang zu bringen. Vegetius (2,6 und 8) und Ps.-Hygin (c. 3 und 4) sind sich bei unterschiedlichen und sogar einander widersprechenden Einzelangaben darin einig, daß die 1. Kohorte etwa doppelt so stark war als jede der übrigen Legionskohorten. Zwei inschriftlich überlieferte Listen bestätigen diese Angaben. Auch der Behauptung des Vegetius (2,8), daß die 1. Legionskohorte fünf Centurionen habe, entspricht eine Inschrift des 3. Jahrhunderts[145]. Als bei der Ausgrabung des Legionslagers Inchtuthil die Unterkünfte der 1. Kohorte tatsächlich zehn Centurienkasernen aufwiesen – gegenüber sechs Kasernen bei jeder anderen Kohorte – schien an der Richtigkeit der literarischen und inschriftlichen Nachrichten kein Zweifel mehr zu bestehen. G. Veith wies aber mit Recht darauf hin, daß die 1. Kohorte in keinem ihm damals bekannten Legionslager mehr Kasernen habe als die Kohorten 2–10. Auch nach unseren heutigen Kenntnissen trifft Veiths Feststellung zu, außer für Inchtuthil. Wir haben schon mehrfach darauf hingewiesen, daß dieses Legionslager während eines Feldzugs gebaut wurde. Die Truppe hatte das Lager bereits besetzt, bevor die Unterkünfte für den Legionskommandeur und den Praefectus castrorum erbaut wurden[146]. Diese wohnten noch in einem Baulager neben dem Truppenlager. Im Truppenlager Inchtuthil fehlten alle Sonderunterkünfte außer für die Legionsreiter (S. 53) und für die Verwaltungssoldaten (S. 43). An diesem Unterschied zwischen dem Kriegslager Inchtuthil und den Standlagern muß man mit der Erklärung des Unterschieds zwischen den Unterkünften der 1. Kohorte in der einen und in der anderen Gruppe einsetzen. Dabei kommt uns die Beobachtung von D. J. Breeze zugute, daß zwar die 1. Kohorte doppelt soviele Mannschaften zählte als jede der übrigen Legionskohorten, daß in ihr aber nicht etwa bloß die Angehörigen der Stäbe und die Verwaltungssoldaten aller Art zusammengefaßt waren. Diese wurden vielmehr wie die Legionsreiter in den Stärkelisten aller Kohorten geführt. Allerdings fehlt, soviel mir bekannt ist, ein Hinweis darauf, daß Militärhandwerker und ähnliche Spezialisten ebenfalls in den Stärkenachweisungen aller Kohorten geführt wurden[147]. Es ist zu überlegen, ob die Soldaten, die dem Praefectus castrorum, nicht dem Legatus legionis unterstanden, aus disziplinären Gründen geschlossen der 1. Kohorte zugerechnet wurden. Eine Bestätigung dieser Meinung könnte sein, daß die Zugehörigkeit eines haruspex, eines Marsus und eines mensor frumenti zur 1. Kohorte inschriftlich belegt ist. Dagegen kann geltend gemacht werden, daß ein pollio und zwei pecuarii in anderen Kohorten geführt wurden. Die polliones könnten freilich als Gehilfen der armorum custodes bei den Einheiten untergebracht gewesen sein, deren Waffen sie instand hielten[148]. Wenn diese Annahmen zutreffen, wäre allerdings der nicht kämpfende Teil einer Legion noch größer gewesen. Rechnet man nämlich die Differenz zwischen 80 Mann Grabenstärke je Centurie und 100 Mann Listenstärke, also 20 Mann je Centurie, auf die ganze Legion um und schlägt noch rund 500 Mann Überstärke der 1. Kohorte hinzu, dann erhält man rund 1700 Mann, von denen als kämpfende Soldaten nur 120 Reiter abzuziehen wären.

Wir müssen nach dem, was wir bisher ausgeführt haben, versuchen, zwei verschiedene Erklärungen zu finden für die vergleichsweise Überstärke der 1. Legionskohorte im Kriegslager Inchtuthil einerseits und in den Legionsstandlagern anderseits. Zunächst sei Inchtuthil behandelt. Schon E. v. Nischer vermutete – allerdings in einer Gedankenführung, der man heute nicht mehr wird folgen können –, daß die 1. Legionskohorte im Einsatz durch ein Veteranen-Vexillum verstärkt worden sei. Da Tacitus (ann. 3,21) berichtet, daß ein Vexillum veteranorum, das im Jahr 20 n. Chr. gegen Tacfarinas kämpfte, mehr als 500 Mann stark gewesen sei, wäre die Verstärkung einer rund 600 Mann starken 1. Kohorte auf

1000 Mann für den Kampfeinsatz verständlich. Man könnte gegen diese Annahme einwenden, daß Veteranen-Vexilla zwar im 1. Jahrh. n. Chr. nachgewiesen sind, wozu der archäologische Beleg von Inchtuthil noch passen würde, aber nicht später. Da aber auch Ps.-Hygin und Vegetius eine milliarische 1. Legionskohorte kennen, kann deren Überstärke nicht auf ein Veteranen-Vexillum zurückzuführen sein[149].

Aus den angeführten Gründen wird auch im Lager Inchtuthil die scheinbar 10 Centurien starke 1. Legionskohorte wie in allen anderen Lagern nicht mehr als sechs kampfstarke Centurien gehabt haben. Da jede ihrer Centurienkasernen wie alle anderen Centurienkasernen des Lagers 14 Kontubernien hatte, wird man 10 Kontubernien zu acht Mann rechnen und die überzähligen vier auf Dienstgrade verteilen. Dann bleiben noch vier Centurienkasernen mit insgesamt $55^1/_2$ Kontubernien übrig. In ihnen kann man ein Veteranen-Vexillum von rund 320 Mann mit seinen Dienstgraden unterbringen. Die vielen Immunes der Legion, die nicht alle in der einzigen Sonderunterkunft des Lagers untergebracht werden konnten, müßten dann wohl in den über 10 hinausgehenden Kontubernien aller Kohorten verteilt worden sein. Einen oder zwei Räume wird man für die Dienstgrade der Centurie abziehen müssen. So kommt man auf zwei bis drei Kontubernien je Centurie mit insgesamt 16–24 Mann, in der ganzen Legion also auf 960 bis 1440 Immunes, eine für einen Kriegseinsatz ausreichende Zahl. Nimmt man aber kein Veteranen-Vexillum an, dann kann man in den überzähligen vier Centurienkasernen Immunes unterbringen und den Dienstgraden in den Centurien mehr Platz zuweisen[150].

Leichter scheint es uns, die 1000-Mann-Stärke der 1. Legionskohorte in Friedenszeiten zu erklären. Nach dem S. 38–42 behandelten archäologischen Befund war in ihren Unterkünften in Standlagern nur für sechs – noch dazu ungleich starke – Centurien Platz. Die Anzahl ständig abkommandierter Legionsangehöriger war erheblich größer, als man gewöhnlich meint. Der Statthalter der Africa proconsularis verfügte bis zur Gründung der Provinz Numidien über eine jährlich wechselnde Kohorte der Legio III Aug. In Lugudunum standen Vexillationen der vier rheinischen Legionen, nachdem die dortige Cohors urbana durch Septimius Severus aufgelöst worden war. Auch andere Legionen und Armeen haben für solche Zwecke ständig größere Vexillationen abkommandiert. Die niedermoesische Armee stellte Besatzungen für feste Punkte am Schwarzen Meer und auf der Krim, die syrische für Dura am Euphrat. Diese Abkommandierten wurden aber nicht nur wie andere Vexillationen der 1. Kohorte entnommen, sondern allen Teilen der Legion[151]. Wenn auch der

Numerus singularium eines Statthalters aus Reitern und Fußsoldaten der Auxiliareinheiten der Provinz zusammengesetzt war, so gehörten dem Statthalterstab doch auch zahlreiche abkommandierte Legionsangehörige an. Für den Stab eines konsularischen Legatus Augusti pro praetore stellte jede Legion mindestens drei cornicularii, drei commentarienses und 10 speculatores sowie die ganze Provinzarmee einen Centurio als Bürochef und 60 Benefiziarier. In einer Provinz mit zwei Legionen hatte also jede Legion zum Stab ihres konsularischen Statthalters mindestens 46 (47) Mann abzukommandieren, außerdem stratores, quaestionarii, exacti, librarii und Soldaten mit Sonderfunktionen wie den domicurius. Die Legionen versorgten aber nicht nur den Statthalter der eigenen Provinz mit Stabspersonal, sondern auch die Statthalter der legionslosen Nachbarprovinzen und sogar Zivilbeamte[152]. Eine beträchtliche Zahl von Legionsangehörigen war auch für Sicherungsaufgaben auf der Straße, im Innern der eigenen Provinz und der legionslosen Nachbarprovinzen abkommandiert. Man wird im Durchschnitt mit mindestens 25 Stationes von Benefiziariern je Provinz rechnen dürfen. Es ist zwar nicht bekannt, wie stark die Besatzung einer Benefiziarierstation war, und sie wird auch mit der Bedeutung des Platzes gewechselt haben, dürfte aber kaum geringer als ein Kontubernium gewesen sein. Zu den ständig Abkommandierten gehörten auch die Angehörigen der verschiedenen Stationes, die Zölle und Steuern einzunehmen hatten, die Frumentarii und die Angehörigen des ‚Staatssicherheitsdienstes'. Außerdem mußten die Legionen Dienstgrade mit verschiedenen Sonderaufgaben in und außerhalb der Provinz betrauen wie mit dem Eintreiben von Abgaben, mit Rekrutierung, mit Beschaffung von Material oder der Aufsicht über Arbeiten auf kaiserlichen oder staatlichen Besitzungen[153]. Den meisten Abkommandierten werden noch Gehilfen niedriger Dienstgrade oder Gregarii beigegeben worden sein, die auf Grabinschriften nur selten genannt werden. Alle diese Soldaten verschiedener Dienstgrade müssen eine beträchtliche Anzahl ausgemacht haben. D. Breeze hat zwar gezeigt, daß die Dienstgrade, die zu auswärtigen Stäben abkommandiert waren, aus verschiedenen Legionskohorten abgeordnet waren, nicht nur aus der 1. Kohorte. Trotzdem sollte man auch weiterhin damit rechnen, daß in den überzähligen 400 Mann der 1. Legionskohorte vorwiegend Immunes, Beneficiarii und andere Dienstgrade enthalten waren, die faktisch nicht dem Legionslegaten, sondern dem Praefectus castrorum unterstanden und ständig abkommandiert waren, und Soldaten, die langfristig außerhalb der Truppe Dienst taten wie die Stationarii. Das schließt keineswegs aus, daß man auch aus den anderen Kohorten der Legion geeignete Soldaten abkommandierte, sei es, weil sie für eine Spezialaufgabe besondere Eignung zeigten, sei es, weil man ihnen die Möglichkeit geben wollte, rascher befördert zu werden als im gewöhnlichen Truppendienst. Die Listen bei D. Breeze erweisen, daß Abkommandierte nicht nur in der 1. Legionskohorte geführt wurden. Sie können aber wegen der geringen Zahl von Belegen nicht dagegen sprechen, daß die angeführten und andere Gruppen von nichtkämpfenden Soldaten in besonders großer Zahl in der 1. Kohorte geführt wurden. Eine solche Behauptung wäre statistisch nicht zu vertreten. Unterstellen wir die Richtigkeit unserer Überlegungen – sie können sicherlich nur eine von mehreren Möglichkeiten erfassen –, dann ergibt sich aufgrund der Grabungsbefunde in Verbindung mit den Zahlenangaben des Vegetius (2,8) für die Aufteilung der sechs Centurien der 1. Kohorte folgendes Bild[154]:

Der Primus pilus	führte 2 Centurien und zusätzlich	200 Mann,
der Princeps	führte 1 Centurie und zusätzlich	50 Mann,
der Hastatus	führte 1 Centurie und zusätzlich	100 Mann,
der Princeps posterior	führte nur 1 Centurie,	
der Hastatus posterior	führte 1 Centurie und zusätzlich	50 Mann.

In der folgenden Aufstellung versuchen wir, die errechnete Sollstärke der gesamten Legion von 60 Centurien zu 100 Mann = 6000 und zusätzlich 400 Mann, die in den Listen der 1. Kohorte mitgeführt wurden, also im ganzen 6400 Mann, nach Gruppen aufzuschlüsseln. Es wird betont, daß alle mit * bezeichneten Zahlen reine Schätzungen sind und daß die eingeklammerte Zahl nur angeführt ist, um die Zahl 6400 zu erreichen.

Kampftruppe in 60 Centurien zu je 80 Mann	4800 Mann
Legionsreiter	120
Handwerker und Magazinarbeiter, die im Lager arbeiteten	300*
Ständig außerhalb des Lagers beschäftigte Handwerker	100*
Lazarettangehörige und Veterinärpersonal	50*
9 (10) Stäbe der Legion	260*
Zum Statthalter und zum Prokurator der eigenen Provinz abkommandiert	210*
Zu Statthaltern und Prokuratoren anderer Provinzen abkommandiert	210*
Militärische Straßen-, Zoll- und Steuerstationen	200*
Sonstige Immunes und Abkommandierte	(150)
	6400 Mann

Diese Schätzungen werden zum Teil wohl nie bestätigt oder berichtigt werden können. Sie haben darum nur geringen Wert und resümieren bestenfalls – in einer horrible simplification – unsere Darlegungen[155].

Daß wir mit unserer Annahme einer so hohen Sollstärke einer Legion nicht in einer ganz falschen Größenordnung liegen, zeigen die antiken Nachrichten über die Stärke einer Legion. Man hat sie zu Unrecht nur deshalb als unrichtig angesehen, weil die meisten von ihnen erst aus spätrömischer Zeit stammen. Daß dieses Argument aber nicht gegen die Höhe der Zahl spricht, ergibt sich aus der Tatsache, daß die spätrömische Legion, wie stark sie auch gewesen sein mag, keinesfalls stärker war als die prinzipatszeitliche. Von Sueton bis Isidor von Sevilla werden 6000 Mann als Stärke einer Legion angegeben. Mir sind nur drei Ausnahmen bekannt. Der Grammatiker Sex. Pompeius Festus, der Ende des 2. Jahrhunderts n. Chr. ein Werk des Verrius Flaccus aus der Zeit des Augustus exzerpiert hat, gab die Stärke der Legion des Marius mit 6200 Mann an. Cassius Dio bemißt die Stärke einer Legion mit 6100 Mann. Eine weitere Ausnahme ist die Nachricht des spätrömischen Verfassers der Lebensbeschreibung des Alexander Severus (50,5) in der Historia Augusta, daß der Kaiser aus 6 Legionen eine 30000 Mann starke Phalanx gebildet habe. Diese Zahl geht offenbar auf die Kampfstärke einer Legion von 4800 Mann zurück und wurde vom Verfasser der Vita, der mehr Schriftsteller als Historiker war, etwas aufgerundet. Es muß freilich beachtet werden, daß keine einzige Nachricht die Annahme von 6400 Mann Legionsstärke bestätigt. Nur Vegetius (2,2) gibt an, daß es sowohl Legionen zu 6000 Mann als auch stärkere gegeben habe. So bleibt ein Mißtrauen gegen die Angaben, daß die 1. Legionskohorte 1000 Mann stark gewesen sei. Auch bei einer Sollstärke von rund 800 Mann hätte man sie als Cohors milliaria bezeichnet[156].

Quellenkritische und semasiologische Beobachtungen

Pseudo-Hygin

Bei Untersuchungen über die römische Heeresorganisation und über Truppenlager wird man stets die leider unvollständig erhaltene Schrift ‚de munitionibus castrorum' benutzen, deren Verfasser unbekannt ist. Sie wird in jüngeren Handschriften dem Gromatiker Hyginus zugeschrieben, wurde aber wahrscheinlich erst unter Mark Aurel oder noch später verfaßt[157].

Aus unseren Darlegungen hat sich ergeben, daß Ps.-Hygin auch in Einzelheiten zuverlässig ist, wie das bei einem militärischen Vermessungstechniker jener Zeit zu erwarten ist. Man darf aber nie außer acht lassen, daß die primäre Absicht der Arbeit eine vermessungstechnische war und daß das Lager, an dem der Verfasser seine praktischen Ratschläge exemplifiziert, für eine aus verschiedenen Truppengattungen zusammengesetzte, auf dem Kriegsmarsch befindliche Armee bestimmt war. Der Verfasser bezeichnet sein Modell-Lager als ‚castra aestivalia' (c. 45), also als ein Lager, in dem alle Unterkünfte und sonstigen Bauten aus Zelten bestanden, während ‚castra hiberna' Lager mit festen Bauten waren, die aus Holz oder Stein oder beiden Materialien gebaut waren[158]. Insofern sind die Darlegungen des Verfassers eher auf Marschlager anzuwenden, die wir in beträchtlicher Anzahl vor allem aus Britannien kennen, weniger auf Standlager, die zum militärischen Schutz der Reichsgrenze gebaut waren. Die von uns behandelten Legionslager waren alle ‚castra hiberna'. Sie waren für längere Benutzung gebaut und mußten darum zahlreicheren Bedürfnissen entsprechen als die Marschlager. Das drückte sich in einer Verstärkung der Versorgungseinrichtungen aus. Auf dem Kriegsmarsch bestand eine Truppe vor allem aus den Kampfeinheiten und vergleichsweise wenigen Stäben und anderen Immunes und führte nur das nötigste Gepäck mit. Sie sparte am Lagerplatz mehr als eine Truppe, die in Garnison lag, weil sie die Umwehrung, die sie verteidigen mußte, so klein wie möglich halten wollte. Trotz der Verschiedenheiten zwischen Marschlagern und Lagern mit festen Innenbauten gab es mehrere Organisationsprinzipien, die für alle Lager galten. Sie ergaben sich aus der Heeresorganisation, aus der Alarm- und Marschordnung und aus manchen anderen Gesichtspunkten, unter denen die Tradition nicht der letzte war. Um solche gemeinsamen Organisationsprinzipien herauszufinden, wird im folgenden die Schrift Ps.-Hygins mit den archäologisch erforschten Standlagern verglichen.

Leider fehlt der Anfang von Ps.-Hygins Schrift[159]. Um ihn zu rekonstruieren, muß man sich den Gesamtaufbau der Schrift klarmachen. Die ersten 13 erhaltenen Abschnitte handeln von der Lagermitte, das ist dem vorderen – bei Ps.-Hygin dem ‚unteren' – Teil der Retentura. In den Abschnitten 14–16 ist von der Praetentura, in den Abschnitten 17–19 vom rückwärtigen Teil der Retentura die Rede. Der Abschnitt 20 bringt einen kurzen Nachtrag zur Praetentura. In den Abschnitten 22–25 wird das vorher Besprochene in derselben Reihenfolge resümiert. Danach werden die Stärken von Truppengattungen besprochen (c. 26–30). Der erste Teil der Schrift bis Abschnitt 30 will dem Leser Grundkenntnisse vermitteln, mit denen er das eigentliche Thema verstehen kann, den Entwurf eines Lagergesamtplanes, die ‚inceptatio metationis' (c. 31–44), mit einem maßgerechten Plan (c. 2, 3, 15, 23). Darauf läßt der Verfasser nur noch einige allgemeine Bemerkungen über seine Schrift folgen (c. 45–47) und einen Anhang über Umwehrungen und die Platzwahl von Lagern (c. 49–58). Aus dieser vernünftigen Gliederung, die in ihrer Gedankenführung durchaus einem Techniker angemessen ist, kann man vermuten, daß am Anfang der Schrift von der Zusammensetzung der Armee die Rede war, die in dem Modell-Lager unterzubringen war. Danach wird wohl vom Praetorium und dem Lagerforum die Rede gewesen sein, denn beide werden zwar in den Abschnitten 11–12 am Rande erwähnt, aber nicht ausführlich behandelt. Daraufhin war wohl von der Gliederung der Legion die Rede. In diesem Zusammenhang können die Legionsreiter und ihre Unterkünfte behandelt worden sein (S. 50). Mitten in der Schilderung der Kohortenunterkünfte setzt der erhaltene Teil der Schrift ein.

Ps.-Hygin behandelt außer den Tentoria, den mannigfachen Unterkünften, folgende Lagerinnenbauten: das Praetorium mit seinen Teilen, die Schola der 1. Kohorte, das Quaestorium, die Fabrica, das Valetudinarium und das Veterinarium, ferner den Platz des Lagerforums. Thermen, Speicher oder Magazine braucht er für ein Marschlager nicht zu behandeln. Sie wurden teilweise durch das Quaestorium ersetzt. Auch einen Carcer braucht er nicht zu erwähnen. In der Bezeichnung der Bauten weicht Ps.-Hygin vom Sprachgebrauch der Inschriften nur dadurch ab, daß er das Sammelmagazin als ‚quaestorium' bezeichnet. Das Quaestorium muß ein großes Zelt gewesen sein, das zwar kleiner war als das kaiserliche Praetorium-Zelt, aber doch groß genug, um Gesandte der Feinde, Geiseln und Kriegsbeute darin unterzubringen. Die Standlager brauchten keinen derartigen Bau. Es ist daher verständlich, daß der Ausdruck ‚quaestorium', der aus republikanischer Zeit stammt, auf Inschriften nicht vorkommt. In der Zweckbestimmung des Quaestoriums weichen Polybios (6,31,1) und Ps.-Hygin voneinander ab. Der griechische Historiker sah das Quaestorium offenbar als Unterkunft des Quaestors an und ließ auch die *χορηγίαι*, die Vorräte für die Truppe, hier aufbewahrt sein. Sein Platz war nicht hinter, sondern neben dem Praetorium. Der Platz des Quaestoriums lag aber schon in republikanischer Zeit nicht fest oder änderte sich bald, nachdem Polybios schrieb. Livius (10,32,7 und 34,47) gibt an, daß das Quaestorium direkt von der Porta decumana aus erreicht wurde, also hinter dem Praetorium lag[160].

Die Behandlung der Mittelgebäude des Ps.-Hyginschen Lagers ist mit dem Anfang der Schrift verlorengegangen. Aus der Bemerkung über die

‚groma' (S. 75) in Abschnitt 12 wie aus mehreren anderen Stellen der Schrift ergibt sich, daß das Praetorium gegenüber der Einmündung der Via praetoria in die Hauptstraße lag, also dort, wo in den Standlagern die Principia waren. Es ist derselbe Platz, wo das Feldherrnzelt im polybianischen Zweilegionenlager stand (6,27,1). Dieser Unterschied zwischen Marsch- und Standlagern ist verständlich. Das Forum diente in einem Marschlager vor allem als Versammlungsplatz und hatte nicht die anderen Funktionen, die die Principia eines ständigen Lagers erfüllten. Es wäre seltsam gewesen, wenn die auffallendste Stelle des Marschlagers ein schmutziger, leerer Platz gewesen wäre und das Feldherrnzelt oder gar das Zelt des Kaisers hinter oder neben einem solchen Platz gestanden hätte. In einem Standlager dagegen war das Principiagebäude der repräsentative Bau, der außen und innen künstlerischen Schmuck aufwies. In ihm und nicht vor seinem Zelt wie auf dem Kriegsmarsch versah der Legionslegat manche seiner Funktionen. Deshalb wurde die Aedes, das Tribunal und das Auguratorium von der Unterkunft des Legionslegaten weg in die Principia verlegt. So betrachtet lösen sich manche scheinbaren Widersprüche in der Diskussion des Begriffes Praetorium. Näher soll hier nicht darauf eingegangen werden. Auch im Modell-Marschlager Ps.-Hygins wie im Lager des Polybios (6,31,1) wird das Lagerforum neben und nicht vor dem Praetorium gelegen haben. Die handschriftliche Überlieferung des Abschnittes 11 von Ps.-Hygins Schrift brauchte deshalb nicht in ein sonst nirgends belegtes ‚forum praetorii' geändert zu werden[161]. Diese Konjektur ist um so bedenklicher, als Ps.-Hygin (c. 14) – wohl unrichtig – meint, die Via principalis heiße nach den Principia. Ps.-Hygin kannte also diesen Ausdruck, der in Inschriften und Papyri geläufig ist. Vielleicht hat er ihn auch schon einmal am Anfang seiner Schrift verwendet. Als ‚principia' bezeichnete Ps.-Hygin entweder das Lagerforum, oder er verstand unter diesem Wort noch das Hauptgebäude, das als erstes vermessen wurde. Diesen Vorgang schildert Polybios (6, 27,1) in Übereinstimmung mit Ps.-Hygin (c. 12). Da, wie wir zu zeigen versucht haben, im Marschlager das Praetorium das zuerst angelegte Hauptgebäude war, im Standlager aber das Lagerforum, ergab sich eine wechselnde Bedeutung des Wortes, je nachdem es für den einen oder den anderen Lagertyp verwendet wurde. Eine solche wechselnde Verwendung der Bezeichnung ‚principia' hat schon v. Domaszewski angenommen[162].

Unsere Kenntnisse über römische Legionslager haben sich seit der Zeit v. Domaszewskis erweitert. Wir können heute viele Angaben Ps.-Hygins bestätigen. Zu den schon angeführten Fällen ein weiteres Beispiel: Im Abschnitt 56 sagt der Verfasser: porta praetoria semper hostem spectare debet. Der archäologische Befund zeigt drei Orientierungsmöglichkeiten für Legionslager: zum Feind, zu einem Fluß, der als Transportweg wichtig war, und die Anpassung an das Gelände. Die weitaus größte Anzahl der Legionslager an Rhein und Donau war gegen den Feind und zugleich gegen den Grenzfluß hin orientiert. Die britannischen Legions-Standlager, die alle weit hinter der von Hilfstruppen geschützten HKL lagen, waren nach Flüssen hin gerichtet, die sowohl zur Versorgung mit Wasser wie als Transportwege wichtig waren. Dasselbe gilt für das Nachschublager Haltern an der Lippe. Nur wenige Legionslager orientierten sich nach den Gegebenheiten des Geländes. In diesen Fällen war die Porta praetoria so angelegt, daß man aus ihr ausmarschieren konnte. Insofern entsprach auch dieses Lager sinngemäß der Vorschrift Ps.-Hygins (c. 14, 24,56)[163].

Das Modell-Marschlager Ps.-Hygins ist für eine Armee entworfen, die aus möglichst verschiedenen Truppenarten verschiedener Stärken besteht. Es ist deshalb nicht ohne weiteres mit den Legionsstandlagern der Grenzprovinzen zu vergleichen. Trotzdem meinen wir, im Ps.-Hyginschen Lager mehrere Ordnungsprinzipien erkennen zu können, die auch für die Legionsstandlager galten. Dabei werden wir uns freilich vor Zirkelschlüssen hüten müssen. Schon v. Domaszewski hat erkannt, daß die Innenorganisation eines Marschlagers darauf abgestellt war, die abmarschierenden Einheiten leicht in die Marschordnung einzufädeln[164]. So erklärt sich nicht nur die Orientierung der Lager, von der soeben die Rede war, sondern auch die Verteilung der Einheiten und die Anordnung der Bauten in der Längs- wie in der Querrichtung. Es gab Regeln für die Marschfolge, wenn sie auch jeder Kommandeur den Gegebenheiten und taktischen Zielen anpassen konnte. Für Aufklärung und Sicherung auf dem Marsch brauchte man Kavallerie. Ps.-Hygin (c. 15) läßt in der Praetentura beiderseits der Via praetoria Auxiliar-Alen lagern. Auch die Legionsreiter in einem Legionsstandlager konnten sich leicht an die Spitze setzen, wenn sie, wie wir vermuten, in den Tabernen untergebracht waren. Fast immer sind Reiterspitzen oder weit vorne marschierende Kavallerie in den Beschreibungen von Kriegsmärschen angeführt. Auf sie folgten Infanterie und Spezialeinheiten, der Kommandeur mit Stab und Kavallerie, der Troß und technische Einheiten, wieder Infanterie und am Schluß Kavallerie[165]. Dieser Ordnung entspricht die Innenorganisation eines Marschlagers, im Prinzip auch eines Standlagers, in der Längsrichtung. Bei der Innenorganisation eines Legionsstandlagers ist außer der Marschfolge auch die rasche Besetzung der Lagerumwehrung im Alarmfall bedacht worden. Ps.-Hygin (c. 2 und 5) empfiehlt, wie einen

Rahmen an die Umwehrung die Legionen zu legen, nicht etwa schlechtere Einheiten oder gar die Vexillarii. Über die Verteilung der Legionskohorten im Standlager, die demselben Grundsatz folgte, wurde schon S. 110ff. Näheres ausgeführt. Für beide Zwecke, für das rasche Aufmarschieren und Sicheinfädeln beim Abmarsch und dementsprechend für das rasche Aufschlagen der Zelte beim Lagerbau einerseits sowie für das rasche Besetzen der Umwehrung im Alarmfall anderseits, waren entsprechende Längs- und Querstraßen notwendig (S. 114). Das galt für Marsch- und Standlager. Es ist bezeichnend, daß in der Praetentura von Standlagern zwar Thermen, Valetudinarien und Scholae angelegt wurden, aber keine technischen Einrichtungen, deren Besatzung mit der Truppe abmarschierte. Von ihnen abgesehen, entspricht die Längsfolge der einzelnen Teile einer Legion ganz der Folge in einem Marschlager.

Im Marschlager Ps.-Hygins wie in den Standlagern sind beiderseits der Principia – also beiderseits des Praetoriums im Marschlager und des Lagerforums in den Standlagern – Officiales, das sind Verwaltungssoldaten der Stäbe, und Kavallerie untergebracht, hinter dem Praetorium die Statores[166]. Dem entsprach im Standlager, daß die Legionsreiter in den Tabernae beiderseits und hinter den Principia lagen und daß eine Sonderunterkunft für Verwaltungssoldaten neben dem Lagerforum stand (S. 51ff. und 43). Wenn im Modell-Lager Ps.-Hygins beiderseits des Praetoriums (c. 6) die Praetorianerkohorten lagen, so entsprach dem im Legionsstandlager der feste Platz der 1. Kohorte, der Schwerpunktkohorte des Legionskommandeurs, rechts von den Principia (S. 38ff.). Vor den Principia war im Marsch- wie im Standlager das Scamnum (legatorum et) tribunorum angeordnet (S. 64)[167]. Das Gepäck dieser Offiziere war in beiden Lagerarten in der Nähe abgestellt. Im Standlager entwickelten sich daraus die als Magazine verwendeten Tabernae an der Via principalis (S. 96f.). Die Legionsfabricae, die Valetudinaria und Veterinaria und das Quaestorium der Armee waren im Marschlager Ps.-Hygins in der Retentura in Scamna hinter dem Praetorium und vor den Legionen untergebracht, die an der Umwehrung lagen. In den Standlagern waren Fabricae und Magazine entweder in einem Wirtschaftsbezirk angeordnet oder bevorzugt im mittleren Scamnum der Retentura (S. 115). In allen Grundzügen stimmte also, soweit es vernünftig war, die Innenorganisation des Legionsstandlagers mit der des Marschlagers überein.

Vegetius

Die Schrift des Vermessungstechnikers Ps.-Hygin hebt sich in der Eindeutigkeit und Stimmigkeit ihrer Angaben günstig von der Epitoma rei militaris des Vegetius ab. Dieser hat viele Quellen verschiedener Zeit benutzt, aber in seinem Gedächtnis nicht ganz verarbeitet. So sind Widersprüche stehengeblieben wie die Angaben über die 1. Kohorte (2,6 und 8). Auch ist nicht immer deutlich, welche Mitteilungen dem Zustand seiner Zeit, vielleicht der Zeit Theodosius I., und welche einem älteren Zustand der römischen Heeresorganisation entsprechen. In einem Fall scheint es deutlich zu sein, daß Vegetius mit dem Eigenschaftswort ‚antiquus' Einrichtungen oder Zustände bezeichnet, die zwar vor seiner eigenen Zeit liegen, aber doch spätantik sind. Die Legion, die Vegetius in seiner viel diskutierten ‚ordinatio antiqua' beschreibt (2,6f.), kann nach Ausweis der erhaltenen Legionslager nicht während der Prinzipatszeit bestanden haben. Die Kohorten 2–10 hatten nach Vegetius je 555 Mann, die 1. Kohorte 1105 Mann. Diese Zahlen sehen so genau aus, daß man fragen muß, wie sie zustande kamen. Die Stärke einer Legionskohorte von 555 Mann erinnert an eine Notiz Dios (75,12,5). Hier ist von einer 550 Mann starken Abteilung die Rede, mit der einer der Comites des Kaisers Septimius Severus im Jahr 201 die Stadt Hatra einnehmen will. Wenn auch Dio nicht ausdrücklich sagt, daß diese 550 Mann eine Kohorte waren, so ist es doch wahrscheinlich. 550 (555) Mann sind entweder 50 (45) Mann weniger oder 70 (75) Mann mehr als eine Kohorte, je nachdem man von der Kampfstärke der Kohorte von 480 Mann oder von der Listenstärke von 600 Mann ausgeht (S. 118). Berücksichtigt man die Immunes und Principales, die zu den 480 Mann der Kampftruppe nicht dazugehörten, zählt man also diejenigen unter ihnen, die an einem Kriegsmarsch teilnahmen, hinzu, dann kann die Differenz von 550 (555) auf 600 Mann verständlich werden. Gegen die Mannschaftsstärke einer Legionskohorte, die Vegetius angibt, ist also nicht viel einzuwenden. Bedenklich ist aber die Zahl von Reitern, die er jeder Kohorte zuordnet. 730 Reiter in den uns bekannten Legionslagern unterzubringen, dürfte schwerfallen. Wenn nämlich zwei Mann in einer Taberna zusammen lagen, müßte man 365 Tabernae allein für die Kavallerie rechnen ohne die Tabernae an der Hauptstraße, die als Magazine und Handwerkstätten dienten. Die Gesamtzahl der Tabernae übersteigt aber in keinem der erhaltenen Legionslager die Zahl von rund 200, und für Kavallerie kamen kaum mehr als 95 bis 100 Tabernae in Frage (S. 53 und 58f.). Wenn unsere Vermutung über die Unterbringung von Pferden und Reitern in Legionslagern zutrifft, können in den uns bekannten Lagern 730 Kavalleristen nicht untergebracht gewesen sein. Von den Beobachtungen in Legionslagern, die uns bekanntgeworden sind, weicht noch mehr die Angabe des Vegetius (2,6) ab, daß 6100 Infanteristen und 730 Kavalleristen nur die Mindeststärke einer Legion ausmachten. Wenn aber eine Legion mehr als eine einzige Cohors milliaria habe, sei ihre Mannschaftsstärke entsprechend höher. Sehen wir hier von der Frage ab, ob prinzipatszeitliche Legionen mehr als nur eine 1000 Mann starke Kohorte hatten – uns ist bisher kein solcher Fall bekanntgeworden –, in keinem Fall paßt die Zahl von 730 Reitern, die noch dazu auf die einzelnen Kohorten aufgeteilt waren, zu unseren Kenntnissen über Legionsreiter in der Prinzipatszeit. Da Gallienus die Legionsreiter zu großen Kavalleriekorps zusammenfaßte – es waren dies die Promoti –, kann die Angabe des Vegetius auch nicht in die Zeit von Gallienus bis Diokletian passen. Erst dieser Kaiser löste die großen Reiterkorps zugunsten kleinerer Einheiten auf (S. 135). Unter diesen Umständen möchte man eher annehmen, daß die 730 Legions-Kavalleristen des Vegetius den komitatensischen Legionen des 4. Jahrhunderts angehörten. Wenn diese Überlegung zutrifft, dann hat Vegetius, der vielleicht zur Zeit des Kaisers Theodosius I. schrieb, eine höchstens sieben Jahrzehnte zurückliegende Organisationsform der Legion als ‚ordinatio antiqua' bezeichnet. Das Verständnis für diese Verwendung des Adjektivs ‚antiquus' wird erleichtert, wenn man die Tendenz der Schrift des Vegetius berücksichtigt. In seiner Widmung an den Kaiser sagt Vegetius (2,1), daß die alten Zeiten die Gegenwart an militärischer Tüchtigkeit übertrafen. Deshalb müsse man sie kennen und sie nachahmen. Gegenüber dieser Tendenz machte es für Vegetius keinen großen Unterschied aus, wie alt eine von ihm als vorbildlich hingestellte militärische Einrichtung war[168].

Heeresreformen

Die Geschichte der römischen Heeresorganisation während der ersten zweieinhalb Jahrhunderte der Kaiserzeit wird durch Neufunde von Inschriften und Papyri ständig weiter erhellt. Diese Quellen erschließen aber nicht alle Bereiche der Organisation römischer Streitkräfte. Es wäre deshalb ein Gewinn, wenn archäologische Befunde die genannten Quellen ergänzten.

Die Generation Th. Mommsens und A.v. Domaszewskis war in der Vorstellung befangen, daß die Veränderungen im römischen Heerwesen hauptsächlich von großen Heerführern und von Kaisern bestimmt waren. Besonders treten in den militärgeschichtlichen Darstellungen der späteren Republik und der Prinzipatszeit die Heeresreformen des Marius, des Augustus, des Claudius, Hadrians, des Septimius Severus und des Gallienus hervor. Von den in der ersten Entdeckerfreude gefundenen Einzelheiten der Heeresreformen des Marius, Hadrians und des Septimius Severus mußten in der weiteren Diskussion allerdings manche Abstriche gemacht werden. Wir können hier nicht auf den gesamten Fragenkomplex eingehen. Hier sei nur gefragt, ob die archäologischen Befunde in römischen Legionslagern entweder Heeresreformen oder irgendwelche stillen Entwicklungen widerspiegeln. Leider scheint beides nach unseren bisherigen Kenntnissen nur selten der Fall zu sein. Es scheint zwei methodische Gründe dafür zu geben, weshalb unsere Behandlung der Innenbauten prinzipatszeitlicher Legionslager so wenig Neues zur Geschichte der Organisation der Legionen beiträgt: Erstens dürfen wir uns bei einer solchen Fragestellung nicht allein auf die Innenbauten der Legionslager beschränken, sondern müssen auch die Außenanlagen sowie die Lager der Auxiliartruppen in die Betrachtung einbeziehen. Anderseits ist zu bedenken, daß die erhaltenen Pläne von Legionslagern nicht die ganze Prinzipatszeit gleichmäßig erhellen, wie wir S. 30–33 ausgeführt haben.

Augustus

Bereits S. 118f. haben wir Gründe für die Vermutung angeführt, daß Augustus oder seine militärischen Berater wie Agrippa die Logistik römischer Streitkräfte auf eine neue Grundlage stellten. Diese und andere Behauptungen über militärische Neuerungen während der Regierung des Augustus werden allerdings erst dann archäologisch begründet werden können, wenn einmal auch republikanische Truppenlager mit modernen Methoden ausgegraben und veröffentlicht werden. So schätzenswert und förderlich die Ausgrabung römischer Lager des 2. und 1. Jahrhunderts v. Chr. in Spanien durch A. Schulten war, so zweifelhaft sind doch viele ihrer Einzelheiten, wie ein Besuch der noch heute sichtbaren Ruinen der Belagerungslager um Numantia herum zeigt.

Hadrian

Zu einer angeblichen Maßnahme der Heeresreform Hadrians sei hier eine negative Beobachtung angeführt. Man hat vermutet, daß Hadrian die Manipelgliederung der Kohorten auflöste. Dafür hat sich aber kein archäologischer Beleg gefunden. Beim Neubau von Legionslagern im 2. und 3. Jahrhundert hätte ja die Möglichkeit bestanden, die Centurienkasernen innerhalb einer Kohorte anders zu gliedern als in der Form von Manipelkasernen. Das war aber nicht der Fall. Aus dieser Feststellung folgt freilich nicht, daß die Manipel im 2. und 3. Jahrhundert auch noch eine taktische Bedeutung gehabt haben müssen. Dafür spricht, soviel ich weiß, kein Zeugnis der antiken Literatur. Eher scheinen die Manipel schon einige Zeit vor Hadrian keine taktische Bedeutung mehr gehabt zu haben. Die Bezeichnung (com)manipularis o. ä. wurde bereits im 2. Jahrzehnt des 2. Jahrhunderts ebenso wie von Sueton in der Bedeutung „einfacher Soldat" oder „Soldat unter dem Centurio" gebraucht[169].

Immer wieder liest man in historischen Darstellungen der römischen Kaiserzeit, daß Hadrian „den dem Heer zugeteilten Handwerkern und Technikern sowie den Subalternen der höheren Offiziere", Septimius Severus „wohl in größerem Umfang allen Chargierten" erlaubte, sich zu Collegia zusammenzuschließen. Daß dagegen die einfachen Soldaten das Recht, Vereine zu bilden, auch unter Severus keineswegs erhielten, zeigt Marcianus (Dig. 47,22,1). Als Begründung für die zuerst angeführte Behauptung werden Inschriften angeführt. Bisher scheint keine Inschrift, die eine militärische Schola erwähnt, aus früherer Zeit zu stammen als aus der Mitte des 2. Jahrhunderts n. Chr.[170]. Wenn wirklich erst Hadrian militärische Kollegien zugelassen hat, dann könnten in den Lagerfora von Inchtuthil, Caerleon, Noviomagus, Vetera, Novaesium und Vindonissa die Räume, die wir nach Inschriften im Legionslager Lambaesis als Scholae identifizieren können, keine Scholae gewesen sein (S. 78f., Bild 14 und 16). Das ist unwahrscheinlich, weil alle soeben angeführten vorhadrianischen Lagerfora im rückwärtigen Teil des Gesamtbaues den bezeichnenden Rhythmus von Räumen zeigen: eine Aedes in der Mitte und beiderseits symmetrisch angeordnete ungleich große Raumpaare von meistens je vier Räumen. Nach diesem Befund kann man mit Scholae von Dienstgraden schon seit klaudischer Zeit rechnen, als die Legio XXI rapax ein neues Lagerforum in Vindonissa baute[171]. Wenn man die Einführung der militärischen Kollegien erst dem Kaiser Hadrian zuschreibt, muß man annehmen, daß die bezeichnende Raumgruppe im rückwärtigen Teil der Lagerfora im 2. Jahrhundert ihre Funktion vollkommen geändert hat. Wir wissen aber keinen Grund für diese Annahme.

Septimius Severus

Im Legionslager Lauriacum fehlten Centurionenwohnhäuser und alle anderen Offiziersunterkünfte (S. 67 und 115). Als Erklärung für diese Tatsache wurde bereits S. 67 auf die Erleichterungen hingewiesen, die Septimius Severus den Soldaten gewährte, indem er ihnen erlaubte, mit ihren Frauen zusammenzuwohnen. Die Datierung dieser Fokariats-Konstitution ist umstritten. Es wurden Gründe dafür vorgebracht, daß der Kaiser sie nach seinem Sieg über Clodius Albinus (197 n. Chr.) erließ; andere meinten, daß Severus nach seiner Ägyptenreise die dort gewonnenen Erfahrungen auf das ganze Heer übertragen habe (202 n. Chr.)[172]. Leider steht die Erbauungszeit des Legionslagers Lauriacum nicht fest. Zu beachten ist, daß bei der Vermessung des Lagers Plätze für die Wohnbauten der Offiziere vorgesehen waren, daß sie aber beim Lagerbau selbst frei blieben oder nur ersatzweise überbaut wurden. Man wird also eines der drei möglichen Erbauungsdaten des Lagers (191, 201 oder 205 n. Chr.) mit einem der beiden vorgeschlagenen Daten des Fokariatserlasses des Severus (bald nach 197 oder 202 n. Chr.) in Verbindung bringen müssen[173]. Wenn man den oben angegebenen Ursachenzusammenhang annimmt, dann fallen von den sechs Möglichkeiten, die sich bei dieser Kombination ergeben, die beiden mit der Erbauung des Lagers Lauriacum im Jahr 191 verbundenen weg. Das wäre ein weiteres Argument dafür, daß das Legionslager Lauriacum erst im 1. Jahrzehnt des 3. Jahrhunderts erbaut wurde, nicht schon ein Jahrzehnt vorher. Man wird hoffentlich bei der Ausgrabung des Vorgängerlagers Albing klären können, ob hier Offiziershäuser gebaut waren. Leider kennen wir noch kein sicheres Offizierswohnhaus im Legionslager Regensburg, das im Jahr 179/180 angelegt wurde. Hier sind zwar im traditionellen Scamnum tribunorum Baureste gefunden worden, aber diese brauchen nicht ohne weiteres von Tribunenhäusern zu stammen. Auch das Praetorium steht in Regensburg nicht außer Zweifel (S. 67). Von den dortigen Manipelkasernen kennen wir bisher nur die Mannschaftsteile, aber keine Centurionenhäuser. Daß vor ihnen noch Platz für Centurionenwohnhäuser ist, besagt nichts, solange wir nicht wissen, ob er auch wirklich überbaut war. Trotz allen Unsicherheiten halten wir es für wahrscheinlich, daß in Regensburg Offiziershäuser standen. Um zu verstehen, weshalb die Offiziershäuser in Lauriacum fehlten, wäre es wichtig zu wissen, ob Offiziere in dem nach 197 n. Chr. erbauten Lager der Legio II Parthica in Albano wohnten. Leider haben die archäologischen Beobachtungen in diesem Lager die Frage noch nicht geklärt. Auf unsere Fragestellung hin ist auch der Plan von Carnuntum zu betrachten. In diesem Legionslager waren alle Offiziershäuser vorhanden. Das spricht dafür, daß der veröffentlichte Lagerplan – abgesehen von den Neubauten der 2. Hälfte des 4. Jahrhunderts – nicht erst auf das 3. Jahrhundert zurückgeht. Man muß freilich berücksichtigen, daß keineswegs seit dem Erlaß des Severus die Offizierswohnungen aus allen Legionslagern herausverlegt worden sind, denn beim Neubau des Legionslagers Lambaesis im 3. Jahrhundert, vielleicht nach 253, hat man wahrscheinlich alle Offiziershäuser innerhalb des Lagers wieder errichtet. Die Offiziere der Legio II Italica von Lauriacum haben jedenfalls ihre Wohnungen außerhalb des Lagers gebaut. Daß solche Erleichterungen von der langdienenden Truppe freudig begrüßt wurden, ist verständlich; daß aber die Sicherheit der Truppe darunter litt und vor allem das erzieherische Vorbild der Offiziere im soldatischen Alltag fehlte, ist jedem klar, der sich über die psychologische Seite der ‚Servitude et grandeur militaires' Gedanken gemacht hat.

Gallienus

Geht man davon aus, daß das Legionslager Lambaesis in der Gestalt, wie wir es als Ruine kennen (Taf. 12), erst nach dem Jahr 253 erbaut wurde, dann erwartet man hier Aufklärung über die Frage der Kavallerie dieser militärgeschichtlichen Epoche. Gallienus stellte im Jahr 258 ein Kavalleriekorps auf, in dem er die Reiter der Legionen zusammenfaßte – das waren die Equites promoti – und sie mit schon bestehenden Kavallerieabteilungen vereinigte. Für dieses neue Korps zog er besonders Dalmater als Kavalleristen ein[174]. Wenn unsere Ausführungen über die Unterkünfte der Legionsreiter und der Stratores zutreffen (S. 51 ff.), dann müßten die Retenturatabernen des Lagers Lambaesis bald nicht mehr als Reiterunterkünfte gedient haben und müßten eine andere Bestimmung bekommen haben. In der Tat wurden beim Neubau jener Zeit die großen Lagerstraßen so stark aufgehöht, daß man aus den Tabernen nur über eine oder zwei Stufen hinaufgelangen konnte. Dadurch waren die Tabernen als Ställe unbrauchbar. Der Befund ist allerdings nur in der Via principalis und der Via praetoria sicher – er ist hier noch heute offen sichtbar. In der Retentura ist der Befund mehrdeutig. Die Kammern, die an der linken Seite der Thermen liegen, könnte man zwar als Tabernen einer verlängerten ‚Via decumana' ansehen; das ist aber wenig wahrscheinlich, weil diese Kammern unmittelbar hinter den Fußbadewannen der Thermen lagen und von diesen nicht deutlich getrennt gewesen wären. Ferner waren die einzelnen Kammern mit den lichten Ausmaßen von knapp

4 × 4 m für zwei Pferde mit Stallgasse ein wenig eng. Ob die an der Via quintana in Lambaesis gelegenen Tabernen für Stratores bestimmt waren, die ja wohl weiterhin in den Legionen blieben, ist nicht zu entscheiden, weil kein ausreichender Grabungsbericht über sie veröffentlicht wurde. Es spricht also vieles dafür, daß im Neubau des Lagers von Lambaesis keine Tabernen als Unterkünfte für Kavallerie benutzt wurden.

Kaiser Gallienus hätte mit seiner Kavalleriereform wahrscheinlich weniger Erfolg erzielt, wenn die Legionsreiter, die den Kern des neuen Kavalleriekorps bildeten, ‚nur die Bedeutung einer Stabswache' gehabt hätten und vor allem als Meldereiter eingesetzt gewesen wären. In der wissenschaftlichen Literatur des letzten Jahrfünfts wurden jedoch die gute kavalleristische Ausbildung der Legionsreiter und ihr geschlossener taktischer Einsatz stärker betont[175]. Die hohe Einschätzung der Legionsreiter ergibt sich schon aus der Lage ihrer Schola unmittelbar neben der Lageraedes (S. 79). Einen Hinweis auf ihre Ausbildung im Verbandsreiten bieten Funde von ‚Paradewaffen' in Legionslagern. Es gibt Hinweise darauf, daß römische Schmuckrüstungen bei Kunstreit-Vorführungen von Kavallerieverbänden sowohl der Legionsreiter wie der Auxiliarreiter getragen wurden. Legionsreitern scheinen derartige Schmuckrüstungen gehört zu haben, die bei und in den Legionslagern Noviomagus, Novaesium (?), Mogontiacum (?), Lauriacum, Brigetio und Durostorum (?) gefunden wurden, wahrscheinlich auch ein Schmuckschildbuckel aus dem nordwestlichen Iran[176]. Die Ausbildung der Legionsreiter im Verbandsreiten war also nicht schlechter als die der Auxiliarreiter, so daß sie für die Bildung eines Kavalleriekorps unter Gallienus die nötigen Voraussetzungen mitbrachten.

Disciplina militaris

Bisher haben wir tatsächliche oder vermeintliche Neuerungen in der Heeresorganisation behandelt, die von der obersten Heeresleitung angeordnet wurden. Die archäologischen Befunde der Legionslager erhellen aber auch Veränderungen, die mit dem komplizierten Phänomen der ‚disciplina militaris' zusammenhängen. Da eine ausführliche Darstellung der einschlägigen Fragen den Rahmen dieser Arbeit sprengen würde, beschränken wir uns auf einige Hinweise.

Lautstarke Proklamationen lassen gewöhnlich vermuten, daß mit ihrem Gegenstand etwas nicht in Ordnung ist. Seit Hadrian wurden in Truppenlagern Weihealtäre für die Disciplina militaris aufgestellt, und die Disziplin der Truppe wurde auf Münzen gepriesen. Die Disziplin der römischen Streitkräfte wurde im Laufe der ersten drei Jahrhunderte unserer Zeitrechnung durch mannigfache Faktoren aufgeweicht: durch innenpolitische und soziale Kräfte, durch das Erstarken benachbarter Militärmächte, in hohem Maße auch durch die Folgen der rasch fortschreitenden Urbanisierung des Reiches und des steigenden Wohlstandes breiter Schichten, die Begehrlichkeit innerhalb und außerhalb der Grenzen des Imperiums weckten.

Die Ansprüche der Truppe auf bessere Lebensumstände sind an der Vergrößerung der Unterkünfte für Mannschaften und Centurionen zu erkennen. Ein Schlafraum für acht Mann war im 1. Jahrhundert rd. 18 qm, im 3. Jahrhundert bis zu 24 qm groß. Die Häuser der Centurionen wurden in Bonna vermutlich im 3. Jahrhundert an Fläche verdoppelt (S. 62). Immer häufiger wurden die Mannschaftsunterkünfte beheizt (S. 38). Der Heiratserlaß des Septimius Severus lockerte, wie wir S. 135 gezeigt haben, gleichfalls die Lagerdisziplin.

Den Infanteristen war das Tragen von Helmen, Panzern und Schilden lästig. Makrin erlaubte deshalb seinen Prätorianern, die Schuppenpanzer und schweren Schilde abzulegen. Im Verlauf der allgemeinen Umrüstung des Heeres während des 3. Jahrhunderts verzichtete man weitgehend auf den Helm und verkleinerte beträchtlich den Schild. Vermutlich aus diesem Grund erhielten viele Kasernen in Lauriacum und Carnuntum und alle in Lambaesis kleinere Waffenräume, als man sie in den beiden ersten Jahrhunderten gehabt hatte (Bild 2,4 und 10). Der dadurch frei gewordene Platz wurde als schmaler Korridor benutzt, durch den man direkt in den Schlafraum gelangte[178].

Am Anfang dieses Kapitels haben wir gesagt, daß sich nur wenige Phänomene der Heeresreformen und der stillen Entwicklungen des prinzipatszeitlichen Heeres in den archäologischen Befunden widerspiegeln. Der Hauptgrund dafür scheint uns ein starker Konservatismus zu sein, der nicht nur den Lagerbau, sondern auch die ganze Heeresorganisation dieser Zeit prägte.

Wirtschaftsgeschichte

Die wirtschaftliche Sparte römischer Militärlogistik wird nur durch gemeinsame Bemühungen verschiedener Hilfswissenschaften der Geschichtsforschung erhellt werden können. Viele Einsichten bieten die Papyri und Inschriften, viele Tatsachen kann die Archäologie ans Licht bringen. Es genügt allerdings nicht, sich auf die Wirtschaftsbauten innerhalb der Legionslager zu beschränken. Man muß auch die einschlägigen Bauten und Einrichtungen außerhalb der Lager untersuchen.

Eine Kernfrage für die Versorgung von Streitkräften in der Heimat ist die, ob man die Heereslieferungen weitgehend oder ganz der Privatwirtschaft überläßt oder ob man die Truppe wirtschaftlich möglichst selbständig macht, wobei man manche Lieferungen als Sachabgaben von der Bevölkerung verlangen kann. Indem wir heute in den westlichen Ländern den ersten Weg gehen, beleben wir zwar die Privatwirtschaft und entziehen ihr möglichst wenige Spezialisten, erhöhen aber die in Geld zu entrichtenden Steuern, die der Bürger für den Unterhalt der Streitkräfte aufzubringen hat. In der Prinzipatszeit hat man sich dafür entschieden, den anderen Weg, den der möglichst großen wirtschaftlichen Selbständigkeit der Truppe zu beschreiten. Die Wirtschaftsbauten der Legionslager zeigen, daß die Legion für sich und wahrscheinlich auch für die ihr angeschlossenen Hilfstruppen verschiedene Produkte erzeugte und daß sie in großem Umfang Vorratswirtschaft betrieb. Viele handwerkliche Betriebe der Truppe befanden sich in der Legionssiedlung. Auch an Plätzen von Rohstoffvorkommen arbeiteten Legionsangehörige. Trotz der militärischen Handwerksbetriebe, in denen auch Zivilisten arbeiteten, verzichtete man weder auf Zwangslieferungen der Provinzbevölkerung noch auf Ankauf bei Zivilhandwerkern und -händlern. Die Militärhandwerker, die in den Lagern arbeiteten, waren Immunes, deren Sonderunterkünfte bei Fabricae und anderen Wirtschaftsbauten wir festgestellt zu haben meinen (S. 43ff.). In einer Legion mögen etwa 400 Mann Handwerker und Magazinarbeiter tätig gewesen sein (S. 123).

Um uns nicht zu wiederholen, verweisen wir für dieses Thema auf eine vor kurzem erschienene Arbeit über römisches Militärhandwerk[179]. In ihr wird auch die Bedeutung militärischer Wirtschaftsbetriebe im Rahmen der römischen Wirtschaftsgeschichte skizziert.

Baugeschichte

Die Behandlung unseres Themas brachte auch einige Einsichten in die römische Militärarchitektur. Schon an römischen Umwehrungen, die wir hier nicht behandeln, läßt sich nachweisen, daß der Städtebau oft fortschrittlicher war als der militärische Wehrbau. Besonders deutlich wurde das zu Beginn der Spätantike. Auch in der Entwicklung der Innenbauten römischer Militärlager waren die Architekten von Vorbildern des zivilen Bauwesens abhängig, wie wir im folgenden erweisen möchten.

Grundrißgestalt und Innenorganisation

Über die Entstehung des römischen Militärlagers hat man manche Vermutungen geäußert. Polybios (6,42) meinte, daß die quadratische Form das römische Marschlager wesentlich von der unregelmäßigen, dem Gelände angepaßten Gestalt griechischer Lager unterscheide. Zweifellos war dies eine vereinfachende Behauptung sowohl für die griechische wie für die römische Seite. Allerdings waren die griechischen Stadtstaaten im allgemeinen keine weiträumigen Kriegsmärsche gewohnt. Zum Unterschied von Assyrern, Ägyptern und Persern befestigten sie ihre Marschlager nur selten. Erst unter den Diadochen, als man oft langdauernde ausgedehnte Feldzüge unternahm, wurde es geläufig, die Marschlager zu befestigen. Untersuchungen in zwei militärischen Stützpunkten in Attika aus dem Chremonideischen Krieg (265/4–261/0 v. Chr.) bestätigen im ganzen die Angaben des Polybios[180]. Regelmäßige Lagerformen, wie sie die erwähnten orientalischen Heere anwendeten, waren auch den Griechen bekannt, wurden ihnen aber nicht zur Regel. Die Spartaner bauten ihre Marschlager kreisförmig wie die Assyrer[181]. Über die Innengliederung griechischer Marschlager erfahren wir kaum etwas. Wenn Arrian (Anab. 1, 13, 3 und 3, 9, 4) berichtet, daß das Heer Alexanders vor den Schlachten am Granikos und bei Gaugamela in Schlachtordnung lagern sollte oder lagerte, dann zeigt das, daß diese Lagerform eine Ausnahme war. Wie die Regel aussah, wird nicht überliefert. Ein unbekannter Autor, den ein ‚exemplum' des 4. Buches der Kriegslisten des Frontinus als Quelle benutzt (4,1,14), behauptet, daß die Römer die Anregung zu ihrem Lagerbau von Pyrrhos erhalten hätten, der als erster sein Heer in einem einheitlichen, umwehrten Lager zusammengefaßt habe. Dem widerspricht Plutarch in seiner Lebensbeschreibung des Königs Pyrrhos (c. 16) mit der Nachricht, daß der König die römischen Lager bewundert habe. Immerhin ist es nicht ausgeschlossen, daß die Römer von Vorbildern hellenistischer Marschlager wenigstens teilweise beeinflußt waren[182]. Ein archäologischer Befund könnte das bestätigen. Die Aufnahme der makedonischen Festung Gorítsa unweit von Demetrias an der Bucht von Pagasai ergab nämlich eine regelmäßige Inneneinteilung. Sie könnte auf Demetrios Poliorketes zurückgehen. Die Limitation eines römischen Marschlagers erfolgte in derselben Weise wie die einer Colonia und ihres Ager. Spätestens seit Varro schrieben die Römer ihrer Limitationstechnik etruskischen Ursprung zu[183]. Wenn sich auch in den Grundsätzen römischer Limitation Parallelen zur disciplina Etrusca aufzeigen lassen, so hat doch die archäologische Forschung gezeigt, daß die Anwendung solcher

Normen im etruskischen Städtebau die Ausnahme war und von Vorbildern großgriechischer Städte nicht zu trennen ist[184]. Ältere Versuche der urgeschichtlichen Archäologie, in den Siedlungen der bronzezeitlichen Terramare-Kultur Norditaliens die Vorbilder für das römische Marschlager und die Coloniae zu finden, sind als haltlos erwiesen worden[185]. Man ist in der gegenwärtigen Forschung geneigt, dem Vorbild griechischer Städteplanungen, die vor allem von Hippodamus aus Milet beeinflußt waren, einen entscheidenden Einfluß auf das italische Städtebauwesen sowohl der Etrusker wie der Samniten als auch der Römer zuzuerkennen. Dabei werden altmediterrane Einwirkungen nicht ausgeschlossen[186]. Daß die Vorliebe für Axialität, die der römischen Baukunst eigen ist, eine spezifisch etruskische oder römische Komponente sei, wird vielfach behauptet.

Wohin immer die weitere archäologische Forschung bei der Klärung dieser Fragen führen mag, der Zusammenhang zwischen der Limitation der römischen Coloniae und der Marschlager wird nicht zu leugnen sein. Ihre Innenorganisation ist weitgehend vom Grundriß der Umwehrung abhängig. Polybios wird mit seiner Angabe recht haben, daß das Marschlager des konsularischen Zweilegionenheeres seiner Zeit quadratisch oder wenigstens rechteckig war. Das älteste römische Dauerlager, das wir kennen, ist die im 4. Jahrhundert v. Chr. in Ostia angelegte Zitadelle oder Kern-Colonia. Sie war ebenso rechteckig wie andere bekanntgewordene republikanische Zitadellen und Lager. Leider kennen wir noch nicht die Inneneinteilung der republikanischen Zitadellen und frühesten Coloniae[187]. Die Mehrzahl der augustischen Lager zeigt dagegen unregelmäßige Grundrisse mit mehr als vier Ecken, häufig auch nach innen geknickte Mauerstrecken. Dies entspricht Vitruvs Ratschlägen für den Bau von Stadtmauern (1,21,2)[188]. Ob die viereckige Lagerform, die sich während der Prinzipatszeit weitgehend durchsetzte, neben den polygonalen Formen einherging oder ob unregelmäßige Formen eine kurzfristige Mode waren, ist noch nicht geklärt.

Lagerfora, Basiliken und Tabernae

Die Innenorganisation des römischen Marschlagers republikanischer Zeit stand in engem Zusammenhang mit der Limitation frührömischer Coloniae. Diese hatten zum Teil dieselbe Funktion wie die späteren Standlager. In den meisten Lagern aus der Zeit des Augustus findet man Bauphänomene, die auch dem gleichzeitigen und dem älteren römischen Städtebau eigen waren[189]. Das Lagerforum und das städtische Forum zum Beispiel hatten in ihrer Gestalt und Funktion sehr vieles gemeinsam. Der von Lauben umgrenzte Platz war nach einem Heiligtum axial orientiert. An ihm standen Tabernae und eine Basilika. Auf dem Platz waren Standbilder bedeutender Bürger und oftmals ein Rednerpodium errichtet. Der Zugang zum Platz war manchmal architektonisch hervorgehoben. Die Römer übernahmen in ihrem Städtebau seit dem 2. Jahrhundert v. Chr. hellenistische Plätze, die die angeführten Kennzeichen schon weitgehend vorgebildet zeigten. Die Fora von Cosa, Pompei, Alba Fucens und Brixia zeigen die architektonische Entwicklung römischer Fora. Das Forum Romanum wurde dem allgemeinen Trend teilweise angeglichen[190]. In die Entwicklung der städtischen Fora während der Republik müßte die Entwicklung der Lagerfora eingepaßt werden, wenn ihre Entwicklung während dieser Zeit ausreichend bekannt wäre. Wir möchten hier nur vier Einzelfragen herausgreifen, um den Zusammenhang zwischen den städtischen und militärischen Fora seit republikanischer Zeit deutlich zu machen[191].

Während auf späthellenistischen und römischen Haupt-Marktplätzen ein Tempel die Hauptachse des quer- oder längsrechteckigen Platzes bestimmte, lag in der Hauptachse des Lagerforums nur eine kleine Aedes, die in eine Flucht mit Räumen von anderer Funktion eingebunden war. Die Sicht auf die Aedes war meistens durch eine Basilika verstellt, so daß jene keineswegs den Forumplatz beherrschte wie die Forumtempel römischer Städte. Trotzdem meinen wir nicht, daß sich in diesem Phänomen ein grundsätzlicher Unterschied zwischen den städtischen und militärischen Fora ausdrückt. Die Legion nahm auch in republikanischer Zeit kein Kultbild auf den Kriegsmarsch mit. Ihre Feldzeichen, deren Urbilder zwar sakraler Natur waren und die selbst ‚sacra' waren, wurden ebensowenig wie das häusliche Feuer, das die Spartaner auf ihre Kriegszüge mitnahmen, so hoch eingeschätzt, daß man für sie einen Tempel bauen mußte. Das war im Marschlager ohnedies nicht möglich und unterblieb auch im zeitweilig oder langfristig belegten Lager. Es ist leider noch nicht festzustellen, ob alle Lager republikanischer und augustischer Zeit eine Aedes hatten oder ob man sich manchmal mit Podien begnügte, auf denen die Feldzeichen – vielleicht durch einen Baldachin geschützt – standen. A. v. Domaszewski scheint mit Recht betont zu haben, daß ursprünglich keine Kultbilder von Göttern in den „Fahnenheiligtümern" standen. Allmählich trat aber insofern ein Wandel ein, als sowohl die Statue des Genius castrorum als auch Kaiserbilder in der Aedes Platz fanden, mit der Zeit sogar Götterbilder. Solange das einschlägige Material nicht gesammelt ist, wird man sich zurückhalten, die Stufen dieses Wandels datieren zu wollen[192]. Die besondere religiöse Funktion der Aedes in Militärlagern bedingte ihre Ausmaße und Ausstattung, die bescheidener waren als die städtischer Forumtempel. Trotzdem ist die Herkunft der Aedes der Militärlager von den Forumtempeln der Städte sehr wahrscheinlich.

Fast alle Fora der prinzipatszeitlichen Lager, die wir vollständig kennen, zeigen in der Längsachse folgende Reihenfolge ihrer Einzelteile: ein oder zwei Forumplätze, eine Basilika und eine Raumreihe von Aedes und Scholae (Bild 14). Diese Reihenfolge hatten die beiden ältesten Fora, die wir außerhalb Roms kennen, die von Cosa und Pompei, noch nicht. Sie tritt für unsere Kenntnis zum erstenmal in Alba Fucens zu Beginn des 1. Jahrhunderts v. Chr. auf. Die Folge „Tempel – Forum – Basilika", die schon das sullanische Forum von Brixia aufwies und die in späteren Fora verbreitet war, unterschied das Lagerforum von Vindonissa von den übrigen vollständig bekannten Lagerfora (Bild 14, 13 und 14). Wenn sich unser auf S. 74 geäußerter Gedanke bewahrheiten sollte, daß die Halle, die mit ihrer Schmalseite rechts an das Forum von Haltern anstößt, eine Basilika war, dann fände diese Anordnung der Basilika eine nahe Parallele in Pompei, wo die Basilika um 120 v. Chr. gebaut wurde. Die Plätze der Lagerfora waren immer querrechteckig wie die Fora von Cosa und Fanum (das wir aus der Beschreibung Vitruvs kennen). Für die Zweiteilung des Forums in einen höheren Teil, der durch eine Stützmauer vom niedriger gelegenen Teil abgetrennt war (Bild 14; 18, 10, 13, 14), gibt es in Brixia eine Parallele[193]. Man wird also annehmen dürfen, daß der in der Kaiserzeit geläufige Typus der Fora von Legionslagern nach Vorbildern städtischer Fora geschaffen wurde. Die Zeit dieser Erfindung wird man erst ermitteln können, wenn das Aussehen von Fora der republikanisch-augustischen Lager besser erforscht sein wird, als das bisher der Fall ist.

Wichtige Bestandteile der städtischen und militärischen Fora sind die Basilika und die Tabernen. Die Forumsbasiliken waren eine römische Erfindung, gleichgültig, woher ihr Name abzuleiten ist und welche Ahnen diese römischen Hallen hatten. Die Hallen boten Händlern und Finanzleuten wettersicheren Schutz für ihre Geschäfte. Ihr Podium (tribunal) wurde von Magistraten auch für Gerichtszwecke benutzt. In ihnen hielten sich auch Spaziergänger und untätige Neugierige auf. Neuerdings ist die Gerichtsfunktion von Basiliken für die Frühzeit in Frage gestellt worden, weil sie erst in der Kaiserzeit ausdrücklich bezeugt ist[194]. Man hat bei der Diskussion über die Verwendung von Forumsbasiliken, soviel ich weiß, die entsprechenden Bauten der Militärlager nicht beachtet. In ihnen konnten keine Geld- und Handelsgeschäfte betrieben werden. Als wettergeschützter Freizeittreffpunkt wird die Lagerbasilika nur denen gedient haben, die auch das Lagerforum benutzen durften, unter Umständen nur denjenigen, für die der rückwärtige Forumsplatz reserviert war (S. 73). Für einen Freizeitraum scheint uns der bauliche Aufwand einer Lagerbasilika zu hoch gewesen zu sein. Statt der städtischen Magistrate bestimmten im Lager die Offiziere den Arbeitsablauf. Sie überwachten auch das Verhalten der Soldaten, soweit es durch Recht oder Sitte geregelt war. Es entspräche also der Verwendung der städtischen Forumsbasiliken durch städtische Magistrate, wenn in den Lagerbasiliken die höchsten Offiziere vom Tribunal aus einem geeigneten Personenkreis offizielle Mitteilungen und Befehle bekanntgaben und Recht sprachen. Die tägliche Befehlsausgabe wurde dagegen in der Schola der 1. Kohorte abgehalten (S. 79f.). Als wettergeschützter Freizeitort für die einfachen Soldaten, die keine Schola hatten, wird die Basilica thermarum gedient haben (S. 102).

Die Reihen von Räumen, die den Forumplatz in Militärlagern umrandeten, dürften von den Tabernae abgeleitet sein, die an städtischen Forumplätzen standen. Literarische Nachrichten und archäologische Nachweise zeigen, daß diese Form gereihter Läden, Schankräume, Handwerksräume und Magazine, in denen natürlich auch viele einfache Leute wohnten, mindestens seit dem 3. Jahrhundert v. Chr., wahrscheinlich aber schon früher, an Plätzen und Straßen weit verbreitet war. Die Etymologie des Wortes ‚taberna' scheint anzuzeigen, daß sie zunächst einfache Holzbuden waren, die erst im Laufe der Zeit durch steinerne Bauten ersetzt wurden. Die Tabernae veteres und novae am Hauptforum und zahlreiche andere Tabernae in Rom waren das Vorbild für andere Städte oder hatten dort schon vorher Entsprechungen[195].

Schon in den Legionslagern aus der Zeit des Augustus findet man Tabernae sowohl an den Hauptstraßen wie um den Forumsplatz herum. Sie dienten wie die Tabernen der Städte als Handwerksräume, Magazine und – wie wir meinen – als Unterkünfte für die Reiter. Am Lagerforum wurden sie als Amtsstuben, Registraturen und Kassenräume sowie als Magazine für Waffen benutzt. Auch dafür gab es in Rom und in italischen Städten Vorbilder, indem in den Forumstabernen auch ‚argentarii' und ‚numularii' tätig waren und ‚librarii' Bücher verkauften oder als Lohnschreiber wirkten[196]. Das Tabularium, das Staatsarchiv in Rom, begrenzte die Sicht an der Westseite des Forums. Auch an den Lagerfora lagen solche Tabularia. In Rom ist die enge Nachbarschaft von Tabernae und Basiliken ebenso bezeichnend wie in den Lagerfora. In Städten wie in Legionslagern waren die Tabernae gegen die Plätze oder Straßen hin durch Lauben vor Sonne, Regen und Staub geschützt.

Monumental ausgestattete Forum-Eingänge kannte die städtische Architektur ebenso wie die militärische. Seit dem Fornix Fabianus, der im Jahr 121 v. Chr. über dem Eintritt der Via sacra in das Forum Romanum erbaut wurde, gab es zahlreiche derartige monumentale Forumeingänge im Westen und Osten des Reiches. In den Legionslagern verband man einen Torbau manchmal mit einer monumentalen Hervorhebung des Vermessungsmittelpunktes, der ‚groma' (S. 75). Diese lag auf dem Platz, der durch das Zusammentreffen der Via praetoria mit der Via principalis entstand (S. 115)[197]. Man hob den Teil der Lagerhauptstraße, der vor dem Lagerforum lag, auf mancherlei Weise hervor: durch Straßenbögen – wie in Vindonissa (Bild 14, 13 und 14) – oder durch Torbauten – wie das Tetrapylon von Lambaesis (Bild 14, 18). Die städtische Straßen- und Platzarchitektur gab viele Vorbilder für solche Lösungen ab.

Unsere Bemerkungen über einzelne Erscheinungen der Lagerfora haben gezeigt, daß es für sie im Städtebau Vorbilder gab. Man wird nicht verkennen dürfen, daß der Typus der Lagerfora, der in der mittleren und späteren Prinzipatszeit geradezu verbindlich war, für unsere Kenntnisse zuerst im neronischen Vetera voll ausgebildet auftritt und daß die älteren Lagerfora augustischer und klaudischer Zeit andere Anordnungsformen, aber wie es scheint, doch schon alle einzelnen Teile der späteren Lagerfora aufwiesen. Es ist bekannt, daß die Lagerfora in Provinzen, die noch wenig oder gar nicht urbanisiert waren, auf die Architektur der dort neu entstehenden städtischen Fora einwirkten, ja, daß sogar Apollodor mit dem Trajansforum in Rom an den nunmehr gefestigten Typus von Lagerfora anknüpfte[198].

Unterkünfte

Fast alle Unterkünfte der römischen Legionslager sind aus dem städtischen Wohnbau entstanden. Ein Zweifel besteht bei der Herleitung der Centurienkasernen, der Centuriae (S. 36). Sie können entweder eine Umsetzung der Lederzeltreihen in Holz sein oder auf die städtischen Tabernae zurückgehen, von denen schon die Rede war. Zweiteilige Tabernae gab es sowohl in Städten wie in Legionslagern (S. 53). Die Vorbilder für die Unterkünfte der Offiziere waren teils einfachere rechteckige städtische Häuser, teils die reicheren Peristylhäuser. Lang- und breitrechteckige Häuser aus Holz oder Stein, die mit der Giebel- oder der Traufseite zur Straße gerichtet waren, waren in Städten wie in den mittelgroßen und kleinen Siedlungen des römischen Westens die, wie es scheint, häufigste Wohnbauform. Sie waren in republikanischer Zeit nicht nur in Rom und in italischen Städten verbreitet, sondern bestimmten auch den Wohnbau in den lateinischsprachigen Provinzen des Reiches in größerem Umfang, als man allgemein annimmt. Die einfache Innenorganisation solcher Häuser bedingt, daß in ihr wahrscheinlich mehrere einheimische Hausformen aufgingen. Das städtische Mehrfamilienhaus mit mehreren Stockwerken löste die älteren ebenerdigen Formen ab, die sich während der Prinzipatszeit noch in den Mittel- und Kleinsiedlungen hielten. In den Legionslagern bauten die Offiziere ihre Wohnhäuser nach eigenem Geschmack. Sie wurden häufiger umgebaut als die übrigen Lagerinnenbauten. Die Centurionen fanden in den benachbarten Städten oder in ihren Heimatstädten Vorbilder für ihre Häuser (Bild 10). Sozialer Ehrgeiz veranlaßte sie wohl vor allem in der späteren Prinzipatszeit, mit ihren kleinen Häusern die Peristylhäuser der höheren Offiziere nachzuahmen (S. 62)[199]. Die Häuser der höheren Offiziere waren die gleichen, wie sie die Angehörigen des Ritter- und Senatorenstandes in Rom oder in größeren Städten Italiens und der Provinzen bewohnten, bequeme Peristylhäuser, die in der Zeit des Augustus noch Relikte der älteren Atriumhäuser zeigten (Bild 11–13). In ihnen fand auch eine größere Dienerschaft Platz[200].

Scholae

Die Legionslager hatten zwei Bautypen von Scholae, die große Gemeinschaftshalle und die kleinen Versammlungsräume mit einer halbrunden Bank, die ebenfalls ‚schola' hieß (Bild 16 und 17). Auch in den Städten dienten solche Bauten verschiedenen Zwecken. Ihnen allen war gemeinsam, daß sich eine größere Anzahl von Personen gleicher Interessen oder mit gleichen Aufgaben in ihnen versammeln konnte. Es gab Versammlungshallen für Collegia von Handwerkern und Händlern wie der Bau der Eumachia am Forum in Pompei, für Collegia iuventutis wie in Pompei oder Mactaris, für Feuerwehrvereine oder Begräbnisvereinigungen wie die sodales Serrenses an der Via Nomentana und für Kultvereinigungen wie die Augustales in Ostia oder Sarmizegetusa. Sie waren in Aussehen und Zweck den Basiliken ähnlich. Die Scholae der 1. Kohorten, die wir in Legionslagern identifizieren zu können glaubten, haben alle dreischiffige Grundrisse (Bild 17) (S. 79f.). Wenn unsere Vermutung zutrifft, daß die Bauten von Inchtuthil, Caerleon, Vetera und Carnuntum, von denen einige bisher als Exerzierhallen erklärt wurden, Scholae der

1. Kohorten der betreffenden Legionen waren, dann fänden auch die Seitenräume ihre Erklärung, die auf einer oder beiden Langseiten der basilikalen Halle lagen und zum Teil mit Mosaiken und Wandmalerei ausgestattet waren. Auch die städtischen Scholae wiesen oft derartige Räume auf – allerdings ist die Zweckbestimmung der einzelnen Zimmer nicht immer klar. Für die apsidalen kleinen Räume, wie solche in Vetera und Carnuntum, gibt es einige Parallelen[201]. Eine andere Gruppe städtischer Scholae sind Amtsräume wie die Schola Xanthi bei den Rostra des Hauptforums in Rom oder die Schola kalatorum pontificum. Wenn diese auch noch nicht sicher lokalisiert sind, so erinnert man sich doch an die kleinen Amtsräume, die bei Kurien italischer und provinzialer Städte aufgedeckt wurden[202]. Auch diese Bauten mögen auf die Scholae eingewirkt haben, die im rückwärtigen Teil von Lagerfora lagen. Die angeführten Beispiele geben allerdings nur einen Rahmen ab, innerhalb dessen die tatsächlichen Vorgänger oder Vorbilder der Lagerscholae gefunden werden müßten. Da die Geschichte der städtischen Versammlungsbauten bisher noch nicht zusammenfassend untersucht wurde, fällt es ohne mühsame Einzelarbeit schwer, die frühesten Formen der den militärischen Bauten vorausgegangenen städtischen Scholae zu rekonstruieren.

Wirtschaftsbauten

Städtische Vorgänger militärischer Wirtschaftsbauten kennen wir für die Magazine vom Hoftyp (Bild 20) (S. 85), sie sind auch für die Horrea vom Pfeilertyp anzunehmen (Bild 19)[203]. Für die Genese einfacher Werkhallen braucht man keine besonderen Nachforschungen anzustellen, weil sich diese Bauform von selbst versteht (Bild 23). Sie ist im zivilen Bereich belegt, wenn sich auch die Bauforschung mit Fragen der gewerblichen Nutzbauten noch nicht näher abgegeben hat[204]. Daß man drei rechteckige Werkhallen U-förmig zusammensetzte, so daß ein Hof zwischen ihnen entstand, lag nahe (Bild 25). Es ist mir nicht bekannt, ob diese Bauform, die für Groß- und Verbundunternehmen bezeichnend gewesen sein wird, auch von privaten Unternehmern benutzt wurde.

Bäder und Lazarette

Für die Bauten, die in den Legionslagern der Gesundheit dienten, für Thermen und Lazarette, lassen sich gleichfalls Vorbilder aus städtischer und ländlicher Architektur anführen. Für Thermen braucht das nicht belegt zu werden (Bild 28). Seit dem 2. Jahrhundert v. Chr. baute man öffentliche Bäder, in denen ein mehrteiliger Badeablauf in mehreren Räumen von Kalt- bis Heißwasserbädern und Heißluftanwendung möglich war. Die Temperatur des Wassers und der Luft wurde durch entsprechende Heißluftführung geregelt. Diese technischen Errungenschaften waren im 1. Jahrhundert v. Chr. so weit entwickelt, daß sie während der Regierung des Augustus in großem Umfang in den Städtebau eingeführt wurden[205]. Von hier gelangte der Thermenbau spätestens in klaudischer Zeit in die Militärbaukunst (S. 102).

Die Lazarette der Militärlager (Bild 27) können ihre unmittelbaren Vorbilder in Sklavenlazaretten auf großen Gütern gehabt haben. Ihr baulicher Grundgedanke ergab sich aus ihrer Funktion. Gleichgültig, ob man eine große Anzahl von kranken oder gesunden Personen in einem Bau(teil) unterbringen wollte, immer mußte man gleichförmige Räume oder Raumgruppen aneinanderreihen und einzeln zugänglich machen. Durch die weiteren Forderungen nach Licht und Luft wurden die planerischen Möglichkeiten stark vermindert. Es entsprach antiken Wohngewohnheiten wie der Natur der Sache, daß die Räume an einen Innenhof angebunden oder durch lange Flure erschlossen wurden. Wenn die Raumfluchten zu lang wurden, knickte man sie zu einfachen oder mehrfachen hakenförmigen oder zum Viereck geschlossenen Baugestalten mit einem Innenhof. Derartige bauliche Lösungen verwendete man für Bürobauten, Gesindetrakte, Feuerwehrkasernen, für die Unterbringung von Hausgästen und für Fremdenunterkünfte aller Art. Es gab also in den Städten und selbst auf dem Land viele Vorbilder, die für den Entwurf eines Lazaretts benutzt werden konnten[206]. Es bedarf auch keiner Belege dafür, daß Frischwasserleitungen, Brunnen und Nymphaeen sowie die Abwasserleitung und Latrinen zu den Grundvoraussetzungen für den entwickelten römischen Städtebau gehörten und von hier in den Militärlagerbau übernommen wurden.

Vorbilder aus der städtischen und ländlichen Baukunst

Die römische Militärarchitektur greift also seit Augustus fast vollständig auf Vorbilder des städtischen und ländlichen Bauwesens zurück[207]. Trotzdem war die Zusammenfügung der einzelnen Teile zu Baukomplexen wie dem Lagerforum und vor allem die gesamte Innenorganisation der prinzipatszeitlichen Lager eine eindrucksvolle Neuschöpfung. Sie beruhte, wie wir mehrfach betont haben, auf der Tradition republikanischen Lagerbaus, verließ sie aber in wichtigen Zügen. Leider kennen wir nur das polybianische Lager des 2. Jahrhunderts v. Chr. genauer und dann erst wieder einige Lager der Zeit des Augustus. Die Innengliederung der Lager des 1. Jahrhunderts v. Chr. ist bisher fast unbekannt geblieben[208]. Die Vorbilder aus dem Städtebau, die auf die Ausbildung der prinzipatszeitlichen Lager einwirkten, waren zum Teil erst während der späten Republik, vor allem in der Zeit Sullas oder sogar erst des Augustus, voll entwickelt worden. Wir haben beobachtet, daß manche Architekturformen des prinzipatszeitlichen Lagerbaus wie das Lagerforum bis in klaudische Zeit hinein noch nicht gefestigt waren. Beide Tatsachen scheinen uns darauf hinzuweisen, daß die Bautypen und die standardisierte Innenorganisation der prinzipatszeitlichen Legionslager erst dann zu einer Einheit zusammengefügt wurden, als man in den gefährdeten Provinzen des Reiches ständige Legionslager baute. Die Rahmennorm, die man nach der Mitte des 1. Jahrhunderts n. Chr. entwickelte, war rund zweieinhalb Jahrhunderte lang gültig und wirkte noch auf den spätrömischen Lagerbau ein.

Anhang

Legionslager und Lager von Legionsvexillationen

Dieser Anhang enthält nur die von uns behandelten Lager und soll vor allem die Ausführungen über Forschungsgeschichte und Chronologie auf S. 26 bis 34 ergänzen. Die Angaben sind möglichst knapp gehalten. Bei der Literaturauswahl wurden Grabungsberichte und solche Veröffentlichungen bevorzugt, die ältere Literatur anführen. Literatur zur Geschichte der Legionen ist nicht aufgenommen, Wiederholungen von bereits Bekanntem, Touristenführer, Sachbücher und Bildbände sind nicht verzeichnet. Literatur zu einzelnen Bauten findet man in den Anmerkungen (s. das Register).

Inchtuthil (Bild 1, 1. Taf. 1)

Lage: Inchtuthil, Perthshire, GB. Am Tay, rd. 17,6 km N von Perth.

Antiker Name: Von I. Richmond mit *πτερωτὸν στρατόπεδον*, Pinnata castra, Pinnatis gleichgesetzt. Anders A. L. F. Rivet, in: Littérature Gréco-Romaine et Géographie Historique. Mélanges offerts à Roger Dion (Paris 1974) 55–81, besonders 77. Belege: Hübner, RE 3, 1770 Nr. 38 ‚Castra' und G. Macdonald, ebda 20, 1711 ‚Pinnatis'.

Geschichte: Wahrscheinlich während des sechsten Schottlandfeldzuges Agricolas im Jahr 83 in Holz gebautes Kriegslager. Vermutlich im Jahr 87 planmäßig geräumt. Besatzung: Wahrscheinlich die Legio XX Val. victr.

Forschungsgeschichte: Erste Ausgrabungen der Society of Antiquaries of Scotland 1901. Vollständige Ausgrabung des Legionslagers seit 1952 durch I. Richmond und J. K. St. Joseph.

Literatur: Bisher jährliche Vorberichte im JRS von 43, 1953, 104f. bis 56, 1966, 198f. I. Richmond, in: Limes-Studien (Basel 1959) 152–155. Ders., in: R. M. Ogilvie and Sir Ian Richmond, Cornelii Taciti de vita Agricolae (Oxford 1967) 69–73 u. ö. – Zum antiken Namen: I. Richmond, Proc. Soc. Ant. Scotl. 56, 1922, 299.

Letzter Plan: JRS 51, 1961, 158 B. 9 und bei Ogilvie und Richmond a. O. 72 (= unsere Taf. 1).

Carpow (Bild 1, 2)

Lage: Carpow, Perthshire, GB. Am Südufer des Firth of Tay, rd. 1,6 km O von Abernethy.

Antiker Name: Vermutung von W. F. Skene, I. Richmond und anderen, daß hier die *'Ὄρρεα* (Horrea) des Ptol., Geogr. 2, 3, 14 lagen, ist aus chronologischen Gründen unwahrscheinlich.

Geschichte: Lager einer Vexillatio der Legio VI victrix Britannica pia fidelis, vielleicht zeitweilig der Legio II Aug., gebaut während des Britannienfeldzuges des Septimius Severus. Nach einer Inschrift in Stein umgebaut wohl im Jahr 212.

Forschungsgeschichte: Erste Grabungen im 19. Jahrhundert. Systematische Ausgrabungen seit 1961 durch R. E. Birley, seit 1964 durch J. J. Wilkes und J. D. Leach.

Literatur: Vorberichte: R. E. Birley, Proc. Soc. Antiqu. Scotl. 96, 1962/63, 184–207. – A. R. Birley, in: Militärgrenzen 1–5 (mit Lit. A. 2). – J. J. Wilkes, in: Roman Frontier Studies 1967 (Tel Aviv 1971) 52–54 (mit Lit. A. 1–5). – Britannia 1, 1970, 273f. 2, 1971, 248. – J. K. St. Joseph, JRS 63, 1973, 220–223. – R. P. Wright, Britannia 5, 1974, 289–292. – Zum antiken Namen: I. Richmond, Proc. Soc. Antiqu. Scotl. 56, 1922, 289–298.

Letzter Plan: J. K. St. Joseph a. O. 222 B. 13.

Eburacum (Bild 1, 3)

Lage: York, GB. Altstadt, am linken (östlichen) Ouse-Ufer.

Antiker Name: Eburacum (Eboracum). Belege: Hübner, RE 5, 1900f. ‚Eburacum'. Holder 1, 1395–1397. RIB S. 215.

Geschichte: In Holz erbaut von Cerialis 71 oder 72 für die Legio IX Hisp. Umbau in Stein unter Trajan (107/108). Unter Hadrian ersetzte die Legio VI victr. die 9. Legion. Zerstörung durch die Maeatae 197. Neubau unter Septimius Severus (197). Bestand bis in spätrömische Zeit.

Forschungsgeschichte: Archäologisches Interesse seit dem 17. Jahrhundert. Fallweise Grabungen seit dem 19. Jahrhundert. Grabungen unter dem Münster seit 1966.

Literatur: Eburacum. Roman York. Hrg. von der Royal Commission on Historical Monuments, England 1962. – A Short Guide to the Roman Fortress at York. Hrg. von der Yorkshire Architectural... Society 1968. – R. M. Butler (Hrg.), Soldier and Civilian in Roman Yorkshire (Leicester 1971) 45–106, 143–146, 179–199. – B. Hope-Taylor, Under York Minster. Archaeological Discoveries 1966–1971 (York 1971). – Kurze Berichte im JRS (besonders 58, 1968, 182), seit 1970 in ‚Britannia'.

Letzter Plan: Eburacum 4.

Deva (Bild 1, 4. Taf. 2)

Lage: Chester, Cheshire, GB. Am rechten Ufer des Dee.

Antiker Name: Deva. Belege: Hübner, RE 5, 259 ‚Deva'. Holder 1, 1274. RIB S. 146.

Geschichte: Von Sex. Iulius Frontinus vor 78 für die Legio II adiutrix gegründet, 79 in Holzbauweise fertiggestellt. Etwa 87 wurde die Legio XX Val. victr. hierher verlegt. Umbau in Stein bald nach Beginn des 2. Jahrh. Fortbestand in spätrömischer Zeit.

Forschungsgeschichte: Beobachtungen und Grabungen seit dem 19. Jahrhundert veröffentlicht. Grabungen seit den 60er Jahren.

Literatur: Journ. Chester Arch. Soc., besonders seit 27, 1926/27. – F. H. Thompson, Deva. Roman Chester (Chester 1959). Ders., Roman Cheshire (Chester 1965) 9–12, 24–44. – Nash and Jarrett, Wales 33–42. – Britannia 1, 1970, 282; 2, 1971, 255; 3, 1972, 313. – D. F. Petch, Journ. Chester Arch. Soc. 57, 1970/71, 3–26.

Letzter Plan: Nash and Jarrett, Wales B. 15 nach S. 36 (= unsere Taf. 2).

Lindum (Bild 1, 6)

Lage: Lincoln, Lincolnshire. Links (nördlich) des Witham.

Antiker Name: Lindum. Belege: Macdonald, RE 13, 713. Holder 2, 228f. RIB S. 80.

Geschichte: Vielleicht schon Ende des 6. Jahrzehnts Garnison der Legio IX Hisp., von 71/72 bis gegen 78 Lager der Legio II adiutrix. Um 90 Colonia Lindensium.

Forschungsgeschichte: Nach Grabsteinen, militärischen Funden und einem Ziegelstempel war das Legionslager der 9. und 2. Legion in Lincoln vermutet. Erste Bestätigung durch Ausgrabungen G. Websters unter Leitung von I. A. Richmond 1941/42.

Literatur: G. Webster, JRS 39, 1949, 57–78. F. H. Thompson, ebda 46, 1956, 22–32. D. F. Petch, Arch.Journ. 117, 1960, 40–70. JRS 50, 1960, 221. F. H. Thompson and J. B. Whitwell, Archaeologia 104, 1973, 129–207. Wacher, Towns 120f. G. Webster, Britannia 1, 1970, 184. Neuere Grabungen: Britannia 4, 1973, 286.

Letzter Plan: Thompson and Whitwell a. O. 131 B. 1. Wacher, Towns 125 B. 29.

Longthorpe

Lage: Longthorpe, GB. 3,7 km SW von Peterborough.

Antiker Name: unbekannt.

Geschichte: Lager mit Holzbauten für eine Legionsvexillation und eine Hilfstruppe, bald nach 43 (vielleicht 48). Bestand bis etwa 61 oder 62. Wurde während dieser Zeit einmal verkleinert.

Forschungsgeschichte: Durch Luftbilder 1961 entdeckt, Ausgrabungen 1967–1973 durch S. S. Frere und J. K. St. Joseph.

Literatur und letzter Plan: S. S. Frere and J. K. St. Joseph, Britannia 5, 1974, 1–129. Plan S. 9, B. 4.

Camulodunum (Bild 1, 9)

Lage: Colchester, Essex. Rechts (südlich) des Colne.

Antiker Name: Camulodunum. Belege: Hübner, RE 3, 1448–1450. Holder 1, 725f.; 3, 1068. RIB S. 63.

Geschichte: Legionslager 43–49/50, überbaut durch die Colonia Claudia victricensis.

Forschungsgeschichte: Durch Ausgrabungen seit 1971 unter Leitung von Ph. Crummy scheint das schon früher hier angenommene Legionslager gesichert zu sein.

Literatur: Ph. Crummy, Colchester. Recent Excavations and Research (Colchester 1974). Britannia 5, 1974, 439f.

Letzter Plan: Britannia 5, 1974, 440 B. 13.

Glevum (Bild 1, 8)

Lage: Gloucester, GB. Links (östlich) des Severn.

Antiker Name: Glevum. Belege: Hübner, RE 7, 1424f. ‚Glevum'. Holder 1, 2027. RIB S. 36.

Geschichte: Ein Lager um 49 vermutet. Gesichert in Holz gebautes Lager (der Legio II Aug.?) von 67 bis etwa 96/98 (Gründung der Colonia Nervia Glevensium).

Forschungsgeschichte: Von H. E. O'Neil und I. Richmond als Legionslager im Jahr 1962 erkannt. Neuere Grabungen seit 1968 von H. Hurst haben den Zeitansatz der Gründung berichtigt.

Literatur: H. Hurst, Ant.Journ. 52, 1972, 24–69. Ältere Lit. S. 29 A. 2–4 und Frere, Britannia 393. Spätere Grabungen: Britannia 4, 1973, 309. H. Hurst, Ant. Journ. 54, 1974, 8–28, 52. Wacher, Towns 137–139.

Letzter Plan: H. Hurst, Ant.Journ. 54, 1974, 19 B. 4 (= Wacher, Towns 140 B. 32).

Caerleon (Bild 1, 7. Taf. 3)

Lage: Caerleon, Monmouthshire, GB. Rechts (nördlich) des Usk.

Antiker Name: Isca (Silurum). Belege: Holder 2, 77. Haverfield, RE 9, 2057 s. v. RIB S. 108.

Geschichte: Gründung etwa 74/75: Holzbauten auf Steinfundamenten. Umbauten bald nach 100 durch Legio II. Aug. Hauptumbauphase in Stein im 5. Jahrzehnt des 2. Jahrhunderts. Etwa ab 200 Reparaturarbeiten. Voller Bestand des Lagers bis etwa 260. Etwa unter Carausius wurde das Lager von der 2. Legion verlassen.

Forschungsgeschichte: Grabungen seit 1843, wissenschaftliche Grabungen seit 1908. Sie wurden von 1927 bis 1963 weitgehend von V. E. Nash-Williams geleitet, dem ‚Keeper of Archaeology' des Nationalmuseums von Wales in Cardiff.

Literatur und letzter Plan: Zusammenfassende Darstellung: G. C. Boon, Isca. The Roman Legionary Fortress at Caerleon, Mon. (Cardiff 1972) (hier ältere Literatur und letzter Plan).

Exeter (Bild 1, 10)

Lage: Exeter, Devonshire, GB. Links (östlich) des Exe.

Antiker Name: Isca (Dumnoniorum). Belege: Holder 2, 77. Haverfield, RE 9, 2056f. s. v. RIB S. 62.

Geschichte: Vielleicht ein Legionslager von frühneronischer Zeit bis 67 (oder 75). Holzbauten mit Steinthermen. Garnison unklar (man dachte an die Legio II Aug.).

Forschungsgeschichte: Grabungen seit 1971 durch J. R. Collis und M. Griffiths.

Literatur und Pläne: Current Archaeology 39, Juli 1973, 102–106 (Pläne 103–105). Britannia 3, 1972, 344 (frühere Berichte hier A. 114 angeführt); 4, 1973, 313 (Literatur A. 130); 5, 1974, 452.

Noviomagus (Bild 1, 12. Taf. 4)

Lage: Nijmegen, NL. Auf dem Hunerberg nahe dem Südufer der Waal.

Antiker Name: Wahrscheinlich Batavodurum, wohl nach dem Bataveraufstand (69/70) Noviomagus. Belege: Holder 1, 359; 2, 792. CIL 13/2, S. 620. J. E. Bogaers (s. u. ‚Literatur').

Geschichte: Lager aus der Zeit des Augustus (Via principalis rd. 640 m). Im Jahr 70 oder 71 Lager der Legio II adiutrix mit Holzbauten. Etwa 71 Neubau in Holz durch die Legio X gemina. Vielfach Brandschicht aus spätflavischer Zeit, Neubau in Holz, Principia in Stein. Vielleicht bald nach 100 Umbau des Lagers in Stein. Etwa 104 Abkommandierung der 10. Legion. Spätere Umbauspuren einer Vexillatio Britannica (etwa 104–121) und der Legio IX Hisp. (etwa 121 bis vielleicht 130). Bestand bis 2. Hälfte 2. Jahrhundert?

Forschungsgeschichte: Entdeckung des Lagers durch M. P. M. Daniëls im Jahr 1916. Ausgrabungen ab 1917 durch J. H. Holwerda, 1951, 1957–1967 durch H. Brunsting, 1973–1975 durch J. E. Bogaers und J. K. Haalebos, 1974–1975 durch J. H. F. Bloemers.

Literatur: J. E. Bogaers, in: Bogaers und Rüger, NL 76–80. Die jährlichen Vorberichte von H. Brunsting sind verzeichnet in: Archeologie en historie (Festschrift H. Brunsting) (Bussum 1973) 533 Nr. 74. Vgl. Wells, German Policy 116–123 u. ö.

Letzter Plan: Bogaers a. O. 80 (= unsere Taf. 4 mit Ergänzungen nach J. E. Bogaers).

Vetera (Bild 1, 13. Taf. 5)

Lage: Xanten (Ortsteil Birten), Kr. Moers, Rheinland, D. Vetera I auf dem Fürstenberg, Vetera II weiter östlich, näher am Rhein.

Antiker Name: Vetera. Belege: Holder 3, 262f. CIL 13/2 S. 602.

Geschichte: Mindestens zwei Lager in der Zeit des Augustus und Tiberius. Unter Claudius ein Lager mit Steinbauten. Das neronische Lager für die Legio V Alaudae und XV Primigenia in Stein gebaut. Zerstörung im Bataveraufstand (70). Von Vetera II keine Bauten bekannt.

Forschungsgeschichte: Entdeckung und Ausgrabungen von Vetera I durch H. Lehner 1905 bis 1930, danach durch F. Oelmann bis 1934.

Literatur: H. Lehner, Vetera. Die Ergebnisse der Ausgrabungen des Bonner Provinzialmuseums bis 1929 (= Römisch-Germanische Forschungen 4. Berlin und Leipzig 1930). – Oelmann, Vetera 1931. Ders., Vetera 1934. – Verf., Vetera. – Schönberger, Roman Frontier 189 A. 21 u. ö. – Wells, German Policy 123–127 u. ö. M. Gechter, in: Bogaers und Rüger, NL 106–111.

Letzter Plan: Oelmann, Vetera 1934, 264 B. 1 (= unsere Taf. 5).

Haltern

Lage: Haltern, Kr. Recklinghausen, Westfalen, D. Rechts (nördlich) der Lippe gelegen.

Antiker Name: Unbekannt (nicht Aliso).

Geschichte: Mehrere Anlagen. Das ‚Hauptlager' etwa nach 8 v. Chr. bis 9 n. Chr. belegt. Truppe unbekannt, vermutlich Vexillation einer Legion und vielleicht Hilfstruppe. Vorwiegend Versorgungsanlagen.

Forschungsgeschichte: Entdeckung der römischen Anlage auf dem Annaberg durch den preußischen Major i. G. F. W. Schmidt 1838. Grabungen im ‚Hauptlager' von 1904 bis zum 1. Weltkrieg durch F. Koepp und mehrere andere, zwischen 1925 und 1932 durch A. Stieren, seit 1949 durch verschiedene Archäologen, besonders H. Aschemeyer.

Literatur: v. Schnurbein, Haltern (hier ältere Literatur). Ders., in: Bogaers und Rüger, NL 116–118.

Letzter Plan: v. Schnurbein, Haltern (‚Hauptlager': Beil. 6).

Oberaden

Lage: Bergkamen, Ortsteil Oberaden, Kr. Unna, Westfalen, D. Auf einer Bodenerhebung ‚Die Burg' südlich der Lippe, nördlich der Seseke; ein kleines Lager bei Lünen-Beckinghausen am linken (südlichen) Lippeufer.

Antiker Name: unbekannt.

Geschichte: Aus der Zeit von etwa 12 bis etwa 9/8 v. Chr. Truppe unbekannt.

Forschungsgeschichte: Grabungen 1906–1914, 1937–1938 durch das Dortmunder Museum, seit 1962 durch das Landesmuseum für Vor- und Frühgeschichte in Münster.

Literatur: Albrecht, Oberaden. – Schönberger, Roman Frontier 188 Nr. 6 u. ö. – Wells, German Policy 211–220. – S. von Schnurbein, in: Bogaers und Rüger, NL 119f. (mit Literatur).

Letzter Plan: Albrecht a. O., dazu aber v. Schnurbein a. O.

Novaesium (Bild 1, 14. Taf. 6)

Lage: Neuss, Ortsteil Gnadenthal, Rheinland, D. Am linken Rheinufer, links (westlich) der untersten Erft gelegen.

Antiker Name: Novaesium. Belege: Holder 2, 777f. CIL 13/2 S. 593.

Geschichte: Mindestens 11 Lager seit vor 12 v. Chr. Die Lager A, B und C vermutlich augustisch, die Lager D bis J vermutlich Zeit des Tiberius (und Caius). Lager K (‚Koenen-Lager') in spättiberischer Zeit oder unter Claudius mit Holzbauten gebaut. Erste Steinbauten in spätklaudischer oder neronischer Zeit. Zerstörung im Bataveraufstand (70 n. Chr.). Als Besatzung ist seit spättiberischer Zeit die Legio XX Val. victr., seit 43 die Legio XVI bekannt. Wiederaufbau mit Steinbauten nach 70 n. Chr. durch die Legio VI victrix, die nach 104 n. Chr. ohne Ersatz nach Vetera II versetzt wurde. In demselben Lager lag eine Hilfstruppe, vermutlich eine Ala quingenaria. Irgendwann im 2. Jahrhundert wird das Auxiliarkastell L gebaut worden sein.

Forschungsgeschichte: Entdeckung des Legionslagers K durch C. Koenen, Ausgrabung durch ihn 1887–1900. Entdeckung der älteren Lager durch Verf. 1954, Ausgrabung 1955–1973 durch verschiedene Archäologen, seit 1957 durch G. Müller.

Literatur: Verf., Neuß. – Schönberger, Roman Frontier 188 Nr. 9; 189 Nr. 26 u. ö. – T. Bechert, Epigr. Stud. 8 (Düsseldorf 1969) 39–45. – G. Müller, in: Bogaers und Rüger, NL 139–144 (mit Literatur). – Müller, Novaesium.

Letzter Plan des Lagers K: Koenen, Novaesium Taf. 3 (= unsere Taf. 6).

Köln (Bild 1, 15)

Lage: umstritten, nach der Meinung einer Gruppe von Forschern in der Altstadt von Köln, vom Dom (NO-Ecke) sich nach S und W erstreckend.

Antiker Name: unklar. Ersatzbezeichnung: apud aram Ubiorum (nach Tac. ann. 1,39). Belege: CIL 13/2, S. 505.

Geschichte: Im Jahr 14 n. Chr. war hier ein Lager der Legio I und XX (Val. victrix). Das Lager bestand bis in spättiberische oder frühklaudische Zeit.

Forschungsgeschichte: Ph. Filtzinger versuchte im Jahr 1963 zu erweisen, daß ein von O. Doppelfeld aufgedeckter Befund unter dem Kölner Dom die Reste einer Holz-Erde-Umwehrung des Zweilegionenlagers sei. Er meint, auch andere Teile des Lagers gefunden zu haben. Seine Ansicht übernahmen P. La Baume und G. Precht. Widerspruch von J. Bracker.

Literatur: Ph. Filtzinger, Kölner Jb. 6, 1962/63, 23–57. – A. Camps – Ph. Filtzinger, ebda 10, 1969, 47–55. – P. La Baume, BJb. 172, 1972, 271–275. Ders., Gymnasium 80, 1973, 333–347. – G. Precht, Kölner Jb. 12, 1971, 53f. Ders., Baugeschichtliche Untersuchungen zum römischen Praetorium in Köln (= Rhein. Ausgr. 14, Köln 1973) 4–6, 15f. Ders., in: Bogaers und Rüger, NL 160–162. – Ablehnung dieser Auffassungen durch J. Bracker, Jb. des Kölnischen Geschichtsvereins 45, 1974, 111–174.

Kein zusammenfassender Plan.

Bonna (Bild 1, 16. Taf. 7)

Lage: Bonn, Rheinland, D. Auf Niederterrasse im nördlichen Stadtgebiet am linken Rheinufer. Rd. 3 km oberhalb der heutigen Siegmündung.

Antiker Name: Bonna. Belege: Ihm, RE 3, 701 s. v. Holder 1, 480. CIL 13/2 S. 537.

Geschichte: Wohl frühklaudische Gründung. Zwei Holzbauperioden bis zur Zerstörung im Bataveraufstand (70). Wohl fünf Steinbauperioden ab etwa 71 bis in spätrömische Zeit. Legio I bis 70. Wiederaufbau durch die Legio XXI rapax in Stein. Ab 83 Legio I Min. (zwei weitere prinzipatszeitliche Steinperioden).

Forschungsgeschichte: Grabungen seit 1818. Weitere Grabungen 1876–1888 mit dem ‚Ziel der Bloßlegung des Lagers'. 1954–1974 Grabungen und Beobachtungen des Rheinischen Landesmuseums Bonn (1959: E. Gersbach, 1965: P. J. Tholen und D. Wortmann, 1970: D. Soechting, 1971–1974: W. Sölter).

Literatur: G. v. Veith, Das römische Lager von Bonn (Bonner Winckelmannsschrift 1888). – E. Sadée, Das römische Bonn (Bonn 1925). – Verf., Rheinland 42–47 (mit weiterer Literatur). – Schönberger, Roman Frontier 188 Nr. 14; 189 Nr. 32 u. ö. – L. Bakker, in: Bogaers und Rüger 196–199. – Wells, German Policy 136f. u. ö.

Letzter Plan: Verf., Rheinland Taf. 3 (= unsere Taf. 7).

Mogontiacum (Bild 1, 17)

Lage: Mainz, Rheinland-Pfalz, D. Auf Hochfläche im SW des Stadtgebietes, etwa 1 km SW des heutigen linken Rheinufers, etwa 1 km unterhalb der heutigen Mainmündung.

Antiker Name: Mogontiacum. Belege: Holder 2, 611–616. CIL 13/2 S. 296f.

Geschichte: Erste Anlage im 2. Jahrzehnt v. Chr. Spätestens ab 12 v. Chr. Lager für zwei Legionen, die XIV gem. und die XVI. Um 43 Ersatz durch Legio IV Mac. und XXII Prim. Etwa damals erste Steinbauten. Nach dem Bataveraufstand, während dessen das Lager nach Tac. hist. 4, 61 nicht zerstört worden sein soll, neue Legionen: I adiutrix und XIV gem. Neue Steinbauten. Spätestens 86 Ersatz der Legio I adi. durch die Legio XXI rapax. Spätestens 90 Abkommandierung der 21. Legion. Seitdem nur eine Legion (und vielleicht eine Hilfstruppe) im Lager. Ab 92 Legio XXII Prim. bis in spätrömische Zeit.

Forschungsgeschichte: Fundbeobachtungen seit dem 16. Jahrhundert. Erster Plan von F. Lehne (1838). Grundlegender Plan von K. Schumacher 1906. Seit 1909 wissenschaftliche Ausgrabungen, vor allem durch G. Behrens, E. Bremer, K. Bittel und 1957/58 durch D. Baatz.

Literatur: Baatz, Mogontiacum (mit früherer Literatur). – Schönberger, Roman Frontier 188 Nr. 20–22; 189 Nr. 38 u. ö. – K. Weidemann, Jb. RGZM 15, 1968, 146–149 (ältere Forschungen angeführt). – H. Klumbach, in: Führer zu vor- und frühgeschichtlichen Denkmälern (Hrg. Römisch-Germanisches Zentralmuseum Mainz. 11 [Mainz], Mainz 1969) 35–44, 101–103 (mit Literatur). – K. H. Esser, BJb. 172, 1972, 212–215 und Karten 1,2). – Wells, German Policy 138–145 u. ö.

Letzter Plan: Baatz, Mogontiacum, Beil. 1–3.

Rödgen

Lage: Rödgen, Kr. Friedberg, Hessen, D. Auf Anhöhe nördlich des Ortes, unweit vom linken (östlichen) Ufer der Wetter.

Antiker Name: unbekannt.

Geschichte: Versorgungslager mit Holzbauten aus den Jahren 11 v. Chr. (frühestens) bis etwa 8 v. Chr. (oder wenige Zeit später): sehr wahrscheinlich aus den Feldzügen des Drusus.

Forschungsgeschichte: 1960 durch H. Martin und H.-G. Simon entdeckt. Ausgrabungen 1961–1966 durch H. Schönberger.
Literatur: H. Schönberger und H.-G. Simon, Saalburg Jb. 19, 1961, 37–88. H. Schönberger, ebda 21, 1963/64, 95–108. Ders., Germania 45, 1967, 84–95. Ders., Roman Frontier 147–149, 188 Nr. 27. – Wells, German Policy 226–230 u. ö.
Letzter Plan: H. Schönberger, Germania 45, 1967, 88 B. 2 = Ders., Roman Frontier 148 B. 15.

Argentorate (Bild 1, 18)

Lage: Strasbourg, F. Im inneren Mündungswinkel der Ill in den Rhein.
Antiker Name: Argentorate. Belege: Ihm, RE 2, 713f. s. v. Holder 1, 211f.; 3, 681f. CIL 13/2 S. 144.
Geschichte: Wohl 17 für die Legio II Aug. gegründet. 43 bis etwa 45 Legio XXI rapax. Danach bürgerliche Besiedlung des Lagergeländes bis zum Brand 70. Ab 71 wieder Legionslager: die Legio VIII Aug. baute ein erstes Lager in Stein. Umbauten der Umwehrung unter Trajan. Zerstörungsschicht aus der Zeit Mark Aurels. Neubauten im Lager unter Septimius Severus. Zerstörungsschicht aus dem 3. Jahrhundert (235 ?). Wiederaufbau. Fortbestehen bis in spätrömische Zeit.
Forschungsgeschichte: Beobachtungen seit dem 16. (vor allem seit dem 17.) Jahrhundert, Grabungen und Beobachtungen durch R. Forrer seit etwa 1900. Seit 1947 Grabungen und Beobachtungen durch J.-J. Hatt.
Literatur: R. Forrer, Strasbourg-Argentorate, 2 Bde (Strasbourg 1927). – J.-J. Hatt, Strasbourg au temps des Romains (Strasbourg et Paris 1953). Ders., in: Limes-Studien (Basel 1959) 49–54. Ders., Germania 37, 1959, 227–233. – Die Einzelberichte Hatts sind angeführt von Schönberger, Roman Frontier 190 Nr. 51 und Wells, German Policy 147f.

Vindonissa (Bild 1, 20, Taf. 8)

Lage: Windisch, Aargau, CH. Auf Anhöhe zwischen Aare und Reuß, rd. $1^1/_2$ km SW der heutigen Reußmündung.
Antiker Name: Vindonissa. Belege: Holder 3, 347f. CIL 13/2 S. 37.
Geschichte: Erstes Lager mit Holzbauten (‚schräge' Holzbauten) für Legio XIII gem. wahrscheinlich um 15. Umbau des Lagers durch dieselbe Legion mit veränderter Orientierung der Innenbauten (‚gerade' Holzbauten). Nach 45 baute die Legio XXI rapax ein erstes Lager in Stein. Nach 71 Neubau des Lagers durch die Legio XI Cl. Seit der Abkommandierung der Legion 101 kein Legionslager mehr. Vermutlich zivile Besiedlung.
Forschungsgeschichte: Systematische Ausgrabungen seit 1897 (S. Heuberger). Damals Gründung der Gesellschaft Pro Vindonissa (so benannt seit 1905). 1935–1948 Grabungsleiter Chr. Simonett, danach V. von Gonzenbach, E. Ettlinger, 1953–1957 R. Fellmann, nach 1960 bis 1970 H. R. Wiedemer, danach M. Hartmann.
Literatur: Laur, Vindonissa (Literatur). – Ettlinger, Vindonissa (Literatur). – T. Bechert, Epigr.Stud. 8 (Düsseldorf 1969) 45–47. – Wells, German Policy 49–53 u. ö. – Jährliche Grabungsberichte in: Jber. Vind., Anz.Schweiz.Altert.kde, Jb. SGU.
Letzter Plan: Jber. Vind. 1967 (1968) Beil. 1 (Steinbauten) (= unsere Taf. 8). Ebda 1973 (1974) Beil. 1 und 2 (Holzbauten).

Dangstetten (Bild 1, 19)

Lage: Dangstetten, Kr. Waldshut, Baden, D. Zwischen Dangstetten und Rheinheim, rd. 300 m rechts (nordöstlich) des Rheins.

Antiker Name: unbekannt.

Geschichte: Gründung vielleicht im Zusammenhang mit dem Alpenfeldzug des Drusus und Tiberius (15 v. Chr.). Bestand etwa bis 8 v. Chr. Nach Inschrift eines Blechbeschlags stand vielleicht eine Vexillation der Legio XIX hier, außerdem vielleicht eine Hilfstruppe.

Forschungsgeschichte: Entdeckung 1967. Seitdem Grabungen durch G. Fingerlin.

Literatur: Fingerlin, Dangstetten. Ders., Archäologische Nachrichten aus Baden 6, 1971, 11–20.

Letzter Plan: Fingerlin, Dangstetten, Beil. 28 (Maßstab muß 1 : 1250 sein).

Regensburg (Bild 1, 22. Taf. 9)

Lage: Regensburg, Bayern, D. In der Altstadt, nahe dem rechten Donauufer, etwa gegenüber der Mündung des Regen.

Antiker Name: Regin(um ?), Castra Regina. Belege: Ihm, RE 3, 1771 Nr. 44 ‚Castra Regina'. Holder 2, 1107f. CIL 3/1 S. 730.

Geschichte: Gründung 179 durch die Legio III Italica. Bestand bis in spätrömische Zeit.

Forschungsgeschichte: Beobachtungen im vorigen Jahrhundert. Systematische Grabungen seit 1955 durch A. Stroh (bis 1964). Ausgrabungen im Niedermünster 1964–1968 durch K. Schwarz. Seit 1971 Untersuchungen durch U. Osterhaus.

Literatur: Osterhaus, Regensburg (mit früherer Literatur). – T. Bechert, BJb. 171, 1971, 242–246 = AÉ 1971, 292.

Letzter Plan: Osterhaus, Regensburg, Beil. 5 (= unsere Taf. 9).

Lauriacum (Bild 1, 23. Taf. 10)

Lage: Enns, Ortsteil Lorch, Oberösterreich, A. Auf einer hochwasserfreien Erhebung zwischen der Enns und dem Lorcherbach, etwa 3 km SW der Mündung der Enns in die Donau.

Antiker Name: Lauriacum. Belege: Holder 2, 160f. Gaheis, Lauriacum 87–91. CIL 3/1 S. 689.

Geschichte: Gründung für Legio II Italica (191 oder) 201 oder 205 (s. unsere A. 67 und S. 134). Bestand bis in spätrömische Zeit.

Forschungsgeschichte: Erste Grabungen seit Mitte 19. Jahrhundert. Systematische Ausgrabungen durch Oberst i. G. M. v. Groller 1904–1919, durch A. Gaheis 1923 und 1929–1933, durch E. Swoboda von 1936 bis zum 2. Weltkrieg. Gemeinsam mit Gaheis und selbständig führte J. Schicker Grabungen durch.

Literatur: RLÖ 7, 1906 bis 15, 1925 (v. Groller). – Weitere Literatur bei R. Noll, RLÖ 21, 1958, 47. – Alföldy, Noricum 165–167 u. ö. – G. Winkler, RE Suppl. 14, 221f. ‚Lauriacum'.

Letzter Plan: v. Groller, RLÖ 15, 1925, B. 51. Kritik an ihm: Noll a. O. 48. Unsere Taf. 10 nach einem unveröffentlichten berichtigten Plan des Österreichischen Archäologischen Instituts, den H. Vetters zur Verfügung stellte.

Vindobona (Bild 1, 25)

Lage: Wien, Innere Stadt (1. Gemeindebezirk) auf einer Flußterrasse, im NO (mit der Praetenturfront) zu einem Donauarm (heute ‚Donaukanal') orientiert, an der linken (NW-)Langseite vom Erosionstal des Moerig-Baches begrenzt (‚Tiefer Graben'). Etwa 600 m oberhalb der heutigen Mündung der Wien in den Donaukanal gelegen.

Antiker Name: Vindobona. Belege: CIL 3/1 S. 565. Holder 3, 344f. A. Neumann, RE 9 A, 53f. s. v.

Geschichte: Bau eines Lagers in Stein für die Legio XIII gem. um 100 (vor 107). Spätestens 107 Legio XIV gem. Mart. victr., spätestens 114 Legio X gem., die bis in spätrömische Zeit hier blieb. Zerstörung des Lagers im Markomannenkrieg (um 170). Wiederaufbau.

Forschungsgeschichte: Seit Lazius († 1565), dem Leibarzt Ferdinands I., Beobachtungen. Lokalisierung des Lagers durch W. Kubitschek (1893). Beobachtung von Bodenaufschlüssen und kleinere Untersuchungen besonders durch J. H. Nowalski de Lilia (bis 1928). Berichte und Zusammenfassungen von F. Kenner (1897), E. Nowotny (1923) und E. Polaschek (1935). Nach dem 2. Weltkrieg hat A. Neumann durch Grabungen und Beobachtungen den jetzigen Kenntnisstand erreicht.

Literatur und letzter Plan: A. Neumann, Vindobona. Die römische Vergangenheit Wiens (Wien und Köln 1972) (mit früherer Literatur S. 59–101). Ders., Ziegel aus Vindobona (= RLÖ 27, 1973).

Carnuntum (Bild 1, 26. Taf. 11)

Lage: Bad Deutsch Altenburg, Niederösterreich, A. Am Steil-(Prall-)ufer der Donau auf hochwasserfreier Terrasse, etwa 6 km oberhalb der Marchmündung.

Antiker Name: Carnuntum. Belege: CIL 3/1 S. 550. Holder 1, 794–796.

Geschichte: Älteste Reste eines Legionslagers mit Holzbauten (Periode 1) scheinen der Zeit kurz vor oder um die Mitte des 1. Jahrhunderts anzugehören (für die Legio XV Apollinaris, deren vorausgehendes Lager in Carnuntum noch nicht gefunden wurde). 62 bis 71 lösten einander drei Legionen ab. Die 15. Legion kam 71 wieder zurück. Unter Vespasian hat sie Bauarbeiten im Lager ausgeführt. Die ersten Steinbauten wurden wohl um 100 errichtet (Periode 2). Am Ende der Regierung Trajans wurde die Legio XV gem. durch die Legio XIV gem. Mart. victr. ersetzt. Sie blieb hier bis in spätrömische Zeit. Neubauten (Periode 3) etwa Ende 2. Jahrhundert, obwohl keine Zerstörungsspuren der Markomannenkriege gefunden wurden. Die späteren Bauperioden gehören der spätrömischen Epoche an.

Forschungsgeschichte: Identifikation der Ruinen mit Carnuntum 2. Hälfte 16. Jahrhundert. Suche nach Funden seit Lazius (s. oben Vindobona). Reiseberichte der Engländer R. Pococke und R. Miller 1743–45 und 1752. Seit 1848 und 1852 systematische Ausgrabungen im Auftrag der Kaiserlichen Akademie der Wissenschaften, seit 1877 im Auftrag des k. k. Ministeriums für Cultus und Unterricht, vor allem im Legionslager (Grabungsleiter A. Hauser). 1884 Gründung des Vereins ‚Carnuntum'. 1897 Gründung der ‚Limescommission' der Kais. Akademie der Wissenschaften. Von nun ab Grabungen des Vereins und der Limeskommission (Leitung der Grabungen: 1887–1907 Oberst i. G. Maximilian Groller v. Mildensee, 1908–1911 E. Nowotny). Seit 1968 Grabungen des Österr. Archäologischen Instituts (M. Kandler).

Literatur: Arch.-epigr. Mitt. 10, 1886 – 14, 1891; 16, 1893; 20, 1897. – RLÖ 1, 1900 – 10, 1909 (v. Groller), 12, 1914 (Nowotny). – Kubitschek, Carnuntum 130–166. – Vorbeck, Militärinschriften. – R. Fleischer, Die römischen Bronzen aus Österreich (Mainz 1967) (s. S. 214). – CSIR Österreich 1/3: M.-L. Krüger, Die Reliefs des Stadtgebietes von Carnuntum. 1. Teil: Die figürlichen Reliefs (Wien 1970). – E. Vorbeck und L. Beckel, Carnuntum. Rom an der Donau (Salzburg 1973) (wegen der Luftbilder wichtig). – M. Kandler, Die Ausgrabungen im Legionslager Carnuntum 1968–1973: Anz. Österr. Akad. Wiss. 111, 1974, 27–40. – Zu spätrömischen Bauten: Vetters, Kontinuität Niederösterreich 48–68. Vetters, Spätzeit.

Letzter Plan: E. Nowotny, RLÖ 12, 1914, Taf. 1. Ergänzung: M. Kandler a.O. B. 1 (= unsere Taf. 11).

Ločica (Bild 1, 30)

Lage: Ločica ob Savinji (früher Lotschitz), Gde Zalec, Slowenien, YU. Rd. 15 km W von Celje an der Savinja (Sann) gelegen.

Antiker Name: unbekannt.

Geschichte: Als Lager der Legio II Ital. etwa 171 in Stein gebaut. Sollte die Zugänge vom Drautal zum Laibacher Becken, damit zur Save gegen die Germanen sperren. Bestand bis etwa 174 oder 177.

Forschungsgeschichte: Durch F. Lorger 1918 bekanntgeworden. Nachuntersuchung Anfang der 30er Jahre.

Literatur: F. Lorger, Österr. Jh. 19/20, 1919, Bb. 107–134. Ders., Časopis za zgodovino in narodopisje (Maribor) 29, 1934, 150–153. – B. Saria, Glasnik muzejska društva za Slovenijo 20, 1939, 136. Ders., Historia 1, 1950, 446. – Alföldy, Noricum 154f. (mit weiterer Literatur 332 A. 68).

Letzter Plan: Lorger, Časopis a.O. 150 B. 1, wiederholt Alföldy, Noricum 155 B. 28.

Burnum (Bild 1, 33)

Lage: Šuplja Crkva, Flur des Dorfes Ivoševci, Gde Knin, Kroatien, YU. Die Praetorialseite des Lagers lag an der Krka.

Antiker Name: Burnum. Belege: C. Patsch, RE 3, 1068. s.v. CIL 3/1 S. 367f.

Geschichte: Erste Anlage – wohl mit Holzbauten – durch die Legio XX (später Val. victr.) vor 9 n. Chr. Von 10 bis 69 Legio XI (seit 42 Claudia p.f.), danach Legio IV Flavia felix bis nach 86. Nach ihrer Abkommandierung nicht mehr als Legionslager benutzt. Bürgerliche Siedlung über dem Lager wurde um 117/118 Municipium.

Forschungsgeschichte: Ausgrabungen des Österreichischen Archäologischen Instituts 1912 und 1913. Seit 1973 gemeinsame jugoslawisch-österreichische Grabungen.

Literatur: C. Patsch, RE 3, 1068–1070 ‚Burnum'. – E. Reisch, Österr. Jh. 16, 1913 Bb. 112–135. – Wilkes, Dalmatia 96–100 u. ö.

Letzter Plan: Reisch a.O. 115f. B. 31.

Aquincum (Bild 1, 28)

Lage: Budapest, Ó-Buda (= Alt-Ofen, 3. Gemeindebezirk), H. Das trajanische Lager auf hochwasserfreier Terrasse rechts (westlich) eines Donauarmes, das domitianische Lager wohl teilweise dem Hochwasser ausgesetzt.

Antiker Name: Aquincum. Belege: CIL 3/1 S. 439. Szilágyi, Aquincum 1968, 64f.

Geschichte: Nach einem Auxiliarlager wurde unter Domitian (um 88) ein Lager für die Legio II adiutrix (Legio IV Fl. ?) gebaut. Verschiebung des Lagers nach W unter Trajan. Vielleicht 92–114 Legio IV Fl. und andere. Ab 114 bis in spätrömische Zeit Legio II adi.

Forschungsgeschichte: Erste planmäßige Grabung 1778 durch I. Schönwisner. 1894 Eröffnung des Museums in Aquincum, dessen erster Direktor V. Kuzsinszky um die Erforschung von Aquincum verdient war. Nach dem 2. Weltkrieg Beobachtungen und systematische Grabungen (besonders K. Sz. Póczy, T. Pekáry, M. K. Kaba, T. Nagy u. a.).

Literatur: Budapest műemlékei 2, 50f. – Szilágyi, Aquincum 1968, 82–84 (mit früherer Literatur). – Nagy, Budapest története. – K. Sz. Póczy und T. Nagy. Vorträge vor 10. Internationalem Limeskongreß in Xanten (1974) (Akten im Druck). – A. Mócsy, Pannonia and Upper Moesia (= The Provinces of the Roman Empire, London and Boston 1974) 437 s. v., bes. 128 B. 23.

Letzter Plan: Szilágyi, Aquincum 1968, nach Sp. 79/80 mit Legende Sp. 129f.

Albano (Bild 1, 32)

Lage: Albano Laziale, I. An der Via Appia unterhalb des Albanersees in 378 m Höhe zwischen Castel Gandolfo und Ariccia gelegen.

Antiker Name: Ager Albanus. Belege: CIL 14, S. 216f.

Geschichte: Wohl nach 197 für die damals von Septimius Severus neu gegründete Legio II Parthica in Stein gebaut. Bestand bis in das 4. Jahrhundert.

Forschungsgeschichte: Nach Beobachtungen am antiken Baubestand von S. Maria della Rotonda (u. a. vom Fürsten Canino und G. B. Piranesi) hat Dal Pozzo, gen. il Puteano, vor 1817 als erster die Gesamtanlage des Lagers erkannt. Es folgten Beobachtungen um die Mitte des 19. Jahrhunderts (Giorni, Rosa) und wichtige Aufzeichnungen von M. Salustri und G. Tomasetti bis 1910. Größere Teile der Umwehrung wurden 1916 aufgedeckt. G. Lugli faßte den Stand der Kenntnisse 1919 als erster zusammen.

Literatur: G. Lugli, Ausonia 9, 1919, 211–265. – H. W. Benario, Archaeology 25, 1972, 257–263.

Letzter Plan: Lugli a.O. Taf. 9. Vereinfacht Benario a.O. 258.

Lambaesis (Bild 1, 66. Taf. 12)

Lage: Tazoult – Lambèse, Vel. Constantine, Algerien. Auf einer etwa 1100 m hohen Hochebene nördlich des Djebel Aurès, rd. 11 km SO von Batna. Das Oued Taguesserine fließt in Regenzeiten wenige hundert Meter westlich, das Oued Bou Khabouzene $^1/_2$ bis 1 km östlich des Lagers.

Antiker Name: Lambaesis. Belege: CIL 8/1 S. 283–285.

Geschichte: Bau des Lagers durch die Legio III Aug. spätestens 129. Die Legion wurde wegen Parteinahme für Maximinus Thrax gegen die ersten zwei Gordiane 238 aufgelöst, unter Valerian 253 wieder aufgestellt und bezog wieder ihr Lager in Lambaesis. Neubau des Lagers im 3. Jahrhundert, vermutlich ab 253. Das Lager bestand bis mindestens in die Zeit der Tetrarchie.

Forschungsgeschichte: Oberst Delamare besuchte und beschrieb als erster das Lager 1844. Die Ruinen standen damals noch viel höher als heute, die Umwehrung bis zu 4 m. Beim Bau des französischen Zentralgefängnisses im SW-Teil des Lagers und beim Bau des Dorfes wurden die Ruinen als Steinbruch benutzt. Ab 1866 Ausgrabungen im Auftrag des Praefekten von Constantine durch den Gefängnisdirektor Barnéond. 1895, 1897, 1898, 1901 Grabungsleiter M. Besnier. Danach wieder Grabungen durch Gefängnisdirektoren bis in das erste Jahrzehnt unseres Jahrhunderts. 1968, 1971–1973 Bauaufnahmen und Untersuchungen der Römischen Abteilung des Deutschen Archäologischen Instituts (besonders F. Rakob) gemeinsam mit der algerischen Altertümerverwaltung.

Literatur: Cagnat, L'armée² 2, 441–519 (mit früherer Literatur). – Leschi, Études d'épigr. 189–200. Ders., in: Bericht über den VI. Internat. Kongreß für Archäologie Berlin 1939 (Berlin 1940) 565–567. – P. Romanelli, Topografia e Archeologia dell'Africa Romana (= Enciclopedia classica 3/10/7, Torino 1970) 41–45 (Literatur 51). – M. Janon, Antiquités Africaines 7, 1973, 193–201. – F. Rakob und S. Storz, Röm. Mitt. 81, 1974, 253–280.

Letzter Plan: Cagnat, L'armée² 2, nach S. 464 (= unsere Taf. 12).

Anmerkungen

[1] Unser Thema wurde nur selten zusammenfassend behandelt. Von älteren Arbeiten seien genannt: F. Koepp, Die Bauten des römischen Heeres (= Germania Romana I^2, Bamberg 1924) 9–27. – v. Nischer, Heerwesen 540–545. – Die einzelnen Artikel zu Innenbauten von Legionslagern in der RE haben ungleichen Wert. Sie werden in unseren Anmerkungen fallweise angeführt. An neuerer Literatur ist zu nennen: Webster, Army 188–201. – G. C. Boon and C. Williams, Plan of Caerleon (Cardiff 1967): Auf der Rückseite Pläne von Legionslagern mit Zusammenstellung der Bauten. Die literarischen und inschriftlichen Bezeichnungen der meisten Lagerinnenbauten sind in den entsprechenden Artikeln des Diz. epigr. zu finden und beim Verfasser, Spezialgebäude.

[2] v. Schnurbein, Haltern 73.

[3] Lager für Legionsvexillationen: Frere, Britannia 222, 399. Vgl. D. R. Wilson, Actes du IXe congrès 347–350. Karte der britannischen Lager für Legionsvexillationen: S. S. Frere, Britannia 5, 1974, 7 B. 3. – Longthorpe: S. S. Frere and J. K. St. Joseph, Britannia 5, 1974, 1–111. Burrium (Usk): JRS 56, 1966, 198; 58, 1968, 177; 59, 1969, 200f. Britannia 1, 1970, 273; 2, 1971, 246f.; 3, 1972, 302; 4, 1973, 272. Carpow: R. E. Birley, in: Militärgrenzen 1–5. J. J. Wilkes, in: Roman Frontier Studies 1967 (Tel Aviv) 52–54. Britannia 1, 1970, 273f.; 2, 1971, 248. J. K. St. Joseph, JRS 63, 1973, 220–223. Nach Sir Ian Richmond lag auch in Hod Hill eine Legionsvexillation: Ders., Hod Hill 2 (London 1968) 78, 122. Beispiele für Nachschublager: Rödgen, Haltern, Corstopitum (Corbridge), South-Shields (vgl. A. 118 und Register). – Ein Baulager wurde beim Legionslager Inchtuthil untersucht: I. Richmond, JRS 54, 1964, 153; 55, 1965, 200; 56, 1966, 199. – Arbeitslager bei Steinbrüchen: D. R. Wilson, Actes du IXe congrès 344. Die Arbeitslager am Mons Claudianus in Oberägypten und bei Simitthus-Chemtou in der Africa proconsularis sind keine militärischen Arbeitslager: Verf., Fabricae 406.

[4] Deshalb haben wir El Lejjūn (rd. 10 km NO von El-Kerak, Jordanien) nicht berücksichtigt. A. v. Domaszewski meinte, daß die Innenbauten dieses Lagers in zwei verschiedenen Zeiten gebaut worden seien. Die Principia und andere Bauten, die mit Kalksteinquadern errichtet wurden, seien älter als die Unterkunftsbauten, die ‚roh' gebaut worden sind: R. E. Brünnow und A. v. Domaszewski, Arabia 2, 24–38 mit Taf. 42. Dieses Argument braucht aber nicht schlüssig zu sein, weil auch im Legionslager Lauriacum die Principia, die Thermen und ein Wirtschaftsbau anders als die Kasernen gebaut waren, ohne daß man sie verschiedenen Bauzeiten zuweisen könnte: v. Groller, RLÖ 15, 1925, 106. Vor allem ist aber das Lager El Lejjūn durch seine Hauptstraßen in vier gleichgroße Viertel geteilt. Das ist ein Kennzeichen byzantinischer Lager, wie S. 114f. dargelegt wird. Dort auch weitere Beispiele. Auch die bisher veröffentlichten Bauten von Novae-Svištov wurden hier nicht berücksichtigt,

weil sie erst in spätrömischer Zeit gebaut wurden und wohl städtische Bauten waren: Polnische Grabungen (im West-Sektor): K. Majewski, Archeologia (Polnische Akad. Wiss.) 21, 1970, 157–211 (französisches Resümee 214–217); 22, 1971, 135–199 (200f.). S. Parnicki-Pudelko u. a., ebda 23, 1972, 37–73 (75–77). Bulgarische Grabungen (im Ost-Sektor): D. P. Dimitrov, M. Čičikova, B. Sultov und A. Dimitrova, Bull. Inst. Arch. Bulg. 28, 1965, 43–62; 29, 1966, 99–114; 30, 1967, 75–100; 32, 1970, 55–71.

5 J. McIntyre and I. A. Richmond, Cumberland and Westmorland Transactions, N. S. 34, 1934, 62–90. – I. Richmond, Papers Brit. School Rome 13, 1935, 12f. Vgl. Verf., Militärhandwerk 2 mit A. 4. Häufig sind Zelte nur durch Zeltpflöcke (Heringe) nachgewiesen. Beispiele aus Holz: H. Jacobi, Saalburg-Jb. 8, 1934, 22 und W. Groenman-van Waateringe, Romeins lederwerk uit Valkenburg Z. H. (Groningen 1967) 105 B. 34. Beispiele aus Eisen: R. Paulsen, Arch. Anz. 1932, 363 Nr. 8 und 9 mit B. 7 (Castra Caecilia-Cáceres). – H. Jacobi, Saalburg Jahresbericht 1908, 8 und Taf. 2, 18f. Ders., Saalburg-Jb. 7, 1930, 87. – H. R. Wiedemer, Jber. Vind. 1962 (1963) 19f. – G. Ulbert, Die römischen Donau-Kastelle Aislingen und Burghöfe (Berlin 1959) Taf. 30, 16. Ders., Das frührömische Kastell Rheingönheim (Berlin 1969) Taf. 52, 1–4, in der Tafelerklärung weitere Zitate aus Haltern, Oberaden, Augsburg-Oberhausen, Cambodunum. – H. Schönberger, Saalburg-Jb. 21, 1963/64, 83. – F. R. Herrmann, Die Ausgrabungen in dem Kastell Künzing/Quintana (Aalen-Stuttgart 1972) 10 und B. 30. – M. Hartmann, Jber. Vind. 1973 (1974) 9 mit B. 5 (mit Zitaten für Risstissen und Dangstetten). – Müller, Novaesium 387.

6 RIB 334 (FO. Caerleon). – AÉ 1962, 260 (FO. Bainbridge).

7 Größen von Schlafräumen: Nowotny, RLÖ 12, 1914, 14–16. – v. Groller, RLÖ 15, 1925, 14. – Boon, Isca 86. – T. Tomašević, Jber. Vind. 1963 (1964) 19–21. – Mit der Größe der Schlafräume und der Centurionen-Häuser sowie der Zahl der Räume des Mannschaftsteils wechselt auch die Länge einer Kaserne. Carnuntum: Nowotny, RLÖ 12, 1914, 23f. (77–84 m). – Caerleon: Boon, Isca 85 (fast 74 m). – Novaesium: Koenen, Novaesium 140 (etwa 74 m). – Vindonissa: H. R. Wiedemer, Jb. SGU 53, 1966/67, 72f. (rund 90 m). – Dangstetten: Fingerlin, Dangstetten 209f. (80 m). – Extreme in Vindonissa: Jber. Vind. 1953/54 (1954) Taf. nach S. 40 (rd. 66 m) und Lambaesis (Praetentura, rd. 96 m). – Vgl. die Pläne bei D. Baatz, Saalburg-Jb. 22, 1965, 143 B. 2, oberste Reihe. – Im Belagerungslager F von Masada standen die Unterkunftszelte der Legionäre auf Steinsockeln. Im Innern waren tricliniumartig angeordnete Steinbänke. Sie boten für die Soldaten des Kontuberniums wohl kaum genügend Platz zum Schlafen, wie man gemeint hat: Y. Yadin, Masada (Hamburg 1967) 219. – Vgl. Nachtrag S. 193.

8 Breeze 1969, 50–53. – Vgl. Passerini, Legio 606–608.

9 v. Groller, RLÖ 15, 1925, 18 (Lauriacum). – Gaheis, Lauriacum 19. – M. Sitterding, Jber. Vind. 1961/62, 39f. – K. Schwarz, Die Ausgrabungen im Niedermünster zu Regensburg (Kallmünz 1971) 10–13 mit Rekonstruktionsskizze S. 10.

10 Deva: F. H. Thompson, Roman Cheshire (Chester 1965) 36. – Vindonissa: M. Sitterding (A. 9) 38 B. 17 und T. Tomašević, ebda 1963 (1964) 21. – Bonna: Wenigstens in den Kasernen der Praetentura hatten die Schlafräume von der 3. Steinperiode ab (S. 155) Herde. Mitteilung E. Gersbach. – Lauriacum: v. Groller, RLÖ 8, 1907, 126–133. (Kasernen II und III); 15, 1925, 18f. Gaheis, Lauriacum 19. – Vgl. Baatz, Hesselbach 40f.

11 Carnuntum, Bau XIX: v. Groller, RLÖ 4, 1903, 70. Vgl. Baatz, Hesselbach 41.

[12] K. H. Knörzer, Römerzeitliche Pflanzenfunde aus Neuss (Berlin 1970) 146.

[13] Carnuntum: v. Groller, RLÖ 4, 1903, 95. – Caerleon: Boon, Isca 27.

[14] v. Groller, RLÖ 15, 1925, 19f. Hier 20f. auch über Abwässerkanäle in Lauriacum.

[15] Inchtuthil: I. Richmond, JRS 43, 1953, 104f.; 56, 1966, 198. – Deva: Nash and Jarrett, Wales 38f.; Webster, Army 193. – Caerleon: Boon, Isca 88f. – Noviomagus: Brunsting, Ber. ROB 3, 1952, 8; Numaga 7, 1960, 15; 8, 1961, 49–51. – Novaesium: Koenen, Novaesium 139 (Bauten 93–98). – Lauriacum: v. Groller, RLÖ 13, 1919, 7–16 (Bauten I–IV). – Carnuntum: A. Hauser, Arch.-epigr. Mitt. 10, 1886, 34f. und Taf. 2; 11, 1887, 5 und Taf. 2; Nowotny, RLÖ 12, 1914, 24f. – Lambaesis: Cagnat, L'armée[2] 2, 513.

[16] Brunsting, Ber. ROB 3, 1952, 8; Numaga 7, 1960, 15. Vgl. auch unsere A. 24.

[17] Inchtuthil: Breeze 1969, 55. – Lauriacum: v. Groller, RLÖ 14, 1924, 21–26, 132–134; 15, 1925, 30–46, 106. – Vindonissa: Fellmann, Principia 59f., 62f. – Boon, Isca 141 s. v. stables hält den entsprechenden Bau in Caerleon für einen Stallbau, wohl in Parallele zu Richmonds Erklärung der ersten beiden Kasernen rechts vom Lagerforum in Inchtuthil. Der Bau in Caerleon ist aber seiner unregelmäßigen Inneneinrichtung wegen wohl kaum als Stall geeignet. Es ist zu überlegen, ob in Caerleon und Novaesium nicht beiderseits des Lagerforums Sonderunterkünfte lagen. – In Novaesium könnte eine Sonderunterkunft links von den Principia gelegen haben, bevor die offenbar späteren Thermen dort gebaut wurden, eine weitere rechts zwischen Tabernae und den Unterkünften der 1. Kohorte. – Der kasernenartige Bau, der in Vetera links vom linken Praetorium liegt, könnte auch eine Sonderunterkunft gewesen sein.

[18] Statt Einzelbelegen vgl. Bild 5 und die Pläne am Ende dieser Schrift. Exeter: Current Archaeology 39, Juli 1973, 105. Da die Umgebung der Fabrica von Exeter nicht vollständig ausgegraben ist, sind natürlich unsere Annahmen unsicher.

[19] Bonna: Ob die Bauten hinter den Principia Sonderunterkünfte waren, ist ungewiß, weil ihre Grundrisse unklar sind. Vgl. Verf., Rheinland 44. – In Vindonissa kommt als Sonderunterkunft beim Lazarett der Bau an der linken Längsfront des Baues in Frage. – Lauriacum: v. Groller, RLÖ 14, 1924, 45–54 (mit Plan Taf. 2) und 147–152 (mit B. 41).

[20] Breeze 1969, 50 A. 7 und 1974, 435f. Hiernach kennt man über 100 verschiedene Dienstposten, von denen aber viele mit mehreren Personen besetzt waren. In einer Legion schätzt er 620 Immunes und 480 Principales. Dazu S. 121ff. – Ios. b.Iud. 3, 5,1 (= 78) berichtet nur allgemein vom *τεκτόνων πλῆθος*, das die römische Truppe auf dem Marsch begleitet.

[21] v. Domaszewski, Hygin 48f. – Saxer, Vexillationen 126. – Breeze 1969, 55 hat die Möglichkeit erwogen, daß in Inchtuthil in den anderthalb Kasernen, die sich zwischen den Unterkünften der 1. Legionskohorte und den Principia befanden, vexillarii untergebracht waren. Er sah allerdings auch die Schwierigkeit, daß in diesen Kasernen keinesfalls Platz für über 500 Mann war. Daß die Handwerker, der Troß und das Lazarettpersonal nicht dem Legionslegaten unterstanden, sondern dem Praefectus castrorum, sagt Veget. 2, 10. Vgl. Tac. hist. 5, 20. Dazu E. Sander, BJb. 162, 1962, 141f. W. Ensslin, RE 22, 1289 ‚praefectus castrorum'. RO[2] 47. Vielleicht zeigt auch der Wiener Papyrus 100 eine Unterstellung von 11 Soldaten unter einen Praefectus castrorum: Fink, Records 5 II 6–19, Kommentar. – Wenn die Erklärung der Bezeichnung ‚vexillarii' bei Ps.-Hygin 5 und 30 durch A. v. Domaszewski zutrifft, hatte dieses Wort im lateinischen Sprachgebrauch des Militärs vier Bedeutungen:

1. Vexillum–Träger (RO² 318 s. v.). – Durch die Inschrift des Ti. Claudius Maximus zum ersten Mal auch für die Legionsreiter bezeugt: M. Speidel, JRS 60, 1970, 142f. und 145. Dazu Breeze 1971, 131.

2. Angehörige einer Kampf-, Besatzungs- oder Arbeitsgruppe, die für kürzere Zeit aus der Legion abkommandiert ist: Saxer, Vexillationen 141 s. v.

3. Die Handwerker-Immunes einer Legion, die während eines Kampfeinsatzes zu einer vexillatio zusammengefaßt waren (s. o. v. Domaszewski).

4. Fahnen-Hersteller: CIL 5, 5272.

Zur Unterstellung von Immunes unter den Praefectus castrorum vgl. S. 120.

22 Leider ist weder die genaue Anzahl der Räume in diesen vermutlichen Sonderunterkünften festzustellen noch kann in einem einzigen Fall ihre Größe ermittelt werden: Koenen, Novaesium 185 verwechselt sogar die Bauten 125 und 126 mit den Bauten 112 und 113. Er gibt für 125 und 126 weder Maße an noch bildet er einen Plan ab. Zu den Bauten 15 bis 17 unsere S. 46.

23 Inchtuthil: R. M. Ogilvie and Sir Ian Richmond, Cornelii Taciti de vita Agricolae (Oxford 1967) 71 zählt 180. Richmond, JRS 50, 1960, 213; 48, 1958, 132. – Eburacum: Hier sind wenigstens die Lauben an der Via principalis und der ‚Via decumana' nachgewiesen, die meistens vor den Zellen liegen: Eburacum 4 B. 3. – Deva: Nash and Jarrett, Wales B. 13 nach S. 32 (an der Via principalis und wohl an der Via praetoria). JRS 59, 1969, 210, unter II b angeführt. – Caerleon: Boon, Isca 26f. mit A. 68 und S. 30 (S. 96f.). – Noviomagus: Via principalis und ‚Via decumana'. – Vetera: Lehner, Vetera 39f. Oelmann, Vetera 1931, 224. – Haltern: v. Schnurbein, Haltern 54f. (Via praetoria, vielleicht auch an der Via principalis, ‚Via decumana' und Via quintana). – Novaesium: Koenen, Novaesium 163, 193f. (Bauten 62–69 und 72–83), 194f. (Bauten 91, 106, 108, 124, 127). – Bonna: Via principalis und Via praetoria, vermutlich auch in der Retentura. Unveröffentlicht. – Vindonissa: Via principalis, ‚Via decumana'. Laur, Vindonissa 57f. Fellmann, Jber. Vind. 154/55 (1955) 10; 1955/56 (1956) 9–12. – Lauriacum: Via principalis und ‚Via decumana'. v. Groller, RLÖ 8, 1907, 122 und 134; 9, 1908, 91–95; 11, 1910, 20–23; 13, 1919, 164–174; 14, 1924, 13–16; 15, 1925, 7–10. Gaheis, Lauriacum 19f. – Carnuntum: Via principalis, Via praetoria, Latera principiorum, Via quintana? ‚Via decumana'? Nowotny, RLÖ 12, 1914, 2, 8, 43–52. v. Groller, RLÖ 4, 1903, 77; 5, 1904, 33. – Lambaesis: Via principalis und Via praetoria.

24 Liebenam, RE 6, 1606 ‚Exercitus'. Breeze 1969, 53–55. – J. E. Bogaers machte mich dankenswerterweise darauf aufmerksam, daß die Legio X gem. im 1. Jahrh. n. Chr. auch den Beinamen equestris führte: CIL 3, 508 aus Patrai und Ph. Petsas, *'Αρχαιολογικὰ 'Ανάλεκτα ἐξ 'Αθηνῶν* (= Athens Annals of Archaeology) 4, 1971, 112–115 aus Patrai. Beide Grabinschriften von Soldaten sind wegen des Fehlens von Cognomina etwa vor Claudius zu datieren. – R. Paribeni, NSc. 1933, 463 = AÉ 1934, 152 vom Augustusforum in Rom. Zu den Inschriften aus Patrai J. G. P. Best, Talanta 3, 1971, 1–10. Ich bezweifle – in Übereinstimmung mit E. Birley –, daß man aus dem Beinamen ‚equestris' entnehmen darf, daß die Legio X gem. mehr Legionsreiter hatte als andere Legionen. Vermutlich ist dieser Beiname ebenso rudimentär wie die Beinamen ‚triumphalis' und ‚Macedonica' für die Legio IX Hispana, ‚Gallica' oder ‚Mutinensis' für die Legio VIII Aug., ‚Macedonica' für die Legio VII Claudia und mehrere andere Beispiele.

25 Nissen, Novaesium 27f. Nowotny, RLÖ 12, 1914, 43–52.

26 Koenen, Novaesium 143–145. – A. Oxé, BJb. 118, 1909, 95–98. – I. Richmond, in: Limes-Studien (Basel 1959) 153. Ders., JRS 51, 1961, 160. – Vgl. A. 17.

27 Breeze 1969, 55.

28 Beispiele: Marsch des Germanicus vor der Schlacht bei Idistaviso: Tac. ann. 2, 16f. Dazu Verf., BJb. 166, 1966, 182. – Marsch Vespasians in Iudaea: Ios. b. Iud. 3, 6, 2. – Marschordnung Arrians gegen die Alanen: Arr. Alan. 1. – Vgl. Parker, Legions 253f. v. Nischer, Heerwesen 546f.

29 Equites singulares des Legatus legionis: M. Speidel, JRS 60, 1970, 142–145. – Breeze 1971, 130. Vgl. RO² XIII.

30 Ihre groben Maße – genaue Maße waren nicht überall zu ermitteln – waren: an der rechten Seite der Principia: vorderer Teil 3 m b und 3,5 m t, rückwärtiger Teil 4,5 m t. An der rechten Seite des Praetoriums: vorderer Teil 4 m b, 3 m t, rückwärtiger Teil 4 m t. An der linken Seite des Praetoriums: vorderer Teil knapp 4 m b, 2 m t, rückwärtiger Teil 6 m t. An der ‚Via decumana‘: vorderer Teil gut 6 m b, 2,5–3 m t, rückwärtiger Teil 3,5–4 m t. – Tabernae, die als Reiterunterkünfte in Frage kommen, sind in den Retenturae folgender Lager gefunden worden: Inchtuthil (an beiden Latera principiorum und beiderseits der ‚Via decumana‘), Deva (Via quintana, rechts hinter dem Praetorium), Eburacum (‚Via decumana‘), Caerleon (rechts der Principia?), Noviomagus (‚Via decumana‘), Novaesium (rechts der Principia, beiderseits des Praetoriums, an der linken Seite der ‚Via decumana‘), Bonna (links der Principia?, ‚Via decumana‘?), Vindonissa (‚Via decumana‘), Lauriacum (‚Via decumana‘). Carnuntum (Latera principiorum, beiderseits der ‚Via decumana‘). Literatur: A. 23. Dabei ist zu beachten, daß in Inchtuthil, Vindonissa und Lauriacum an der ‚Via decumana‘ langrechteckige Bauten ohne Unterteilung in Tabernae gefunden wurden. Ich kann nicht entscheiden, ob hier ursprünglich vorhandene Trennwände nicht mehr erkennbar waren (oder nicht erkannt wurden) oder ob diese Bauten etwa als lange Ställe oder für andere Zwecke benutzt wurden (S. 91). Fraglich ist ferner, ob die Tabernae an der Via praetoria in Carnuntum von der Legionskavallerie benutzt wurden, wie E. Nowotny, RLÖ 12, 1914, 43–52, besonders 47f. meinte. – Als Stellmaße für Pferde nahm I. Richmond, Hod Hill 2 (London 1968) 82–84 mit B. 47 und 62 rd. 1,8 m L und 1,1 m B je Pferd an. Dazu S. S. Frere, Britannia 5, 1974, 24. H. Schönberger nahm für Künzing (in Vorbereitung für die Limesforschungen) 1,3 m B und entsprechend größere Länge an. Seine Boxen für zwei Pferde sind rd. 3,1 m b und 2,6 m t. In der deutschen Wehrmacht waren 3,2 × 1,5 m als Einstellfläche für Pferde (außer Kaltblütern) vorgeschrieben.

31 Alf. Dig. 9, 1, 5. Vgl. A. 40. – Theveste: P. Romanelli, Topografia e archeologia dell'Africa Romana (= Enciclopedia Classica III/X/VII, Torino 1970) 213, Taf. 303a (links oben) und 320b.

32 BJb. 166, 1966, 194f.

33 Der Befund in Carnuntum: Nowotny, RLÖ 12, 1914, 38f. und Taf. 3. Vgl. S. 36ff.– Die Meinung E. v. Nischers, daß jede Kohorte einen onager und nur 5, nicht 6 Pfeilgeschütze gehabt habe, entspringt einer allzu schematischen Konstruktion: v. Nischer, Heerwesen 494. – O. Seeck, RE 2, 2831 ‚Ballistarii‘ hat die Geschützbauer, die ebenfalls ballistarii hießen und Immunes waren (Dig. 50, 6, 7), mit den Soldaten verwechselt, die die Geschütze bedienten. Auch der Aelius Op[t]atus, Soldat der Legio XX Val. victr., war als magister ballista[rius] in Novaria-Novara vermutlich bei der Herstellung von Geschütz(teil)en eingesetzt und war kein Vorgesetzter von Geschützbedienungen (CIL 5, 6632).

[34] Koenen, Novaesium 143–145.

[35] D. Baatz, Saalburg-Jb. 22, 1965, 142–144. Einschränkend D. J. Breeze und B. Dobson, in: E. Birley, B. Dobson and M. Jarrett (Hrg.), Roman Frontier Studies 1969 (Cardiff 1974) 13–19. – Literatur zu den Größen von papiliones in Legionslagern: unsere A. 7.

[36] v. Domaszewski, Hygin 42f.

[37] Ps.-Hygin 16 und 17. – In Niedergermanien stand seit den siebziger Jahren des 1. Jahrh. die Ala Sulpicia civium Romanorum. Ihre Garnison(en) ist (sind) noch unbekannt. Aber auch andere Alen kommen in Betracht: Alföldy, Hilfstruppen 34–36 und 152–154.

[38] Mogontiacum: Baatz, Mogontiacum 76 vermutet, daß die Ala Indiana während des 2. Jahrh. im Legionslager lag. – Bonna: Alföldy, Hilfstruppen 22.

[39] F. Fröhlich, Das Kriegswesen Caesars (Zürich 1889–1891) 1, 56–60 und 87–89; 3, 233. – A. v. Domaszewski, RE 3, 1362 ‚Calones'. – Fiebiger, RE 9, 1136–1139 ‚Impedimenta'. – Grosse, RE 13, 430 ‚Lixa'. – Marquardt, Staatsverwaltung 2³, 427. – G. Veith, Heerwesen 394f. – v. Nischer, Heerwesen 500. – D. Baatz, Germania 42, 1964, 260–265. – R. W. Davies, Latomus 26, 1967, 68f.

[40] Belege: Thes. l. Lat. 1, 1268f. ‚agaso'. S. auch S. 53f. und A. 31. – Etymologie von calo: Walde-Hofmann, LEW³ 1, 141, aber unsicher. Wenn der Adressat auf einem Holztäfelchen aus Vindonissa Credanus tatsächlich ein armiger des Magilius Cred[anus] war, wie O. Bohn vermutet hat, dann war er eher Freigelassener als Sklave: Anz. Schweiz. Altert. kde 23, 1925, 13 und Germania 9, 1925, 44 Nr. 4. Finke 114. – Sklaven der Soldaten: A. 53. – Lob des römischen Trosses: Ios. b. Iud. 3, 5, 1 (= 70).

[41] Ein Beispiel CIL 13, 8311 = Espérandieu 8, 6463 = Verf., in: Germania Romana 2 (= Beiheft Gymnasium 5, Heidelberg 1965) 74f. – Zur Darstellung von Calones auf Reiter-Grabsteinen: H. Gabelmann, BJb. 173, 1973, 158, 161f., 171. – Zahl der Tragtier-Führer: In der deutschen Wehrmacht war im Frieden für je zwei Tragtiere ein Führer vorgeschrieben, im Krieg für jedes Tragtier ein Führer. Allerdings wurden Tragtiere hier nur von der Gebirgstruppe eingesetzt. Wir schätzen deshalb für die antiken Heere einen Führer für zwei Tragtiere (Maultiere oder Esel). – Zu den vexillarii s. A. 21.

[42] Tabernae als Wagenschuppen: Baatz (A. 39) 263f. Für Wagenschuppen gab es kein eigenes Wort im Lateinischen. – Die Überlegungen zur Stärke des Trosses von Nissen, Novaesium 56f. beruhen zum Teil auf falschen Voraussetzungen. Die Angaben Frontins 4, 1, 6 beziehen sich z. B. auf das Heer Philipps von Makedonien, aber nicht auf das römische Heer. – A. Mócsy, Acta ant. 20, 1972, 153, schätzt die Zahl der Reit-, Trag- und Zugtiere einer Legion mindestens an die tausend.

[43] H. Hurst, Ant. Journ. 52, 1972, 40 mit B. 7 und 8 (Glevum). – Koenen, Novaesium 141. – Nowotny, RLÖ 12, 1914, 27f. (Carnuntum). – M. Sitterding, Jber. Vind. 1961/62 (1962) 34. T. Tomašević, ebda 1962 (1963), 38 und 1963 (1964) 18. O. Lüdin, ebda 1966 (1967) 16. – Derartige Räume fehlten, wie es scheint, in den Lagern Inchtuthil, Caerleon, Noviomagus, Bonna, Lauriacum und Lambaesis.

[44] Solche Verbreiterungen fehlen nur in Inchtuthil und Lauriacum.

[45] Über die Principales der Legion: RO² 1–6 und 29–75, dazu VI und XI–XIX. – Breeze 1971, 130–135. Breeze 1974, 441–445 und 448–451. Ders., BJb. 174, 1974, 263–278.

[46] Es ist hier nicht der Platz, auf die Diskussion über die höchsten Dienstgrade der

Techniker, Handwerker und Magaziner einzugehen. Daß der Praefectus fabrum in der Kaiserzeit nie der Vorgesetzte der fabri einer Legion war, ist seit B. Dobsons Studie über diesen Posten klar: M. G. Jarrett and B. Dobson (Hrg.), Britain and Rome (Kendal 1965) 61–84. Vgl. Passerini, Legio 575.

47 Das war in Inchtuthil (Bild 2,5), Deva, Camulodunum, Glevum und Haltern der Fall. Deva: Britannia 1, 1970, 282. – Camulodunum: Ph. Crummy, Colchester. Recent Excavations and Research (Colchester 1974) 12 (Plan). Vgl. Britannia 5, 1974, 440 B. 13. – Glevum: H. Hurst, Ant.Journ. 52, 1972, 39 und B. 5 und 7. – Haltern: v. Schnurbein, Haltern 68.

48 In Inchtuthil, Noviomagus und Novaesium.

49 Sie wurde in den Lagern Inchtuthil, Caerleon, Novaesium, Vindonissa und Carnuntum beobachtet.

50 O. Lüdin, Jber.Vind. 1966 (1967) 18 und 20.

51 M. v. Groller meinte, in einem Centuriohaus des Lagers Carnuntum zwei getrennte Wohnungen erkennen zu können: RLÖ 5, 1904, 59 und Taf. 2. Allerdings ist der Befund nicht vollständig. Nowotny, RLÖ 12, 1914, 17. – Der oben erwähnte Eckraum ist in Lambaesis öfters zu erkennen.

52 Wandmalereien in Centurionen-Häusern z. B. in Vindonissa: H. R. Wiedemer, Jber.Vind. 1962 (1963) 28. T. Tomašević, ebda 36f. O. Lüdin, ebda 1966 (1967) 21. Ettlinger, Vindonissa 101. – Bonna: H.-G. Horn, Das Rheinische Landesmuseum Bonn (Zs.) 1973, 19–22.

53 Sklaven der Offiziere sind mehrfach bezeugt. Während die Sklaven der einfachen Soldaten, der Immunes und der Principales keinen Platz im Lager gehabt haben dürften, ist es selbstverständlich, daß die Centurionen und erst recht die hohen Offiziere in ihren großen Häusern nicht allein gewohnt haben, auch nicht nachts. – Sklaven der Soldaten und Offiziere: W. Liebenam, RE 6, 1674f. ‚Exercitus'. – A. Mócsy, Acta ant. 4, 1956, 236–241. Ders., Gesellschaft und Romanisation in der römischen Provinz Moesia Superior (Budapest 1970) 185f. – D. Tudor, Istoria sclavajului in Dacia Romana (Bukarest 1957) 97, 163, 216f. – G. Alföldy, Acta ant. 9, 1961, 123f. – A. Betz, in: Wissenschaftliche Arbeiten aus dem Burgenland 35 (Festschrift für A. Barb) (Eisenstadt 1966) 55. – Wilkes, Dalmatia 110, 148f., 151. – W. L. Westermann, RE Suppl. 6, 1014 ‚Sklaverei'. – Für die Zeit der Republik vgl. Polyb. 6, 33, 1; Val.Max. 4, 3, 11–13. Die Nachricht Dios 56, 20, 2, daß der Troß der Legionen und Hilfstruppen des P. Quinctilius Varus vor der Niederlage im Jahr 9 n. Chr. außer Fahrzeugen und Tragtieren *παῖδές τε οὐκ ὀλίγοι καὶ γυναῖκες ἥ τε ἄλλη θεραπεία συχνή* einschloß, verliert in Hinblick auf die oben angeführten Gepflogenheiten einiges von dem Beigeschmack, den ihr manche posthume Kritiker des Varus gegeben haben. Weitere Beispiele aus der Zeit des Augustus: CIL 13, 8648 und Add. p. 143 = ILS 2244. Dio 57, 4, 2. Vgl. Tac.hist. 4, 36, 2 (70 n. Chr.). – Verbot des Aufenthalts von Frauen im Lager: W. Liebenam, RE 6, 1676 ‚Exercitus'. Ferner Tac.hist. 1, 48. Plut.Galba 12. Weitere Stellen führt an H. Heubner, P. Cornelius Tacitus. Die Historien. Kommentar 1 (Heidelberg 1963) 104.

54 Unveröffentlichte Grabung W. Sölters im letzten Retentura-Scamnum. Dadurch wird die Gestalt der Kasernen im vordersten Praetentura-Scamnum verständlich.

55 Fünfzahl der Centurionen der 1. Kohorte: Th. Mommsen, Eph.epigr. 4, 1881, 228. – RO² XXIIIf.

56 CIL 8, 18072 aus Lambaesis. – RO² 90f. und XXIVf.

[57] RO² 112–115 und XXIXf., XXXIf. – B. Dobson, in: Recherches sur les structures sociales dans l'antiquité classique (= Colloques nationaux du CNRS, Caen 1969; Paris 1970) 99–115. Ders., in: Aufstieg 2/1 (1974) 392–434, bes. 411–426. Ders., Die Primipilaren des römischen Heeres (im Druck).

[58] Dabei sehe ich von den gelegentlich zu einer Legion abkommandierten Primipili iterum und etwaigen Centurionen ex equite Romano ab. – Der Tribunus sexme(n)-stris: Passerini, Legio 578f.

[59] Ps.-Hygin 15. Die einzige mir bekannte Ausnahme scheint Dangstetten zu sein – wenn dieses Lager überhaupt ein Legionslager war.

[60] Vollständig ist nur der Befund in Lambaesis. Hier sind aber die Umbauten der freigelegten Gebäude nicht getrennt worden, so daß der vorliegende Plan keine Klarheit bietet, wieviele Häuser im Scamnum tribunorum liegen. Eine Neuaufnahme des Befundes wäre deshalb wünschenswert. Nach meinen eigenen Beobachtungen sind dort sieben Bauten wahrscheinlich. In Inchtuthil sind im entsprechenden Scamnum nur vier Häuser gebaut worden. Daß weitere drei ebenso wie das Praetorium noch gebaut wurden, verhinderte der unerwartete Abmarsch der Legion. In Novaesium sind vier Häuser nachgewiesen, für drei weitere ist noch Platz vorhanden. Im Zweilegionenlager Vetera wurden in der rechten Hälfte der Retentura fünf Peristylhäuser, in der Praetentura zwei weitere ausgegraben. Da aber der Gesamtplan des Lagers noch nicht bekannt ist, sollte man sich vor der Zuweisung der bekannten Bauten an bestimmte Offiziere hüten. In Noviomagus liegt das Scamnum tribunorum auf dem traditionellen Platz: H. Brunsting, Nieuwsbull. 18, 1965, 63f. Ausstattung mit Wandmalerei: W. J. T. Peters, Ber. ROB 15/16, 1965/66, 113–144. Im vermutlichen Scamnum tribunorum von Bonna ist links der Via praetoria ein Teil eines Baues gefunden worden, der das Praetorium oder das Haus eines Tribunen oder etwa die Wohnung des Praefectus castrorum gewesen sein kann. Die angeblichen Tribunenhäuser in Aquincum, östlich der Laktanya utca, liegen nach den neusten Forschungen außerhalb des Legionslagers: M. K. Kaba, Budapest Régiségei 16, 1955, 289–293. Szilágyi, Aquincum 1968, 83 und Plan 1, Punkt 44f. Die neuen Forschungen: S. 160. In Dangstetten fehlt das Scamnum tribunorum, wenn die bisher vermutete Gliederung des Lagers stimmt.

[61] ‚domus' ist die Bezeichnung für das Wohnhaus des Offiziers im Lager: CIL 13, 8016 (Bonna). Vgl. CIL 3, 7512 (Arrubium). A. v. Domaszewski, Westdt. Zs. 14, 1895, 109. Vgl. den domicurius, domicurator, *οἰκόδομος* des Legionskommandeurs und Statthalters: RO² 68 mit den Ergänzungen Dobsons zu A. 2. – Die Häuser im Scamnum tribunorum von Vetera: Lehner, Vetera 61–66. F. Oelmann, Vetera 1934, 263–270. – Novaesium: Koenen, Novaeisum 147–150. – Vindonissa: Fellmann, Jber. Vind. 1954/55 (1955) 6–33 (36) und 45–54. – A. Neumann, Vindobona (Wien usw. 1972) 46, 119f. mit Plan B. 38. – Carnuntum: Nowotny, RLÖ 12, 1914, 2–8. – Büros bei drei Häusern des Scamnum tribunorum in Inchtuthil und bei einem in Noviomagus. Daß die Weihung eines Stabsangehörigen des Tribunus laticlavius, die in Wien, Rabensteig 1, also in der Ost-Ecke des Legionslagers Vindobona, aufgefunden wurde, aus dem Scamnum tribunorum stammt, ist unsicher: Neumann a.O. 119. – Die Meinung H. Lehners und F. Oelmanns, der ich auch (Verf., Vetera 1821f.) folgte, daß nämlich das sogenannte Quaestorium von Vetera das Amtsgebäude des Praefectus castrorum gewesen sei, muß wohl nach S. 94 modifiziert werden.

[62] Koenen, Novaesium 145–147.

63 Praetorium als Bezeichnung des Legatenwohnhauses: RIB 1685 (Chesterholm), dazu Collingwood-Bruce, Handbook 132. – RIB 1912 (Birdoswald). – CIL 8, 21829 (Aïn Š'kur). – F. Lammert, RE 22, 2535–37 ‚Praetorium' mit Ergänzung von W. Schleiermacher, RE Suppl. 9, 1180f. Über die vielen Bedeutungen des Wortes: R. Egger, Sitz.ber. Österr. Akad.Wiss. 250/4, 1966. – J. E. Bogaers, Bull. KNOB 17, 1964, 214 A. 12 – Spezialgebäude 232 und 234.

64 Lage des Praetoriums *hinter den Principia:* Carnuntum: A. Hauser, Arch.-epigr. Mitt. 11, 1887, 4. Kubitschek, Carnuntum 148f. (hier Quaestorium genannt). – Novaesium: Koenen, Novaesium 161–165 (Quaestorium). – Vielleicht Caerleon: Boon, Isca 43 (s. A. 65). – ? Haltern: A. Stieren, Germania 16, 1932, 36–38. v. Schnurbein, Haltern 59–61. – Praetorium *rechts der Principia:* nur in Carpow: A. R. Birley, in: Militärgrenzen 1f. und B. 2. JRS 53, 1963, 127 mit B. 12. – Praetorium *vor den Principia:* Vielleicht in Bonna und Vindonissa. Bonna: A. 60. – Vindonissa: O. Lüdin, Jber. Vind. 1968 (1969) 59–63. – Praetorium *links der Principia:* Nirgends sicher nachgewiesen, möglich in Noviomagus. Hier kann das Praetorium aber auch hinter den Principia gelegen haben. – In Inchtuthil war das Praetorium noch nicht erbaut, als die Legion wieder abzog. Nach dem freien Platz zu schließen, kann es nur links oder hinter dem Lagerforum projektiert gewesen sein. – Vgl. Nachtrag S. 193.

65 Am besten sind die beiden Praetoria des Zweilegionenlagers Vetera studiert: Lehner, Vetera 52–60. R. Schultze, ebda 71–76. Zur architekturgeschichtlichen Bedeutung G. Rodenwaldt, Gnomon 2, 1926, 339–341. Ders., in: H. Berve (Hrg.), Das neue Bild der Antike 2 (Leipzig 1942) 364–366. K. M. Swoboda, Römische und romanische Paläste [3](Wien, Köln, Graz 1969) 15 A. 21 und 252. Crema, Architettura 228 und 280f. – Da Hippodromgärten in römischer Villen- und Hausarchitektur häufig sind, braucht man nicht daran zu zweifeln, daß die Anlagen in Vetera (und vielleicht in Caerleon) ebenfalls solche sind (Verf., Vetera 1821). – Die Erklärung des Baues in Caerleon, der hinter den Principia liegt, als Praetorium nimmt man nur ungern an. Die bemerkenswert einfallslose Architektur sieht nicht nach einem Wohnhaus eines senatorischen Offiziers aus. Was Boon, Isca 43 über den Bau berichtet, zerstreut die Bedenken auch nicht.

66 RO[2] 38. H.-G. Pflaum, Libyca (Arch.-Épigr.) 5, 1957, 61–75. B. E. Thomason, RE Suppl. 13, 315 ‚Numidia'. – Unter diesem Gesichtspunkt wird man überlegen müssen, ob die als Reste eines Praetoriums erklärten Bauteile in Regensburg zu einem Lagerforum gehört haben: R. Strobel, Bayer. Vorg.bl. 30, 1965, 176–188.

67 Die genaue Erbauungszeit des Legionslagers Lauriacum ist nicht mit Sicherheit festgestellt. Es gibt zwei Bauinschriften, eine von 201 und eine von 205 n. Chr., die allerdings nicht ausdrücklich aussagen, daß sie sich auf die Erbauung oder Fertigstellung des ganzen Lagers beziehen, und eine Inschrift des Jahres 191, die mit der Erbauung des Lagers nichts zu tun zu haben braucht, aber doch mit ihr in Verbindung stehen kann. Inschriften und Literatur: G. Winkler, Die Reichsbeamten von Noricum usw.: Sitz.ber. Österr. Akad.Wiss. 261/2 (Wien 1969) 79, 83–89. Vgl. G. Alföldy, BJb. 170, 1970, 561. Alföldy, Noricum 165f. E. Weber, Jb. d. Oberösterr. Musealvereins 117, 1972, 181. Zur Chronologie S. 134.

68 Zur Bezeichnung „principia": S. 127. Fellmann, Principia 81–89. Spezialgebäude 232. Hinzuzufügen sind die Erwähnungen auf Papyri: Fink, Records 514 s. v. principia. – Ps.-Hygin hat das Lagerforum wohl im verlorenen Anfang seiner Schrift behandelt (S. 126). Zur Konjektur A. v. Domaszewskis bei Ps.-Hygin 11 ‚in foro' statt ‚in formam' S. 127 und A. 160. Das Plurale tantum ‚principia' scheint sprach-

lich noch nicht geklärt zu sein. Es gehört wahrscheinlich in eine sprachgeschichtlich alte Gruppe von Abstrakta und Kollektiva, die im Lateinischen als Pluralia tantum auftraten. Unter ihnen waren militärische Fachausdrücke nicht selten (auxilia, insidiae, impedimenta, suppetiae, utensilia): J. B. Hofmann – A. Szantyr, Lateinische Syntax und Stilistik (München 1965) 15–18. Durch das Plurale tantum ‚principia' muß eine zusammenhängende Zelt- oder Baugruppe bezeichnet worden sein, die nach ihrer Funktion und nach ihrem Platz im Lager die wichtigste war. Ich bezweifle, daß das Wort jemals einen ‚Hauptplatz' bezeichnet hat. Nach Forcellini, Lexicon 3, 865f. scheint ‚principia' in der Bedeutung ‚Lager-Hauptgebäude' zuerst bei Cic. ad Brut. 1, 10 belegt zu sein. Das lateinische ‚principia' ist keine einfache Übersetzung des griechischen *ἀρχεῖον*, weil dieses kein Plurale tantum ist. – Lage: Nur im Legionslager Vindonissa und vermutlich in Dangstetten ist das Lagerforum neben eine durchgehende Längsstraße, die verlängerte Via praetoria, verschoben.

69 Vielleicht war in Haltern eine Basilica seitlich an den Forumplatz angebunden: v. Schnurbein, Haltern 58f. (S. 142). An eine Basilica auf dem Platz, der seit Neros Zeit für sie üblich war, könnte man bei einem Bau in einem frühen Lager von Novaesium denken: Verf., Neuss 465f. und B. 5. Bei der Rekonstruktion der rückwärtigen Teile von Holzprincipia scheint mir die Hauptschwierigkeit die zu sein, daß man nicht immer genau weiß, welche Pfostenreihen bloß eine unverkleidete Stützenreihe und welche die Pfosten einer Mauer sind, deren Schwellriegel nicht erkannt oder nicht mehr erhalten waren. Je nach Entscheidung kann man in dem oben angeführten Bau von Novaesium und in der älteren Phase der Principia von Haltern zweischiffige quer angeordnete Basiliken ergänzen. Das ist aber unsicher.

70 In der folgenden Aufzählung sind Lager, die nicht sicher Legionslager waren oder nur Vexillationen von Legionen aufnahmen, eingeklammert. Unsichere Fälle sind durch (?) gekennzeichnet.
Inchtuthil: I. Richmond, JRS 44, 1954, 84–86. – (Carpow): A. R. Birley, in: Militärgrenzen 1f. JRS 53, 1963, 126 B. 11. – Eburacum: Eburacum 37f., 112. Britannia 1, 1970, 281; 3, 1972, 309; 4, 1973, 280. – Deva: I. Richmond and G. A. Webster, Journ. Chester Arch. Soc. 38, 1951, 1–38. F. H. Thompson, Roman Cheshire (Chester 1965) 31–33. Nash and Jarrett, Wales 36, 38. Britannia 1, 1970, 282. – (Longthorpe): Britannia 3, 1972, 320f.; 5, 1974, 17–20. – Glevum: H. Hurst, Ant. Journ. 52, 1972, 52f. – Caerleon: Boon, Isca 28, 42, 48f., 59, 71–75. Ders., Arch. Cambr. 119, 1970, 10–63. Britannia 1, 1970, 272. – Noviomagus: Fellmann, Principia 141 (mit älterer Literatur). H. Brunsting, Nieuwsbull. 1965, *62f.; 1966, *17; 1967, *7; 1968, *22–*24, Plan *23. J. E. Bogaers, in: Bogaers und Rüger, NL 76. – Vetera: Lehner, Vetera 40–52. R. Schultze, ebda 71–76. Fellmann, Principia 147f. – (Haltern): F. Koepp, Mitt. Alt.-Komm. Westf. 5, 1909, 60–85. Fellmann, Principia 98–102. v. Schnurbein, Haltern 56–59. – (Oberaden): G. Kropatschek, in: Albrecht, Oberaden 19f. (?). S. v. Schnurbein, in: Bogaers und Rüger, NL 119. – Novaesium: Koenen, Novaesium 150–161. Fellmann, Principia 103–106. Verf., Neuss 464–467. – (?) Köln: A. Camps und Ph. Filtzinger, Kölner Jb. 10, 1969, 54f. A. 2. P. La Baume, BJb. 172, 1972, 284–286. G. Precht, Baugeschichtliche Untersuchung zum römischen Praetorium in Köln (Köln 1973) 16–20. Ders., in: Bogaers und Rüger, NL 160. – Bonna: Verf., Rheinland 43f. Fellmann, Principia 127f. L. Bakker, in: Bogaers und Rüger, NL 196. – Dangstetten: Fingerlin, Dangstetten 207. – Vindonissa: Fellmann, Principia 5–69, 110–123, 149–156, 174. O. Lüdin, Jber. Vind. 1968 (1969) 63–67 (ein nichtmilitärischer Nachfolgebau). Ders., ebda 1972 (1973) 23. – Regensburg:

Osterhaus, Regensburg 14 und Beil. 5, Punkt 10. – Lauriacum: v. Groller, RLÖ 10, 1909, 79–92; 13, 1919, 3–8; 15, 1925, 106. Alföldy, Noricum 165–167. – Carnuntum: O. Hirschfeld, Arch.-epigr. Mitt. 2, 1878, 176–181. A. Hauser, ebda 8, 1884, 56–59; 10, 1886, 32–35; 11, 1887, 3f. E. Reisch, Österr. Jh. 16, 1913, Bb. 125 A. 4. Fellmann, Principia 131–133. – Ločica (früher Lotschitz): F. Lorger, Österr. Jh. 19/20, 1919 Bb. 118f. (Bau D, nur allgemeiner Umriß bekannt). Alföldy, Noricum 154f. – Burnum: E. Reisch, Österr. Jh. 16, 1913 Bb. 114–131. Fellmann, Principia 129–131. – Zur Zeit werden in Burnum Ausgrabungen durchgeführt. Nach freundlicher Mitteilung von H. Vetters (Wien) gehört nur der kleine Bau dem Legionslager an, während der größere ein Forum der Nachfolgestadt ist. – Aquincum: Die Principia wurden gefunden: K. St. Póczy in einem Vortrag vor dem 10. Internationalen Limeskongreß in Xanten. – Lambaesis: Cagnat, L'armée² 2, 463–498. L. Leschi, Bericht über den VI. Intern. Kongreß für Archäologie Berlin 1939 (Berlin 1940) 565–567. Leschi, Études d'épigr. 189–196. Fellmann, Principia 137–139 (ohne Kenntnis von Leschis Aufsätzen). F. Rakob und S. Storz, Röm. Mitt. 81, 1974, 253–280. Hier B. 7 ein neuer Plan der Principia. Unser B. 14,18 gibt aus den S. 7f. angeführten Gründen den veralteten Plan Cagnats ohne die Verbesserungen Leschis wieder. Der Plan von F. Rakob erschien erst, als unser Bild schon klischiert war. – Vgl. Nachträge S. 193.

71 Tac. hist. 3, 31: primores castrorum nomen atque imagines Vitellii amoliuntur. Dazu v. Premerstein, Prinzipat 86. – Zwei getrennte Forumplätze sind bisher nur in Vindonissa (für die Zeit seit Claudius), in Novaesium und in Lambaesis sicher beobachtet worden. In Bonn ist der Befund noch unklar, in Lauriacum zweifelhaft. In Burnum war der Forumplatz des Legionslagers, soviel wir bisher wissen, nicht geteilt. Fellmann 129–131 bezog sich auf das städtische Forum, das die Principia des Legionslagers ersetzte (s. A. 70). Die Zuweisung der beiden Forumplätze an Centurionen und Principales: v. Domaszewski, Principia 155 (= Aufsätze 248f.). Ders., Religion 80 (= Aufsätze 160). Ihm folgt Fellmann, Principia 88. Zweifel äußerte Verf., Spezialgebäude 234. – Statuensockel auf Lagerforumplätzen wurden in Lambaesis, Noviomagus und Novaesium gefunden: Brunsting, Nieuwsbull. 1967, *7. Koenen, Novaesium 153–155. – Im Auxiliarlager Gemellae am numidischen Limes stand ein Altar der disciplina militaris inmitten des Lagerforumplatzes: J. Baradez, Libyca (Arch.-Épigr.) 1, 1953, 157–160. CIL 8, 18058 aus Lambaesis. Dazu Cagnat, L'armée² 2, 473. Fellmann, Principia 136. Weitere Altäre für die disciplina militaris: L. Leschi, CRAI 1949, 200–226. M. Leglay, CRAI 1956, 296 mit A. 1–9. H.-G. Pflaum, Libyca (Arch.-Épigr.) 5, 1957, 64f. E. Birley, Severus 69. Diz. epigr. 2, 1911f. ‚Disciplina'. Hier sind auch Einfriedungen zu erwähnen, die am Eingang zur Basilika in Caerleon und Eburacum lagen. Sie mögen einen besonderen Altar oder eine Statue umgeben haben: Boon, Arch. Cambr. 119, 1970, 22–25. Eine Statue Konstantins d. Gr. stand, nach den Verwitterungsspuren zu urteilen, im Freien in oder vor den Principia von Eburacum: Eburacum XXXIV und 112 mit Taf. 42. Tac. ann. 4, 2, 3 und Suet. Tib. 48 berichten von Bildnissen Sejans, die ‚inter principia legionum' aufgestellt waren. Antonin III. (Caracalla) ließ nach Dio 79, 7, 1 Statuen Alexanders d. Gr. in den Lagern aufstellen. Bezeichnend ist auch, daß nach einem Papyrus sowohl [*ἐν τοῖς πριν*]*κιπίοις*, als auch *ἐν τῷ Καισαρείῳ* eines Hilfstruppenlagers in Syene Opfer zu Kaisers Geburtstag dargebracht wurden: Domaszewski, Principia 162 (= Aufsätze 255). v. Premerstein, Prinzipat 73–85. Fellmann, Principia 87f. – Rednerpodien vielleicht in Vindonissa, Lambaesis und Palmyra,

wenn sie nicht zu den eben angeführten Einfriedungen am Eingang zu einer Basilika zu zählen sind: Fellmann, Principia 146. Brunsting, a.O. vermutet auch in Noviomagus einen suggestus. – Vgl. Nachtrag S. 194.

72 Deposita: J. F. Gilliam, in: Beiträge zur Historia-Augusta-Forschung 3 (Bonn 1966) 91–93. Ders., BJb. 167, 1967, 233–243 mit Literatur. In diesem Zusammenhang sei an den Bronzeschlüssel aus Novaesium erinnert, der auf beiden Seiten den Namen eines Signifer L. Fabius trägt: H. Dressel, BJb. 95, 1894, 79–81. Lehner, Novaesium, 405f. Überdies sei die Frage gestellt, ob der Signifer Oclatius, dessen Grabstein in Novaesium gefunden wurde, nicht eher eine Kasse als ein Dienstbuch in der Hand hält: A. Oxé, Germania 9, 1925, 120. Espérandieu, Gaule 6575. – Keller unter der Aedes schon in flavischer Zeit: Inchtuthil, JRS 44, 1954, 85. Noviomagus, vermutlich im Nebenraum links von der Aedes (nach mündlicher Mitteilung von H. Brunsting). – Wache vor der Aedes: Fink, Records 541 s. v. excubare, excubatio, excubitor.

73 Paul. Fest. 309, 1f. L. – Das Forum-artige Lagerhaus von Corbridge zeigt die Ähnlichkeit von Fora und Magazinen in ihrer Gestalt und Funktion besonders deutlich: E. Birley, Corbridge, Roman Station (s. A. 118) 13. Zu seiner Datierung: G. Simpson, Britannia 5, 1974, 329–339. Vgl. A. 105.

74 Spezialgebäude 235 mit Belegen. Hinzuzufügen sind wohl die Waffenfunde aus den Principia von Lauriacum: v. Groller, RLÖ 10, 1909, 94–96.

75 Spezialgebäude 236. – Tabularia der Legion: RO² 73f., ferner 38, 50.

76 Anschläge von Mitteilungen und Befehlen: Fellmann, Principia 87. Die Principia als Fundstelle von Entlassungsurkunden: H. Lieb, in: Fellmann, Principia 74. – Tribunal: Ios. b. Iud. 3, 5, 2 (= 83) spricht von *θῶκοι.. λοχαγοῖς καὶ ταξιάρχοις, ὅπῃ δικάζοιεν κτλ.* Vgl. Liv. 28, 24 und Macer, Dig. 49, 16, 12. E. Sander, Rheinisches Museum N. F. 103, 1960, 299. Vgl. A. 98. Tribunal in Noviomagus: Brunsting, Nieuwsbull. 1965, *125–*127, versuchte, einen Bau, der in Noviomagus rechts vom Lagerforum lag, als tribunal zu deuten. Da die Basilika der Lagerprincipia erst in einer späteren Bauperiode errichtet wurde, ist diese Erklärung möglich. Zu einer anderen Deutung des Baues S. 77.

77 Caerleon: G. C. Boon, Arch. Cambr. 119, 1970, 12–27. – Lambaesis: Cagnat, L'armée² 2, 476–479. – Die beiden oft behandelten Kaiserbildnisse des 3. Jahrh. aus den Principia von Carnuntum scheinen auch in der Basilika gestanden zu haben: CSIR Österreich I 2, 82f. Vgl. aber A. 81. – Inschrift aus Regulbium (Reculver): JRS 51, 1961, 191. I. Richmond, Ant. Journ. 41, 1961, 224–228.

78 Architektonische Betonung des Principia-Eingangs: Vetera: Lehner, Vetera 42f. – Noviomagus: Brunsting, Nieuwsbull. 1968, *24. – Bonna: vgl. Bild 14, 10. – Regensburg: Osterhaus, Regensburg 14 und Beil. 5, Punkt 10. – Groma: Haltern: v. Schnurbein, Haltern 56f. – Oberaden: Albrecht, Oberaden 19f. – Lauriacum: v. Groller, RLÖ 11, 1910, 23f. – Lambaesis: F. Rakob und S. Storz, Röm. Mitt. 81, 1974, 262–275. – Vgl. Dura-Europos: C. Hopkins and H. T. Rowell, Praetorium, in: Excavations at Dura-Europos. Prelim. Rep. 5 (New Haven 1934) 208. Fellmann, Principia 134. Rapidum (Sūr Juāb, Algerien): Fasti arch. 6, 1953, 378 Nr. 4873 = P. Romanelli, Topografia e Archeologia dell'Africa Romana (= Enciclopedia classica 3/10/7, Torino ecc. 1970) 43 und 48. – Als groma im Wachenverzeichnis von Dura erwähnt: PDur. 107 = Fink, Records 15 II 9. – Straßentore vor den Principia in Vindonissa: Fellmann, Principia 25 und 121. – Die Bezeichnung groma für den Torvorbau der Principia bei Ps.-Hygin 12. Spezialgebäude 236f. H.-G. Kolbe

hat in der Inschrift CIL 8, 2571 (vgl. 18057) des Torbaues in Lambaesis das Wort groma gelesen: Röm.Mitt. 81, 1974, 281–300, bes. 291–295.

79 CIL 13, 7800 aus Rigomagus-Remagen. – In der Inschrift CIL 3, 1070 aus Apulum heißt es: M. Ulp(ius) Mucianus mil(es) leg(ionis) XIII gem(inae) horologiar(ius) templum a solo . . . fecit. Th. Mommsen löste im CIL auf: horologiar(ium) templum. Ihm folgte K. E. Georges, Ausführliches lateinisch-deutsches Handwörterbuch 1[9] (Darmstadt 1951, Nachdruck 1958) s. v. A. v. Domaszewski, Religion 103 (= Aufsätze 183) und RO[2] 46 löste horologiar(ius) in Analogie zu ähnlichen Tätigkeits-Bezeichnungen von Soldaten auf. Die Voranstellung des Adjektivs vor templum im ersten Vorschlag scheint mir wenig wahrscheinlich zu sein.

80 locus sacer: K. Latte, Römische Religionsgeschichte (München 1960) 199f. – Bezeichnung als aedes: Spezialgebäude 235. Nunmehr auch für ein Legionslager belegt: G. C. Boon, Arch.Cambr. 119, 1970, 37–41. Vgl. Fink, Records 53b 15 ‚in aedem aqu[ilae]'. – Arten und Zahl der Feldzeichen: v. Domaszewski, Fahnen (= v. Domaszewski, Aufsätze 1–80). W. Kubitschek, RE 2A, 2335–2345 ‚Signa'. W. Zwikker, Ber.RGK 27, 1937, 7–22. G. Webster, Army 134–141. A. Neumann, RE 8 A, 2446–2449 ‚vexillum'. – Der numinose Charakter der Feldzeichen: Kubitschek a.O. 2344. A. Alföldi, Am.Journ.Arch. 63, 1959, 12–14. Ders., Die Struktur des voretruskischen Römerstaates (Heidelberg 1974) 169. Tac.ann. 1, 39, 4; 2, 17, 2. Statius, Theb. 10, 176f. Herodian. 4, 4, 5. – Die Lage des Aedes steht in den meisten Principiagebäuden fest. Die Raumflucht an der Rückseite des Gebäudes enthält einen Mittelraum, zu dessen beiden Seiten verschieden große Räume paarig angeordnet sind (Bild 14). Fraglich ist die Lage in Vetera und Vindonissa. In den Principia von Vetera könnte man entweder eine gemeinsame Aedes für beide Legionen des Lagers erwarten oder zwei getrennte Aedes. Lehner, Vetera 50, vermißte in Vetera an dem Mittelraum, der sonst das Heiligtum ist, daß er sich von seinen Nachbarräumen nicht unterscheide (obwohl diese Raumflucht nach B. 29 nicht vollständig ausgegraben wurde). Er hält die zwei Räume beiderseits der Schmalseiten der Forumsbasilika für zwei Heiligtümer. Mir scheint der Mittelraum mit nur rd. 70 qm Nutzfläche für die vielen Feldzeichen zweier Legionen zu klein gewesen zu sein. R. Schultze rekonstruierte einen dreischiffigen Mittelraum, indem er die beiden schmalen Nachbarräume einbezog. Wenn diese – allerdings ungewöhnliche – Lösung zuträfe, wäre die Nutzfläche des Raumes fast verdoppelt: R. Schultze, Basilika (Berlin-Leipzig 1928) 42. Ders., in: Lehner, Vetera 74. Vgl. Fellmann, Principia 147f. Dann lägen aber für zwei Legionen vergleichsweise wenige Scholae beiderseits der Aedes. Ich halte doch Lehners Auffassung für wahrscheinlicher, daß in Vetera zwei Heiligtümer beiderseits der Basilika lagen. Dann sind auch die U-förmigen Podien in diesen Räumen verständlich, die gar nicht nach tribunalia einer Basilika aussehen. – Im Legionslager Vindonissa hat der Ausgräber R. Fellmann drei Principia-Perioden herausgearbeitet, die er jeweils der Legio XIII gem., der XXI rapax und der XI Claudia zuweist (S. 156). Die Lage der Aedes des ersten Baues ist unbekannt. In den klaudischen Principia scheint das Heiligtum am gewohnten Platz zu liegen (Raum 19). Es hat rd. 70 qm Innenfläche. In den Principia der flavischen Zeit hat man die Wahl, denselben Raum oder einen an der Rückseite des rückwärtigen Forumplatzes B liegenden (Raum 35) als Aedes anzusehen. Gegen die erste Annahme spricht, daß die Aedes vom Forumplatz aus nicht direkt zugänglich wäre, gegen die zweite, daß die Aedes mit nur rd. 50 qm sehr klein gewesen wäre. Aber auch hier wurde die von Schultze für Vetera vorgeschlagene dreischiffige Lösung in Betracht gezogen: Fell-

mann, Principia 63, 153–155. – In Noviomagus ist die Größe der Aedes nicht ohne weiteres klar (Bild 14,5). Hinter der Rückseite des Principiagebäudes springen hier drei Räume 6 m weit zurück. Der mittlere Raum ist 13 m breit, auf beiden Seiten liegt ein kleiner Raum. Es mag sein, daß der mittlere Raum nur die Feldzeichen und Statuen aufnahm und daß der große Raum davor ebenfalls zum Heiligtum gehörte: H. Brunsting, Nieuwsbull. 1966, *17. – Vgl. Nachtrag S. 194.

81 v. Domaszewski, Religion 9–45 (= Aufsätze 89–125). – G. Ulbert, Germania 47, 1969, 106f. Vgl. die Bezeichnung *Καισάρειον* A. 71, ferner ‚excubant ad signa d. n. Alexandri Aug.' im PDur. 82 = Finke, Records 47 II 6. Funde von Kaiserbildnissen in Caerleon und Bonna können aus dem Lagerheiligtum stammen: G. C. Boon, Arch.Cambr. 119, 1970, 41–47. – Lehner, Steindenkmäler 14–18. – v. Premerstein, Prinzipat 92–95. – A. Alföldi, Röm.Mitt. 49, 1934, 67–71 (= Ders., Die monarchische Repräsentation im römischen Kaiserreiche (Darmstadt 1970) 67–71). – Es ist manchmal schwer festzustellen, ob Kaiserbildnisse ursprünglich in der Aedes oder in der Basilika gestanden haben. Vgl. A. 77. – Darstellungen von Lager-Aedes und ihrer Einrichtung: v. Domaszewski, Fahnen 45–49 (= Aufsätze 45–49). A. J. Reinach, in: Daremberg-Saglio 4, 1309–1325 ‚Signa militaria'. W. Kubitschek, RE 2 A, 2337–2340 ‚Signa'. Fellmann, Principia 153f. G. Ulbert a. O. Neuere Funde: Schloßbeschlag einer Militärkiste, die im Jahr 69 n. Chr. auf dem Schlachtfeld von Cremona verlorenging: Arte e civiltà romana 2 (Ausstellung Bologna 1964) 304 Nr. 429, vgl. ILS 2283. Darstellung auf einem Helm aus dem Rhein bei Niedermörmter: Klumbach, Helme 38. Tauschierte Schwertklinge aus South Shields: J. M. C. Toynbee, Art in Britain under the Romans (Oxford 1964) 300 und Taf. 67a, b. – Vgl. Nachtrag S. 194.

82 E. Diez versuchte, den Giebel der Aedes von Carnuntum zu rekonstruieren: Corolla memoriae Erich Swoboda dedicata (Graz, Köln 1966) 105–114. CSIR Österreich 1/3, 11.– Inschrift vom Türgewände der Aedes in Caerleon: RIB 327. Dazu I. Richmond, Ant.Journ. 41, 1961, 227. – Vorraum vor der Aedes in Caerleon: G. C. Boon, Arch. Cambr. 119, 1970, 20f. – ‚Opfergrube' in Inchtuthil: JRS 44, 1954, 85. Eine ähnliche Grube meint man, im elliptischen Hof des palastartigen Baues im Legionslager Deva gefunden zu haben (S. 107). Vgl. R. W. Davies, Aegyptus 54, 1974, 183 u. 186.

83 Basilika als Vorraum der Aedes: Über den forumseitigen drei Eingängen der Basilica Ulpia sah man Bildnisse der Feldzeichen der Legionen, die an den Dakerfeldzügen Trajans teilgenommen hatten: P. Zanker, Arch. Anz. 1970, 520f. – Auguratoria: Spezialgebäude 234. v. Domaszewski, Principia 142f. (= Aufsätze 235f.) und RE 2, 2313 ‚Auguratorium'. – Koenen, Novaesium 159 (zu Raum 32).

84 O. Lüdin, Jber. Vind. 1972 (1973) 21–23 mit Plan B.1. Ettlinger, Vindonissa 97f. (nach damaligem Forschungsstand als Praetorium bezeichnet).

85 s. A. 76.

86 Passerini, Legio 604 Nr. 10–12. RO² Register A 1 s. vv.

87 Carnuntum: v. Groller, RLÖ 10, 1909, 38, 63 (Bau C); ebda 42f., 63 (Bau D, ganz unsicher); ebda 2, 1901, 76f. und 148f. CIL 3, 14356^{5a} und ^{5b} = Vorbeck, Militärinschriften 36f. (Bau G); ebda 5, 1904, 45f. und 127–133 = Vorbeck, Militärinschriften 69 (Kaserne XXXII); ebda 3, 1902, 84f. und 121–127. CIL 3, 15190–15192 = Vorbeck, Militärinschriften 72–74 (Bau XX nördlich der Via quintana, sogen. Carcer: S. 81). – Vetters, Kontinuität Niederösterreich 56 hält die Aufstellung der Altäre bei Kaserne XXXII für sekundär (vgl. A. 148). – Vindonissa:

H. Lieb, Ber. RGK 40, 1959, Nr. 58 mit Lit. – Ich glaube nicht, daß die vielen erhaltenen Weihungen für militärische Genii alle in Scholae oder im Fahnenheiligtum gestanden haben. Vgl. V. von Gonzenbach, Jber. Vind. 1967 (1968) 8–29, bes. A. 6 und Fellmann, Principia 91. – Aufzählung der Geniusweihungen von Legionsangehörigen: Passerini, Legio 617. Verf., BJb. 159, 1959, 106f. = AÉ 1958, 303 (Vetera II). AÉ 1966, 355 (Novae). AÉ 1968, 391 (Iversheim). AÉ 1971, 208 (Legio [León]). – Darstellungen militärischer Genii: H. Kunckel, Der römische Genius (= Ergänzungsheft 20 zu den Röm.Mitt., Heidelberg 1974) 54–58 und Listen CI und II (100–115) mit Karte 2 (136f.). – Vgl. Weihungen an den Genius oder die Fortuna horreorum in Städten: Rickman, Granaries 340 s. v.

88 Carnuntum: E. Bormann, RLÖ 7, 1906, 132–135, dazu 55–59. Vetters, Spätzeit 162. – Vindobona: A. Neumann, Jb. Ver. Gesch. Wien 17/18, 1961/62, 11 Nr. 10f. Ders., Vindobona (Wien usw. 1972) 28. – Auch die Inschrift CIL 8, 2553 = 18047 braucht nicht aus einer Schola von Lazarettsoldaten zu stammen, sondern kann in einem Lazarettheiligtum gestanden haben: Cagnat, Les deux camps 39 (253) Nr. 11.

89 In einem Arbeitsraum der militärischen Kalkbrennerei Iversheim, Kr. Euskirchen, scheint eine solche Kultnische gefunden worden zu sein: W. Sölter, Römische Kalkbrenner im Rheinland (Düsseldorf 1970) 29. Vgl. „aediculam e pariete scalpsit" auf einer Inschrift in Lyon: Wuilleumier, Inscr. 234 = ILS 9493. Kultnischen in der Händlersiedlung auf dem Magdalensberg: R. Egger, Die Stadt auf dem Magdalensberg, ein Großhandelsplatz (= Denkschr. Österr. Ak. Wiss. 79, Wien 1961) 4f.

90 v. Domaszewski, Principia 149–157 und Taf. 5 (= Aufsätze 242–250). Vgl. Spezialgebäude 239–241. – Lambaesis: Cagnat, L'armée² 2, 475f., 484–493. Leschi, Études d'épigr. 189. – Ein bezeichnendes Vereinsstatut eines militärischen Collegiums: CIL 8, 2557 = 18050 aus Lambaesis. Vielleicht haben Veteranen, denen ihr Kollegium zum Abschied die satzungsgemäßen Leistungen erbracht hat, ihren Kameraden zum Dank Geschenke gemacht. Solche Geschenke können Silberringe gewesen sein, von denen ein Exemplar in Xanten, ein anderes in Novaesium gefunden wurde: CIL 13, 10024, 34 und 35. – In den Principia von Carnuntum waren die Räume C und D mit großer Wahrscheinlichkeit ebenfalls Scholae: A. Hauser, Arch.-epigr. Mitt. 8, 1884, 58, 73–76. Die Wandmalerei des Raumes C abgebildet und beschrieben ebda 74 sowie Kubitschek, Carnuntum 148 mit B. 106. Im Raum C Marmorplastiken des thronenden Jupiter und eines Genius, in Raum D eine Herkulestatuette aus Marmor: CSIR Österreich I 2 (Wien 1967) 11f. Nr. 2 und 3; 26 Nr. 62. Die Meinung, daß beide Räume ‚Heiligtümer' seien, schien durch entsprechend gelegene Räume im größeren Forum von Burnum bestätigt zu sein. Dieses Forum ist aber eine städtische Anlage (A. 70 unter Burnum). E. Reisch, Österr. Jh. 16, 1913, Bb. 116–121. Fellmann, Principia 133.

91 Verf., Aquae Iasae 92f. Spezialgebäude 240.

92 Polyb. 6, 34, 7–12. – Appian. b.c. 5, 46. – Fink, Records S. 179–209. Zu tesserae: Liv. 27, 46. RO² 3 A. 1. Nach Walde-Hofmann, LEW³ 2, 675 ist das Wort aus dem Griechischen übernommen und bezeichnet ein viereckiges Täfelchen. – Pridiana: G. R. Watson, in: Aufstieg 2/1 (1974) 500–502.

93 Caerleon: Boon, Isca 78f. – Vetera: H. Lehner, BJb. 135, 1930, 169–171. – Novaesium: Koenen, Novaesium 173–175. – Carnuntum: Nowotny, RLÖ 12, 1914, 2 und 8. – Inchtuthil: I. Richmond, JRS 50, 1960, 213. Hier die Erklärung des Baues als ‚drill hall'. Vgl. dazu unseren Abschnitt über Übungshallen (S. 80f.).

94 RIB 978. Dazu F. G. Simpson and I. Richmond, Arch. Aeliana 4. Ser., 14, 1937, 168–170. I. Richmond, Proc. Soc. Antiqu. Scotl. 84, 1952, 24. – Weitere Literatur: Spezialgebäude 238.

95 ‚Exerzierhallen': H. Schönberger, Roman Frontier 161 A. 130. Spezialgebäude 238. Baatz, Hesselbach 46f. – Pilum: Veith, Heerwesen 410. Die Bogenschützen und Schleuderer sollten nach Veget. 2, 23 auf rd. 180 m gezielt schießen. Heute schießt man mit dem Sportbogen in der olympischen Disziplin auf Scheiben bis 90 m. Schleuderer erreichten noch größere Entfernungen als die Bogenschützen: M. Korfmann, Schleuder und Bogen in Südwestasien (Bonn 1972) 17f. Der heutige Weltrekord im Speerwerfen übersteigt 94 m.

96 Baginton: B. Hobley, Transact. Birm. Arch. Soc. 85, 1972, 29–35 mit B. 5: Dm rd. 34 m. Ders., Actes du IXe congrès 371–376. – Ähnliche Anlage im Stadtlager Lambaesis: M. Janon, Antiquités Africaines 7, 1973, 208 mit B. 7 und 9: Dm rd. 15 m. – Es wird kein Zufall sein, daß der ‚ludus' von Tomen-y-Muir, Merioneths., rd. 31,5 × 25,5 m mißt: Collingwood and Richmond, Archaeology 119.

97 R. W. Davies, Arch. Journ. 125, 1969, 73–100.

98 Gefängnisstrafe für Soldaten: E. Sander, RE 15, 1670 ‚Militärstrafrecht'. Ders., Rheinisches Museum N. F. 103, 1960, 309. C. E. Brand, Roman Military Law (Texas, Austin 1968) 106. Watson, Soldier 126. Vgl. Dig. 48, 19, 8, 9: carcer enim ad continendos homines, non ad puniendos haberi debet. Dagegen Dio 53, 13, 7 und W. Eisenhut, in: Aufstieg 1/2 (1972) 268–282. – Inschriftliche Zeugnisse für Carceres: Passerini 608. RO[2] 46 und XV. – Bau XX in Carnuntum: v. Groller, RLÖ 3, 1902, 84–86 mit Plan Taf. 6. E. Bormann, ebda 121–127. CIL 3, 15190–92 = Vorbeck, Militärinschriften 72, 73, 286. Spätrömische Überbauung: Vetters, Spätzeit 159–161. Vgl. S. 77f. und A. 87.

99 R. W. Davies, Britannia 2, 1971, 122–142. – Militärische Schlachthöfe und Fleischkonservierung: Spezialgebäude 243f.

100 Quaestorium: Fischer, Lager 43–51. Die wichtigsten Stellen aus antiken Autoren sind: Polyb. 6, 31, 1. Liv. 10, 32, 7 und 34, 47 sowie Ps.-Hygin 18 und 29. Wie mir die Redaktion des Thes. l. Lat. freundlicherweise mitteilte, kommt die Bezeichnung quaestorium – soweit dort bekannt ist – auf Inschriften nicht vor. – Horreum: Spezialgebäude 242f. Hier unrichtig ausschließlich als Getreidespeicher erklärt. – Funde von „projectils en terre cuite" in einem Pfeilerhorreum von Lambaesis: Cagnat, Les deux camps 58 (272) A. 2. Zu beachten ist auch, daß Pfeilerhorrea häufig neben anderen Wirtschaftsbauten lagen (Taf. 7b,2). Der Getreidefund in einem Pfeilerhorreum in Novaesium: Koenen, Novaesium 191. – Rickman, Granaries 213–290 hat die archäologischen Befunde militärischer Horrea zusammenfassend behandelt. – Literatur zum Fassungsvermögen militärischer Horrea: S. S. Frere, Britannia 5, 1974, 21 A. 21.

101 Hölzerne Horrea: Rickman, Granaries 215–221, 239–241 (der Holzbau S. 239 mit B. 48 in Haltern ist kein Horreum: v. Schnurbein, Haltern 58f. Vgl. oben A. 69 und S. 74). Seitdem sind weitere gefunden worden: Longthorpe, Peterborough: JRS 58, 1968, 189–190 mit B. 13. Britannia 2, 1971, 264f. mit B. 9. S. S. Frere, Britannia 5, 1974, 20–22. – Usk, Monmouths.: W. H. Manning, JRS 58, 1968, 177, ebda 59, 1969, 200. Britannia 1, 1970, 273. Plan ebda 2, 1971, 247. – Exeter: Current Archaeology 39, Juli 1973, 105. – Nijmegen: Neben dem Lagerforum. Vortrag H. Brunsting vor 10. Intern. Limeskongreß. – Haltern, Hofestatt: v. Schnurbein, Haltern 31–33. – Dangstetten: Fingerlin, Dangstetten 208. – Vindonissa: Chr. Simonett, Anz. Schweiz.

Altert.kde 39, 1937, 82f. und B. 1. Fehlt allerdings in den Plänen der Holzbauten von M. Hartmann, Jber. Vind. 1973 (1974) nach S. 44.
Aus Stein gebaute Pfeilerhorrea in Legionslagern: Deva: F. H. Thompson, Roman Cheshire (Chester 1965) 37–39. – Noviomagus: H. Brunsting, Nieuwsbull. 1964, *302–*307; 1965, *64. – Novaesium: Koenen, Novaesium 190f. Fraglich, ob die Bauten 18–20 hierher gehören: ebda 191f. – Bonna: Verf., Rheinland 45. E. Gersbach hat im vordersten Praetenturascamnum beiderseits der Via praetoria fünf Pfeilerhorrea ausgegraben, weitere im mittleren Praetentura-Scamnum. – Mogontiacum: J. Laske, in: Abbildungen von Mainzer Alterthümern 6, 1855, 18–21 mit Plan. Baatz, Mogontiacum 74. – Vindonissa: Laur, Vindonissa 56f. Ettlinger, Vindonissa 99f. – Aquincum: Budapest műemlékei 2, 516. Szilágyi, Aquincum 1968, 84. Nagy, Budapest története 116. – Lambaesis: Cagnat, L'armée² 2, 507. Ein weiteres im westlichen Intervallum: Cagnat, Les deux camps 62f. (276f.). – Seltener waren Horrea, deren Böden nicht von Pfeilern, sondern von parallelen Mauern getragen wurden. Sie sind in Deva und in mehreren Auxiliarkastellen gefunden worden: Deva: Nash and Jarrett, Wales 36 und 38. Ein solches war wohl auch das Gebäude in Budapest 3, Miklós utca 20–28, das bisher als Lazarett erklärt wurde (A. 129): Budapest műemlékei 2, 516. Szilágyi, Aquincum 1968, 84. Nagy, Budapest története 116. Vgl. auch Castillejo in A. 102. – Vgl. Nachträge S. 194.

102 Außenvorlagen steinerner Horrea: Rickman, Granaries 231, 236, 247f. und Register s. v. buttresses. – H. Mylius, Trierer Zs. 18, 1949, 101f. – Antike Sprengwerke: W. Sackur, Vitruv und die Poliorketiker (Berlin 1925) 123–143. – Auf die Möglichkeit von Lüftungsöffnungen wies mich gesprächsweise S. Storz (Rom) hin. – H. Kähler meinte in der Diskussion nach meinem Vortrag (S. 7), daß die Außenvorlagen Balkons trugen, von denen aus Lasten hochgezogen wurden. In mehreren Fällen standen aber Horrea mit Außenpfeilern entweder so nahe an der Wehrmauer (Lambaesis) oder an einem anderen Bau (Deva, Bonna), daß für einen Balkon kein Platz war. Das gilt bereits für die Horrea von Castillejo bei Numantia: Rickman, Granaries 252. B. 60.

103 Cagnat, L'armée² 2, 510–512. Rickman, Granaries 257–263. Rickman sind bei seiner Diskussion S. 261–263 meine Darlegungen, Spezialgebäude 243, entgangen, weil sie an entlegener Stelle erschienen sind.

104 v. Groller, RLÖ 10, 1909, 38.

105 Das wäre leicht durch eine Grabung zu klären. Heute liegt in dem Magazin vom Hoftyp ein steinernes Reibbecken. Folgende Magazine dieses Typs sind in Legionslagern bekannt: Noviomagus: J. Bogaers, Nieuwsbull. 1961, *71, *91. Ein ähnlicher Bau scheint außerhalb des Lagers durch Ausgrabungen von J. H. F. Bloemers im Jahr 1974 aufgedeckt worden zu sein. – Novaesium: Koenen, Novaesium 183f. (Bau 141). Der Bau 109 könnte einen ähnlichen Grundriß gehabt haben (unsere Taf. 6b, 12). Die Bemalung der Wände der Räume 1 und 2 spricht nicht für einen Wirtschaftsbau: Koenen, Novaesium 176–179. – Bonna: Verf., Rheinland 44, dazu Spezialgebäude 243. In der rechten Hälfte des mittleren Praetentura-Scamnums scheint in einer späteren Bauperiode anstelle von Lagerthermen ein weiterer Wirtschaftsbau vom Hoftyp neben Pfeilerhorrea gebaut worden zu sein. – Vindonissa: Unsere Taf. 8b, 3: R. Moosbrugger-Leu, Jber. Vind. 1959/60, 16–20. O. Lüdin, ebda 1960/61, 5–20, ebda 1972 (1973) 17f. H. R. Wiedemer, Jahrb. SGU 53, 1966/67, 72. Unsere Taf. 8b, 12: C. Simonett, Zs. Schweiz. AK 1, 1939, 112 (Bau B), Plan auf S. 109 B. 3. Vgl. auch einen Bau dieses Typs außerhalb des Lagers: Jber. Vind. 1969/70

Beil. 4. – Carnuntum: 2 Bauten im mittleren Retentura-Scamnum. v. Groller, RLÖ 7, 1906, 59; 10, 1909, 35–39. – Aquincum: Das sogenannte Forum liegt nach neueren Forschungen in der Retentura des Legionslagers und ist ein Wirtschaftsbau vom hier behandelten Typ: Nagy, Budapest története 115f. Vgl. Szilágyi 1968, 84 mit Plan 1, Punkt 41. – Lambaesis: Cagnat, L'armée^2 2, 510–512. – In dem neronischen Lager Birrum, heute Usk, Monmouths., wurden, wie mir W. H. Manning (Cardiff) freundlicherweise mitteilt, im Jahr 1973 zwei Holzbauten angeschnitten, die zu den Bauten vom Hoftyp zu gehören scheinen: Britannia 5, 1974, 401. Vgl. Corbridge A. 73.

106 Koenen, Novaesium 186–190 (Bauten 21 und 22). Rickman, Granaries 255–257.

107 Cagnat, L'armée^2 2, 507f. Vgl. S. 93. – Dangstetten: Fingerlin, Dangstetten 208. – Caerleon: Boon, Isca 38.

108 Vetters, Spätzeit 158–161. Ders., Kontinuität Niederösterreich 50f.

109 Vetera: Oelmann, Vetera 1934, 270 (Bau d). – Novaesium: Koenen, Novaesium 175f. (Bau 53). Diesem Steinbau ging ein Holzbau von ähnlicher Gestalt voraus: G. Müller, in: Bogaers und Rüger, NL 139. – Bonna: Verf., Rheinland 45. Im Jahr 1959 hat E. Gersbach einen großen Teil des Wirtschaftsbereiches ausgegraben, von dem der Kammerbau nur ein Teil war. Dabei zeigte es sich, daß die vordere westliche Mauer, die im Plan B. 22, 3 den Kammerbau abschließt, bereits zu einem benachbarten Horreum gehörte und daß es keinen weiteren Kammerbau mehr gab. Der Bonner Kammerbau hatte also wohl vier Kammerreihen mit insgesamt 69 Kammern. – Asciburgium: T. Bechert, in: Rhein. Ausgrabungen 12 (Bonn 1973) 176–178. – Vgl. Nachtrag S. 194.

110 Ostia: Rickman, Granaries 77 mit weiteren Verweisen. – Portus: ebda 128. – Colonia Ulpia Traiana: H. Hinz, BJb. 161, 1961, 350 mit Taf. 75; 163, 1963, 393 mit B. 1. Ders., Xanten zur Römerzeit ^{4}(Xanten 1971) 41f. mit B. 25.

111 R. W. Davies, Britannia 2, 1971, 123f. Eine Inschrift, die im Jahr 1970 bei Menden am linken Siegufer gefunden wurde, bezeugt militärische prata rechts des Rheins gegenüber von Bonna: [l]egio prim[a] / Minerv[ia] / [p]ia fideli[s] / prata / [A]urelian[a] /^{5} [a]dampliavit. Verf., bei: Bogaers und Rüger, NL 28 und Bild 1 (S. 27).

112 Ausführlicher: Verf., Militärhandwerk 7.

113 G. C. Boon wies darauf im Jahr 1972 während eines Kolloquiums über das Lager Vindonissa hin. Vgl. Ios. b. Iud. 3, 5, 2 (= 83): *χειροτέχναις χωρίον*. – Caerleon: Boon, Isca 83. – Noviomagus: H. Brunsting, Numaga 7, 1960, 18. Ders., Nieuwsbull. 1960, *216. – Novaesium: Koenen, Novaesium 185. – Dangstetten: G. Fingerlin, Jber. Vind. 1972 (1973) 17. – Lauriacum: v. Groller, RLÖ 14, 1924, 141f., 146–148. – Lambaesis: Unveröffentlichte Grabung Chr. B. Rügers. – Vgl. Cunliffe, Fishbourne 1, 48. – Inschriftliche Erwähnungen von Fabricae in Lagern: Spezialgebäude 244f., ferner AÉ 1966, 375 aus der Gegend von Pautalia (Thrakien).

114 Fingerlin, Dangstetten 207f. und 212f., Beil. 28.

115 Deva: JRS 59, 1969, 210. – Exeter: Vorläufiger Bericht in Current Archaeology 39, Juli 1973, 105. Vgl. Britannia 4, 1973, 313. – Noviomagus: A. 113. – Regensburg: Osterhaus, Regensburg 11–13 mit Beil. 2 und 5. – Vindonissa: H. R. Wiedemer, Jber. Vind. 1962 (1963) 28f. Ders., Jb. SGU 53, 1966/67, 72 und A. 23. T. Tomašević, Jber. Vind. 1963 (1964) 22f. – Carnuntum: Arch.-epigr. Mitt. 12, 1888, 148–151 mit Taf. 6 (Bau E). v. Groller, RLÖ 10, 1909, 43f. – Werkhallen einfachster Art standen in Auxiliarkastellen. Vercovicium-Housesteads: Collingwood Bruce, Handbook 113 und 121. R. C. Bosanquet, Arch. Aeliana 2. Ser., 25, 1904, 241 (Bau IV). –

Segontium-Caernarvon: Nash and Jarrett, Wales 63. – Vielleicht Gelligaer: Nash and Jarrett, Wales 90. – In die gleiche Gruppe scheint ein Wirtschaftsbau zu gehören, der östlich des Legionslagers Carnuntum aufgedeckt wurde: v. Groller, RLÖ 2, 1901, 77f. und 83f. mit Taf. 11, 13 (Bau K). – Vgl. auch Cunliffe, Fishbourne 1, 47f.

116 Cagnat, L'armée[2] 2, 509f. – Die Bezeichnung für den Immunis, der als Stellmacher (Wagner) arbeitete, war carpentarius: Tarruntenus Paternus, Dig. 50, 6, 6. Veget. 1, 7; 2, 11. Ihm entspricht wohl der carrarius der Legio III Cyr., der auf dem Genfer Papyrus Fink, Records 58 II 6 erwähnt ist: Passerini, Legio 609 Nr. 79. Die Bezeichnung axearius in CIL 6, 9215 war wohl nicht militärisch: Thes.l.Lat. 2, 1634.

117 Inchtuthil: I. Richmond, JRS 51, 1961, 159f. mit B. 10. – Lambaesis: Cagnat, L'armée[2] 2, 507f. – Die neueren Grabungen sollen im Bulletin d'Archéologie Algérienne und in einem Ergänzungsheft zu den Röm.Mitt. veröffentlicht werden.

118 South Shields: I. Richmond, The Roman Fort at South Shields. A Guide (Newcastle o. J.) 7f. – Corstopitum: I. Richmond, Arch.Ael.[4] 17, 1940, 105–115. E. Birley, Corbridge. Roman Station (Ministry of ... Works. Official Guidebook, London 1954) 17. Das zugehörige ‚headquarters building': Arch.Ael.[3] 9, 1913, 22–32 (Bau 45). – Ähnliche Bauten in Legionslagern: Caerleon: V. E. Nash-Williams, Arch. Cambr. 86, 1931, 122–133. Boon, Isca 54 (146 m l., 8 m b., zwei Risalite. Zahlreiche Halbfertigprodukte und Rohmaterial). – Vetera: Oelmann, Vetera 1931, 227. – Novaesium: Koenen, Novaesium 195 (Bau 3). – Bonna: Verf., Rheinland 47. – Mogontiacum: Baatz, Mogontiacum 74 mit Beil. 2, C 6. – Ein Bau im linken Intervallum der Retentura von Carnuntum, den man in diese Gruppe stellen könnte, ist nach H. Vetters erst im 5. Jahrh. n. Chr. gebaut worden (A. 108). Es ist Bau VI: v. Groller, RLÖ 2, 1901, 39–44; 3, 1902, 73 und 96–98; 4, 1903, 95.

119 Chr. Simonett, Zs.Schweiz.AK 1, 1939, 111f. – Ettlinger, Vindonissa 100f. – D. Baatz, BJb. 166, 1966, 200 A. 38. – Vgl. Jber.Vind. 1972 (1973) 17.

120 Gesprächsweise geäußerte Vermutung von J. Röder † (Koblenz).

121 Hofheim: E. Ritterling, Nass.Ann. 34, 1904, 8–13 und 400–402, ebda 40, 1912, 59–65 (Bau N). – Niederberg: ORL B 2a, 3 (Bau F). – Oberstimm: H. Schönberger, Bayer.Vorg.bl. 37, 1972, 35f. Ders., Actes du IXe congrès 413. Zu den vermeintlichen Fabricae in Aquae Mattiacae-Wiesbaden und Arae Flaviae-Rottweil s. Verf., Militärhandwerk 6, A. 7. – Deva: Nash and Jarrett, Wales 39. JRS 55, 1965, 204. – Caerleon: Boon, Isca 43 (Bau XXI). – Novaesium: Koenen, Novaesium 184f. (Bauten 123–126). – Bonna: Der Bau Taf. 7 b Nr. 3 war nach Mitteilung von E. Gersbach ebenfalls ein Wirtschaftsbau vom Basartyp. – In Haltern gehört offenbar der 2. Bau links von den Principia, auf dessen zwei Seiten Sonderunterkünfte liegen, in diese Gruppe: v. Schnurbein, Haltern 65.

122 Lehner, Vetera 60f. Oelmann, Vetera 1934, 269f. Verf., Vetera 1822. – Vgl. Polyb. 6, 31, 1.

123 Carnuntum: v. Groller, RLÖ 10, 1909, 39–43 (Bau D). Zu Bau C s. unsere S. 85, zu E S. 90. – Bonna: vgl. A. 103. Bei Ausgrabungen im Jahr 1972 wurde in der Mitte des Hofes eine Beckenanlage aufgedeckt, die eher den Eindruck gewerblicher Nutzung machte, als daß sie ein Wasserspiel enthalten hätte. – Lauriacum: v. Groller, RLÖ 14, 1924, 17–22, 106 und 141–148 (Bau K, anfänglich als Bau F bezeichnet).

124 Inchtuthil: JRS 48, 1958, 132; 50, 1960, 213. – Carnuntum: Nowotny, RLÖ 12, 1914, 2 und 8. – Vindonissa: Laur, Vindonissa 58. – Verwendung der Tabernae als Magazine: D. Baatz, Germania 42, 1964, 260–265.

125 Caerleon: Boon, Isca 26f. (?) und 30. – Noviomagus: H. Brunsting, Nieuwsbull.

1965, *127; 1968, *24 (schon seit augustischer Zeit). – Haltern: v. Schnurbein, Haltern 54f. – Bonna: Unveröffentlichte Ausgrabung von E. Gersbach. – Vindonissa: Laur, Vindonissa 57f. mit älterer Literatur 58 A 1. (Die Pantherstatuette stammt aber aus dem Tribunenhaus A: V. v. Gonzenbach, Jber. Vind. 1967 (1968) 16 A. 38–41. Tabernae sind auch später mehrfach ausgegraben worden: R. Fellmann, Jber. Vind. 1954/55 (1955) 10 und 1955/56 (1956) 9–12. – Regensburg: Osterhaus, Regensburg 14 mit Beil. 5, Punkt 11. – Lauriacum: v. Groller, RLÖ 11, 1910, 20–23; 14, 1924, 13–16. Gaheis, Lauriacum 19f. – Carnuntum: v. Groller, RLÖ 5, 1904, 33f. und 67–69. Ob auch RLÖ 9, 1908, 96f. hierher gehört, ist zweifelhaft. – Vielleicht dienten die tabernae und porticus einer fabrica in Octodurus-Martigny ähnlichen Zwecken: E. Howald und E. Meyer, Die römische Schweiz (Zürich 1948) 491. Zur Diskussion über die Frage: Verf., Fabricae 404.

126 Literatur: Verf., Militärhandwerk 7 A. 10; 12 A. 21. – Töpferöfen an der Via quintana von Haltern: A. Stieren, Germania 16, 1932, 112–115. Andere an der Via praetoria und ‚Via decumana': v. Schnurbein, Haltern 54f.

127 Schmiede- und Schmelzöfen werden öfters in Berichten über Fabricae erwähnt: vgl. A. 113–125. Eisenverarbeitung nachgewiesen in den Legionslagern Inchtuthil (A. 117), Caerleon (A. 113 und 118), Noviomagus (?) (A. 113), Novaesium (A. 113), Dangstetten (A. 113), Regensburg (A. 115). Verarbeitung von Buntmetallen: Exeter (A. 115), Caerleon (A. 113 und 118), Noviomagus (A. 113), Novaesium vgl. Verf., Novaesium 70 Nr. 5, 75 Nr. 19 (beides aus einem frühen Lager, nicht aus der Lagervorstadt), ders., Neuß 478f., Dangstetten (A. 113), Vindonissa (A. 115), Regensburg (A. 115), Lauriacum (A. 113), Carnuntum (A. 105), Lambaesis (A. 113 und 117). – Räucheröfen oder Darren: Novaesium: Müller, Novaesium 398. – Fleisch- und Fischnahrung der Legionäre: R. W. Davies, Britannia 2, 1971, 127, 129, 136f. S. S. Frere, Britannia 5, 1974, 39.

128 Feuerstellen in Einsatzlagern: Webster, Army 172. Masada: Brünnow und v. Domaszewski, Arabia 3, 232 mit B. 1114. Haltern: Grabung 1974. Dangstetten: Zwischen den Kasernen Brandgruben (Mitteilung G. Fingerlin). Vgl. W. Piepers, Rhein. Ausgr. 10 (Düsseldorf 1971) 41–43. – Gemeinschaftsküche in Caerleon: V. E. Nash-Williams, Arch. Cambr. 86, 1931, 115–120. Boon, Isca 40. Nash and Jarrett, Wales 165. – Deva: Nash and Jarrett, Wales 39. Vgl. Richmond, Hod Hill 88. – Back-(Koch-)Öfen im Intervallum: Inchtuthil: I. Richmond, JRS 56, 1966, 198f. – Deva: Thompson, Cheshire 25 und 28. Britannia 3, 1972, 313. – Glevum: Britannia 2, 1971, 275. – Caerleon: Boon, Isca 24 mit A. 53 (Brotstempel?). – Carnuntum: v. Groller, RLÖ 2, 1901, 34–36 mit Taf. 4,1 (Bau 3), fraglich. RLÖ 6, 1905, 82f. mit Taf. 2(?). Dagegen ist die Bäckerei in der linken Hälfte des mittleren Retentura-Scamnums (Bau VI) nach H. Vetters spätantik (A. 98). – Vindonissa: R. Moosbrugger-Leu, Jber. Vind. 1959/60, 13–15. O. Lüdin, ebda 1972, 17f. – Kochöfen in Fendoch: Collingwood and Richmond, Archaeology 30. – Brotstempel in Mogontiacum und Mühlen: Spezialgebäude 244. – Vgl. Nachtrag S. 194.

129 In Legionslagern bekanntgewordene Valetudinaria: Haltern (augustisch): A. Stieren, Germania 12, 1928, 74. v. Schnurbein, Haltern 67f. – Vetera (klaudisch): H. Lehner, Germania 13, 1929, 130f. Ders., Vetera 21–23. – Vindonissa (tiberisch-klaudisch, späterer Neubau): Chr. Simonett, Anz. Schweiz. Altert. kde 39, 1937, 201–206, 216 mit Plänen S. 88f., 91, 201, 203f. H. Herzig, Jber. Vind. 1944/45, 40–43. Ettlinger, Vindonissa 101. – Vetera (neronisch): Oelmann, Vetera 1931, 225–227. – Inchtuthil (flavisch): I. Richmond, JRS 47, 1957, 198f. – Novaesium (flavisch):

Koenen, Novaesium 180–182. – Caerleon (flavisch, Neubau im frühen 2. Jh.): Boon, Isca 75–77. – Bonna (nach 180 n. Chr., Erweiterung im 3. Jh.): Verf., Rheinland 44. – Lauriacum (etwa severisch): v. Groller, RLÖ 14, 1924, 152–156; 15, 1925, 106–110. E. Swoboda, Österr.Jh. 30, 1937, Bb. 253–284. J. Schicker, Fundber. Österr. 4, 1940–45, 57. – Ločica (Lotschitz) (nach 172 n. Chr.): F. Lorger, Österr.Jh. 19/20, 1919 Bb. 115f. – Vindobona (Ende 2. Jh.?): A. Neumann, Jb.RGZM 12, 1965, 99–117. – Carnuntum (wohl nicht vor Ende des 2. Jh.): v. Groller, RLÖ 7, 1906, 47–70. E. Bormann, ebda 132–135. – Aquincum: J. Szilágyi, Budapest Régiségei 13, 1943, 348. Ders., Aquincum 1968, 84. Budapest Műemlékei 2, 516. Nagy, Budapest története 116. Dieser Bau, der in der angeführten Literatur als Lazarett bezeichnet wurde, hat keine Ähnlichkeit mit anderen Lazaretten. Er wird wohl ein Horreum sein (A. 101). Auch die Fundstellen der Inschriften, die sich auf das Lagerlazarett von Aquincum beziehen, bieten keinen Anhalt für die Lokalisierung des Lazaretts. Nur eine wurde innerhalb des Lagers gefunden, die anderen beiden außerhalb des Lagers: Gy. Korbuly, Die ärztlichen Denkmäler von Aquincum (Budapest 1934) 14 (damals war die Ausdehnung des Legionslagers noch unbekannt). – Lambaesis: In Spezialgebäude 252 A. 176 glaubte ich, den Trakt mit Fußbadewannen hinter den Principia von Lambaesis mit seinen Kammerreihen als Teil des Lazaretts ansehen zu können, das durch CIL 8, 2553 und 2563 bezeugt ist (Cagnat, L'armée² 2, 510). Bei nochmaliger Überprüfung des ausgegrabenen Befundes an Ort und Stelle scheinen mir die Becken eher zur Thermenanlage zu gehören (vgl. A. 132). – Aborte: Novaesium und Ločica, hier auch ein Baderaum. – Zusammenfassende Darstellungen: R. Schultze, BJb. 139, 1934, 54–63. – Haberling, Deutsche militärärztl. Zs. 1909, 441–467. – I. Richmond, The University of Durham Medical Gazette, Juni 1952, 4f. – K. Schneider, RE 8 A, 263f. ‚Valetudinarium'. – M. Tabanelli, Chirurgia nell'antica Roma (Turin 1957) 43–65. Ders., in: Atti del Primo Congresso Europeo di Storia Ospitaliera (Reggio Emilia 1960) 1258–1265. – D. Jetter, Geschichte des Hospitals 1 (Sudhoffs Archiv, Beiheft 5, Wiesbaden 1966) 1–7. Ders., Grundzüge der Hospitalgeschichte (Darmstadt 1973) 4f. – Davies, Medical Service 93–97. – R. A. Watermann, Medizinisches und Hygienisches aus Germania inferior (Neuss 1974) 111–127. – Medizinische Instrumente in den Lazaretten von Novaesium und Caerleon: Koenen, Novaesium 182. Boon, Isca 77. Davies a. O. 89f. – Heilpflanzen im Lazarett von Novaesium: K.-H. Knörzer, Sudhoffs Archiv 47, 1963, 311–316. Ders., Römerzeitliche Pflanzenfunde aus Neuss (= Limesforschungen 10, Berlin 1970) 137. Davies a. O. 91f. Ders., Medical History 14, 1970, 101–106. – Die Bettenzahl je Krankenstube scheint mir bei Schultze, Jetter und Davies für die römische Epoche zu niedrig angesetzt zu sein: Schultze, s. o. 56. Davies, Saalburg-Jb. 27, 1970, 102 A. 150. – Erwähnungen von Lazaretten auf Inschriften: Spezialgebäude 252.

130 Walde-Hofmann, LEW³ 2, 776f. ‚veterinus', ‚vetus'. Die Etymologie von veterinus bei Paul. Fest. p. 507, 9–11L ‚veterinam' ist falsch, zeigt aber die Bedeutung des Wortes zur Zeit des Sex. Pompeius Festus, der ein Zeitgenosse Ps.-Hygins gewesen sein kann.

131 Medici veterinarii: RO² XV und 26. Tarruntenus Paternus, Dig. 50, 6, 7. – Inschriftliche Belege bisher nur für eine Praetorianerkohorte und eine gemischte Kohorte: CIL 6, 37194 = ILS 9071 = R. W. Davies, in: Epigr. Stud. 8 (Düsseldorf 1969) 95 Nr. 5; CIG 5117 = IGRR 1, 1373 = Davies a. O. 97 Nr. 50. Vgl. Davies a. O. 88. Ders., Medical Service 86f. – Pecuarii: Spezialgebäude 249. Davies, Medical Service 88. Eine Inschrift, die Weideland der Bonner Legion rechts des Rheins

bezeugt A. 111. – Maultiere in den Legionen und die sie beaufsichtigenden muliones: R. W. Davies, Latomus 26, 1967, 68–70. – Zu meiner früheren Erklärung von Magazinen vom Hoftyp als Veterinaria s. A. 103.

132 Thermen in Legionslagern: Deva: Nash and Jarrett, Wales 36 und 39 (im flavischen Holzlager aus Stein gebaut). – Eburacum: Eburacum 42f. Vgl. Register s. v. Bath House. – Caerleon: Boon, Isca 42f., 59, 77–82. – Exeter: Current Archaeology 39, Juli 1973, 103–105. – Novaesium: Koenen, Novaesium 196–203 (Bau 44). Eine späte Thermenanlage mit einer Basilika scheinen Bau 88 und 89 gewesen zu sein: Koenen, Novaesium 165–173. Thermen aus der Zeit vor 69 n. Chr.: Verf., Neuss 479. Sie lagen außerhalb des zugehörigen Lagers, weil dessen Innenbauten aus Holz errichtet waren. – Bonna: Im Jahr 1960 ausgegraben, noch nicht veröffentlicht. – Mogontiacum: Baatz, Mogontiacum 74. – Vindonissa: Laur, Vindonissa 46–56. Ettlinger, Vindonissa 98f. M. Hartmann, Jber. Vind. 1973 (1974) Beil. 1 und 2 nach S. 44 (Holzthermen der 13. Legion, dann Steinbau). – Lauriacum: v. Groller, RLÖ 7, 1906, 37–40; 11, 1910, 23–30; 13, 1919, 173–194, 213–218, 243–254; 15, 1925, 106. H. Vetters, Forsch. Laur. 1, 49–53. Gaheis, Lauriacum 20. – Vindobona: A. Neumann, Jb. RGZM 12, 1965, 103f. – Carnuntum: Auffallenderweise sind hier keine Thermen im Lager bezeugt. Thermen in den Canabae legionis: E. Swoboda, Carnuntum[4] (Graz, Köln 1964) 176. – Aquincum: J. Szilágyi, Budapest Régiségei 13, 1943, 347. Ders., Aquincum 1968, 83f. Nagy, Budapest története 116. – Albano: G. Lugli, Ausonia 9, 1919, 233. H. W. Benario, Archaeology 25, 1972, 261. – Lambaesis: Cagnat, L'armée[2] 2, 514–516. Zu den Fußbadewannen: ebda 2, 514 (als Getreidebehälter erklärt). – Inschriftliche Bezeichnungen: Spezialgebäude 251. – Basilica thermarum: RIB 605 (Lancaster); 1091 (Lanchester). In Caerleon vermutet, sicher in Deva, Vindonissa und Lauriacum, vielleicht bei den späten Thermen von Novaesium (s. o. und A. 138). – Vgl. Nachträge S. 194.

133 Vgl. die Zusammenstellungen bei W. Haberey, Die römischen Wasserleitungen nach Köln (Düsseldorf 1971) 97f. und F. Rakob, Röm. Mitt. 81, 1974, 51.

134 Wasserleitungen außerhalb von Legionslagern. Deva: RIB 460. – Eburacum: vgl. Eburacum 38 links. – Vetera: H. Hinz, BJb. 159, 1959, 143 und 147f. E. Samesreuther, Ber. RGK 26, 1936, 39. – Novaesium: Samesreuther a. O. 90f. G. Müller, in: Bogaers und Rüger, NL 139. – Bonna: Samesreuther a. O. 39–41. W. Haberey, BJb. 159, 1959, 394. P. J. Tholen, ebda 165, 1965, 430 mit B. 15; ders., ebda 170, 1970, 372 mit B. 25. – Mogontiacum: Baatz, Mogontiacum 76f. Samesreuther a. O. 82–86. – Argentorate: Samesreuther a. O. 106–110. – Vindonissa: Fellmann, Jber. Vind. 1953/54 (1954) 30–32. Ettlinger, Vindonissa 103. – Carnuntum: v. Groller, RLÖ 5, 1904, 115–120 und 10, 1909, 6. – Vindobona: A. Neumann, Vindobona (Wien usw. 1972) 40 u. Register s. v. Wasserleitung. Plan im vorderen Einband. – Aquincum: J. Szilágyi, Budapest Régiségei 13, 1943, 347f. Ders., Aquincum 1968, 108. – Albano: H. W. Benario, Archaeology 25, 1972, 261. – Lambaesis: Cagnat, L'armée[2] 2, 516–518. Dagegen M. Janon, Antiquités Africaines 7, 1973, 254. – Laufbrunnen: Vetera(?): Oelmann, Vetera 1931, 224. Im Legionslager Lambaesis gab es mindestens vier Laufbrunnen. Einer war als Nymphaeum ausgebaut. Er befand sich rechts neben der Groma an der Hauptstraße: Cagnat, L'armée[2] 2, 508f. Janon a. O. – Allgemein: Davies, Medical Service 85.

135 Schöpfbrunnen z. B. in Noviomagus: H. Brunsting, Numaga 7, 1960, 18–21 mit B. 4 (S. 14) Nr. 5 und 5a. – Lauriacum: Gaheis, Lauriacum 19. – Carnuntum: v. Groller, RLÖ 4, 1903, 67–69. – Vgl. Baatz, Mogontiacum 77 rechts. – Zisternen (lacus,

ὕδρευμα): De Ruggiero und S. Mazzarino, Diz. epigr. 4, 337f. „lacus". – Albano: G. Lugli, Ausonia 9, 1919, 233f., 250–256. H. W. Benario, Archaeology 25, 1972, 260f. – Lambaesis: CIL 8, 2631 (vgl. 18101) = ILS 5778. Zur Frage, ob der Kellerbau im Wirtschaftsbereich der linken Praetentura-Hälfte eine Zisterne oder ein Magazin war, S. 85f. – Noviomagus (Gewerbebereich): H. Brunsting, Numaga 7, 1960, 18–21. – Kleines gemauertes Wasserbecken: Baatz, Mogontiacum 22. Vgl. Müller, Novaesium 397. – Nutzwasser aus Flüssen: Ps.-Hygin 57. Veget. 1, 22.

136 Allgemein: Collingwood-Richmond, Archaeology 125, 131. Davies, Medical Service 85. Spezialgebäude 251. Hier auch Müllhalden. – Latrinen: Inchtuthil: I. Richmond, JRS 54, 1964, 153. – Caerleon: V. E. Nash-Williams, Arch. Cambr. 86, 1931, 133–135. Boon, Isca 39f. – Lambaesis: Cagnat, L'armée² 2, 509. Latrinen werden auch unter den nicht ausreichend publizierten Bauten im Intervallum der Legionslager Deva, Noviomagus, Bonna und Carnuntum zu erkennen sein. Latrinen in Auxiliarlagern: D. Baatz, BJb. 166, 1966, 200 A. 36. – Abwässerkanäle in Novaesium, Bonna und Carnuntum: D. Wortmann, Rhein.Ausgr. 3, 328f., in Mogontiacum: Baatz, Mogontiacum 21 und 26.

137 Chester, amphitheaterartiger Bau: R. Newstead and J. P. Droop, Journ. Chester Arch.Soc. 34, 1939/40, 5–45. Nash and Jarrett, Wales 39. JRS 59, 1969, 210. Das gestempelte Bleirohr: Britannia 2, 1971, 292f. Ich durfte ferner vervielfältigte Grabungsberichte benutzen, die mir J. Eames und N. J. Reed überließen. N. J. Reed versuchte in einem Vortrag, den er im September 1974 vor dem 10. Internationalen Limeskongreß in Nijmegen hielt, durch die Ergänzung einer Inschrift (D. F. Petch, Journ. Chester Arch.Soc. 57, 1970/71, 21–26) zu erweisen, daß das Gebäude für die Brigantes-Königin Cartimandua errichtet wurde, als diese ein Opfer ihrer innenpolitischen Gegner geworden war. – Oktogon in Mogontiacum: E. J. R. Schmidt, Mainzer Zs. 24/25, 1929/30, 123f. H. Kähler, Germania 15, 1931, 26. G. Rodenwaldt, Arch. Anz. 1931, 317f. G. Behrens, Mainzer Zs. 48/49, 1953/54, 77. K. H. Esser, BJb. 172, 1972, 215. H. Gabelmann, BJb. 173, 1973, 197. – Die „Kneipe" in der Praetentura von Carnuntum: v. Groller, RLÖ 2, 1901, 76f., 82f. E. Bormann, ebda 148f. CIL 3, 14356, 5a und b = Vorbeck, Militärinschriften 36f. Zu diesem Teil des Lagers vgl. M. Kandler, Anz.Österr.Akad.Wiss. 111, 1974, 27–40. – Vgl. Nachtrag S. 194.

138 In Novaesium ist ungeklärt, ob die Kohorte links der Principia sechs Centurien hatte, bevor hier später Thermen gebaut wurden. – Um die Zahl der Centurienkasernen in Lauriacum und Carnuntum zu ermitteln, muß man von den Gassen ausgehen, die zwischen je zwei Centurienkasernen lagen. – Wenn man in Lambaesis Platz für 10 Kohorten haben will, muß man allerdings die Retentura gegenüber der Ergänzung R. Cagnats um rd. 6 m verlängern (wie in unserer Taf. 12): Hinweis P. J. Tholen.

139 Wenn die Kohortenunterkünfte nach B. 34 angeordnet waren, konnte sich die 4. und 5. Kohorte auf dem Intervallum aufstellen, während die 2. und 3. Kohorte abmarschierte. Die 7. und 8. Kohorte konnte zu gegebener Zeit auf dem Intervallum vorrücken, während sich die 9. und 10. auf der Via quintana zum Abmarsch bereit machte. – Eine andere Anordnung schlug Niessen, Novaesium 88–90 vor. – ‚antesignani': Veith, Heerwesen 389–391, 407. v. Nischer, Heerwesen 494, 522f.

140 Ps.-Hygin 13; 36; 43. v. Domaszewski, Hygin 59. – Die Bezeichnung ‚via decumana' fehlt bei Ps.-Hygin und ist im Thes. l. Lat. auch nicht anderswo belegt.

141 Ihre Behandlung würde über den zeitlichen Rahmen unserer Abhandlung hinaus-

führen. Außer dem Palast Diokletians in Split und Palmyra sei auf El Lejjūn (A. 4) und Oḏruḫ verwiesen. Oḏruḫ liegt rd. 18 km östlich von Petra: Brünnow und v. Domaszewski, Arabia 1, 433–460 mit Taf. 22. Für byzantinische Lager wird dieses Einteilungsprinzip ausdrücklich gefordert von dem Anonymos περὶ ἀπλήκτου 1 (= Incerti scriptoris Byzantini saec. X liber de re militari, rec. R. Vári, Leipzig 1901). Ein Beispiel des 6. Jahrhunderts ist Drobeta (Turnu Severin): R. Florescu, in: Militärgrenzen 149 mit B. 6. Auf die Darstellungen römischer Lager auf Lampen der östlichen Reichsprovinzen, die eine ähnliche Einteilung zeigen, soll hier nicht eingegangen werden: z. B. R. K. Sherk, in: Aufstieg 2/1 (1974) 552 B. 10 (aus Samaria).

142 E. Birley, Severus 66f. betont die Möglichkeit, daß die einzelnen Legionen und andere Einheiten verschiedene Stärkenachweisungen gehabt haben. Man könnte, um diese Annahme zu stützen, darauf hinweisen, daß im Legionslager Noviomagus kein Platz für 10 Kohorten war (S. 110). Im 2. und 3. Jahrhundert waren in Deva und Caerleon nicht mehr alle Kasernen benutzt: Boon, Isca 46, 54–59. Nash and Jarrett, Wales 39. Beide Feststellungen können aber auch anders erklärt werden (S. 121f.). – Matricula als Stärkenachweisung: W. Enßlin, RE 14, 2251–2256 ,Matricula'. G. R. Watson, in: M. G. Jarrett and B. Dobson (Hrg.), Britain and Rome (Kendal 1965) 49. Fink, Records 3f. – Centuria 100 Mann stark: Paul. Fest. p. 46, 25f. L. Ps.-Hygin 5: cohors legionaria, quae ad sescentenos homines computatur. – Vgl. Nachtrag S. 194.

143 Stärke einer Legionskohorte: Ps.-Hygin 5: s. A. 142. – Dio 75, 12, 5: Kohorte mit 555 Mann (s. S. 124 und A. 156). – Stärke eines Manipels 200 Mann: Claud. Don. Aen. 11, 463. Vgl. Thes. l. Lat. 8, 317, 57–62. – Verhältnis von kämpfender Truppe zur Sollstärke einer Legion: Breeze 1974, 436 A. 1.

144 Dangstetten: Fingerlin, Dangstetten 209f. und Beil. 28 (Maßstab 1 : 1250, nicht 1 : 500!). – Haltern: v. Schnurbein, Haltern 68f. – Rödgen: H. Schönberger, Germania 45, 1967, 91f. und B. 3. – Hierher passen die „schrägen" Holzkasernen von Vindonissa, von denen eine weitgehend vollständig mit sicher 11, vielleicht 12 oder noch mehr Kontubernien erhalten ist: Ettlinger, Vindonissa 101. M. Hartmann, Jber. Vind. 1973 (1974) Beil. 1 nach S. 44.

145 Alle Belege bei Breeze 1969, 50f. I. Richmond, JRS 48, 1958, 132. Vgl. S. 62ff.

146 R. M. Ogilvie and Sir Ian Richmond, Cornelii Taciti de vita Agricolae (Oxford 1967) 69–76. – I. Richmond, JRS 55, 1965, 200.

147 Breeze 1969, 50–53, besonders die Liste 52. Daß die Handwerker und Sanitätssoldaten einer Legion dem Praefectus castrorum unterstanden, sagt Vegetius 2, 10 teils direkt, teils indirekt: s. A. 21 und 148.

148 Wäre der Altar des custos armorum T. Voccius Victorinus an seinem ursprünglichen Aufstellungsort gefunden, wäre er eine Bestätigung dafür, daß ein custos armorum in einer Centurienkaserne wohnte: v. Groller, RLÖ 5, 1904, 45f. und 62. E. Bormann, ebda 127–132 = Vorbeck, Militärinschriften 69; dagegen H. Vetters: vgl. A. 87. – D. J. Breeze wies mich dankenswerterweise darauf hin, daß R. Davies in seiner Ph.D.-These (Peace Time Routine in the Roman Army, unveröffentlichte Ph.D.-These der Universität Durham, 1967, 335) den clavicularius als Nagelschmied erklärt. Nach CIL 3, 14507, dex., a, 7 und Österr. Jh. 4, 1901 Bb. 95 gehörte der hier genannte M. Aur. Firmus ,CL' der 4. Kohorte der Legio VII Cl. an. Wenn ,CL' in cl(avicularius) aufzulösen wäre, was keineswegs feststeht, wäre dies in Verbindung mit der Worterklärung, die R. Davies vorschlug, ein Gegenargument gegen unsere

Auffassung. Da aber in dem A. 98 angeführten geschlossenen Fundkomplex von vier Weihealtären, die in einem Raum eines Baues im Lager Carnuntum standen, zwei Altäre sind (CIL 3, 15190 und 15192), die von clavicularii, und einer (CIL 3, 15191), der von einem ex optione cust(odiarum) der Nemesis Aug. (15191f.) geweiht worden ist, scheint mir die Übersetzung von clavicularius als ‚Gefängnisschließer, -wärter' noch immer am wahrscheinlichsten. – Ein Holztäfelchen aus dem Schutthügel von Vindonissa trägt die Anschrift: Valerio scu[t]ario / IIX: O. Bohn, Anz. Schweiz. Altert.kde 27, 1925, 193f. Finke 119. Bohn hat vermutet, daß die Zahl IIX = VIII die Kohorte des Soldaten bezeichne. Da aber ein scutarius, wie wir gezeigt haben, kaum bei der Kohorte gewohnt hat, in deren Liste er geführt wurde (vielleicht der ersten), wäre eine solche Anschrift wirkungslos gewesen. Die Zahl wird wohl eine andere Bedeutung haben. – Gegen unsere Auffassung sprechen vielleicht die pecuarii, die nach CIL 8, 2568, 4 und 2569, 28 einer 8. und einer 4. Legionskohorte angehörten (A. 147). – Vgl. Nachtrag S. 194.

149 v. Nischer, Heerwesen 493f. Die Übernahme dieses Einfalls durch E. Bickel, Rhein. Mus., N.F. 95, 1952, 111–121 kann hier außer Betracht bleiben. – Zu den Veteranen-Vexilla: CIL 5, 4903: vexillarius veteranorum legionis. – RO² XX, 78–80. – Koestermann, Tac. Ann. zu 1, 17, 3. – A. Neumann, RE 8 A, 2444f. „vexillatio". – Saxer, Vexillationen 5f. Nr. 1.

150 Ps.-Hygin schreibt (c. 3), daß die 1. Legionskohorte, quoniam duplum numerum habet, duplam pedaturam accipiet etc. v. Domaszewski, Hygin 46 und 69 versuchte allerdings aus den Maßangaben des Verfassers zu erweisen, daß sie nur sechs Centurien hatte. Träfe das zu, dann wäre die ganze Frage noch verwickelter.

151 Freis, Cohortes urbanae 30–32. – Saxer, Vexillationen 126–128.

152 RO² 29–35; 63–68. – H. Zwicky, Zur Verwendung des Militärs in der Verwaltung der römischen Kaiserzeit (Diss. Zürich, Winterthur 1944) 76–88. – A. H. M. Jones, JRS 39, 1949, 44. Ders., Studies in Roman Government and Law (Oxford 1960) 161f. – Freis, Cohortes urbanae 32. Vgl. A. 155.

153 Literatur zu Benefiziarier-Stationen bei J. E. Bogaers, Ber. ROB 12/13, 1962/63, 82–84. In der Provinz Niedergermanien wurden bisher rund 22 Benefiziarier-Stationen mehr oder weniger sicher nachgewiesen, in der Provinz Dalmatia etwa 17: Verf., Rheinland 72–76. Bogaers a.O. Wilkes, Dalmatia 122–127. E. Birley wies mir freundlicherweise schon vor 1960 15 Inschriften von beneficiarii consularis in Britannien nach. Inzwischen mögen weitere hinzugekommen sein. – Stationes für Steuer- und Zolleinnahmen: E. Weiss, RE 3 A, 2212f. „Statio". S. J. De Laet, Portorium (Brugge 1949) 126 u. o. H. Lieb, in: M. Jarret und B. Dobson (Hrg.), Britain and Rome (Kendal 1965) 139–144. – Frumentarii: RO² 34f., 88, 104, 107, XII, XXIII. Zuletzt Rickman, Granaries 274–277. Th. Pekáry, Gymnasium 81, 1974, 154. – Centuriones regionarii: RIB 152 (Aquae Sulis). CIL 13, 2958 (Agedincum). A. Betz, Österr. Jh. 35, 1943 Bb. 137f. (Brigetio). H. Vetters, ebda 39, 1952, 103–106 (Lauriacum).

154 Die Bezeichnungen des Vegetius für die Centurionen der 1. Legionskohorte sind falsch, wie CIL 8, 18072 (aus Lambaesis) zeigt: RO² 90 und XXIIIf. Gegen die Annahme, daß der für eine frühere Zeit zu vermutende 6. Centurio ein zweiter einfacher Primus pilus war, sprechen die archäologischen Befunde. Eher war er der Primus pilus iterum. Da dieser aber nicht regelmäßig bei der Legion war, in deren Liste er geführt wurde, übernahm der nächstniedrige Centurio dessen Centurie. Deshalb führte der erfahrenste und höchste Centurio auch eine Schwerpunkteinheit

innerhalb der Schwerpunktkohorte. Das Schema, das Vegetius überliefert, sieht nicht sehr sinnvoll aus. Vielleicht hat er nicht nur die Bezeichnungen der Centurionen unrichtig wiedergegeben, sondern auch die Hastati und die Principes in beiden Kategorien der Priores und Posteriores verwechselt. Vertauscht man diese, bekommt man eine besser verständliche Ordnung der Zusatzzahlen. Andernfalls müßte man einen Grund dafür suchen, weshalb die beiden Principes weniger zusätzliche Mannschaften führten als die beiden Hastati.

155 Ich habe die geschätzten Zahlen meiner Aufstellung mit D. J. Breeze diskutiert (S. 9). Ich habe seine Verbesserungen oder Schätzungen meinen eigenen vorgezogen, weil er die antiken Zeugnisse für Immunes besser kennt als ich. (Daß er sie mir freundlicherweise mitteilte, schließt nicht ohne weiteres ein, daß er meiner ganzen Argumentation zustimmt). – Zu den Zahlen der Handwerker schrieb mir D. Breeze: "I have made the number of craftsmen etc as high as possible. This is perhaps the most difficult figure to calculate. However, the 11 mensores attested in VII Claudia and the 16 in III Augusta together with the 35 cornicines and the 37 tubicines in III Augusta suggest that the number of immunes in each post may have been quite high." – Zu den 9 oder 10 Stäben der Legion gehören die des Legatus legionis, des Tribunus laticlavius, des Praefectus castrorum, der Tribuni angusticlavii, des Princeps und gegebenenfalls des Tribunus sexme(n)stris. – Die Zahl der Dienstgrade und Soldaten, die zu Statthaltern und Prokuratoren von Nachbarprovinzen abkommandiert waren, wechselte natürlich stark von Provinz zu Provinz. Wir haben deshalb die vorangehende Zahl einfach wiederholt. Vgl. H.-G. Pflaum, Gnomon 37, 1965, 393. Die Beneficiarii, die in die Stäbe des Statthalters und des Finanzprokurators der Belgica abkommandiert waren: W. Meyers, L'administration de la province romaine de Belgique (Brügge 1964) 94–98. R. W. Davies, in: Aufstieg 2/1 (1974) 299–338, gibt einen Überblick über Abkommandierungen von Legionssoldaten und ihre Arbeiten außerhalb der Garnison. – Vgl. Nachtrag S. 194.

156 Die Nachrichten sind zusammengestellt von Marquardt, Staatsverwaltung² 2, 455 A. 6. Hinzuzufügen ist Paul. Fest. p. 453, 5–7 L und Dio 75, 12, 5. Die illyrischen Mattiobarbuli bildeten zwei 6000 Mann starke Legionen: Veget. 1, 17. Vgl. A. 143. – Leider kann man aus den Entlassungslisten von Legionen, die auf Inschriften erhalten sind, nicht mit statistischer Wahrscheinlichkeit auf die Iststärke der betreffenden Legion schließen, weil die Sterblichkeitsquote für Legionäre unbekannt ist und wohl weder zeitlich noch geographisch gleich hoch war. Das Problem haben schon Th. Mommsen und R. Böckh behandelt: Arch.-epigr. Mitt. 7, 1883, 188–195. Wie sehr die Entlassungszahlen schwankten, zeigt eine Liste aus Nicopolis: AÉ 1955, 238. J. F. Gilliam, Am. Journ. Phil. 77, 1956, 359–365.

157 Auf die mittleren Jahre Mark Aurels datiert von E. Birley, in: Actes du deuxième Congrès Internat. d'Épigraphie etc. 1952 (Paris 1953) 234. Ders., in: Corolla memoriae Erich Swoboda dedicata (Graz, Köln 1966) 57. Ältere Datierungsversuche bei F. Vittinghoff, Historia 1, 1950, 390f. A. 2 und Watson, Soldier 165 A. 58. Vgl. J. F. Gilliam, BJb. 167, 1967, 238 A. 27. – Die einzig brauchbare, aber in vielem veraltete Edition der Schrift ist v. Domaszewski, Hygin (s. S. 198).

158 Zweck der Schrift Ps.-Hygins: v. Nischer, Heerwesen 541f. – Bedeutung von ‚castra hiberna': v. Domaszewski, RE 3, 1766 Z. 30f. Verf., Vetera 1815f.

159 Ob auch der Schluß der Schrift fehlt, wie v. Domaszewski, Hygin, im Vorwort meint, erscheint mir zweifelhaft.

160 Quaestorium: Ps.-Hygin 18 und 29. Weitere Belege A. 100.

161 v. Domaszewski, Hygin 54. Schon W. Gemoll emendierte: ‚in fori parte ima'. F. Stolle, Das Lager und Heer der Römer (Straßburg 1912) 122: ‚foro ante praetorium'. Ich würde zunächst versuchen, den schwer verständlichen Ausdruck der Hs. aus sich heraus zu verstehen. Kann ‚aris institutis in formam partis imae' nicht bedeuten: nachdem die Altäre aufgestellt sind gemäß dem unteren Teil des (beigefügten) ‚Lagerplanes'? Vgl. die Belege für ‚forma' S. 126. Aus mehreren Stellen des Textes ist zu ersehen, daß der Plan des Modell-Lagers von Ps.-Hygin mit der Praetentura nach unten gerichtet war. ‚ima pars' ist dann der unterste Teil des Planes = der in Richtung auf die Porta praetoria gelegene vordere Teil des Lagers (S. 34).

162 v. Domaszewski, Principia 145 und 158 (= Aufsätze 238 und 251). Ihm folgt Fellmann, Principia 93–98. Vgl. Spezialgebäude 232.

163 Zum Feind und zu einem Fluß orientiert waren die Legionslager Noviomagus, Novaesium, Bonna, Mogontiacum, Regensburg, Lauriacum, Albing, Vindobona, Carnuntum, Brigetio, Aquincum. – Nicht gegen einen Feind, aber zu einem Fluß orientiert waren Inchtuthil, Deva, Eburacum, Caerleon, Haltern, Ločica und Burnum. – Besondere Geländeverhältnisse haben die Orientierung bestimmt bei den Lagern Argentorate, Vindonissa, Lambaesis, vielleicht auch Vetera I.

164 v. Domaszewski, Hygin 57–61.

165 Beispiele: Marschfolge des Germanicus vor der Schlacht von Idistaviso: Tac. ann. 2, 16f. Dazu Verf., BJb. 166, 1966, 182. Für flavische Zeit: Ios. b. Iud. 3, 6, 2 und 5, 2, 1. Ferner: Veget. 3, 6. Kromayer und Veith, Heerwesen 420–422 und 546–548.

166 Ps.-Hygin 7 (equites praetoriani, officiales); 8 (singulares des Kaisers); 19 (statores).

167 Ps.-Hygin 15.

168 A. Neumann, RE Suppl. 10, 995 „Vegetius". – Datierung der Epitoma de re militari des Vegetius: Watson, Soldier 26f.

169 Die angebliche Auflösung der Manipel unter Hadrian: D. Schenk, Flavius Vegetius Renatus. Die Quellen der Epitome rei militaris (= Klio, Beiheft 22, Leipzig 1930) 17–23. Vgl. A. Neumann, RE Suppl. 10, 1008 „Vegetius". – Heeresreformen Hadrians: W. Schurz, Die Militärreorganisation Hadrians 1 und 2 (Gymnasialprogramm Gladbach 1897 und 1898). W. Weber, CAH 11, 311 A. 1. Vgl. H. Bengtson, Grundriß der römischen Geschichte 1 (München 1967) 342f. – Bedeutung von ‚manipulares' u. ä.: CIL 6, 222 vom Jahr 111 und 6, 30881 vom Jahr 118. Suet., Cal. 9. – Auf das Fortbestehen der Manipel-Kasernen in den Legionslagern während der ganzen Prinzipatszeit hat schon Webster, Army 138 hingewiesen.

170 CIL 10, 3344 = ILS 5902 vom Jahr 159. – Die Inschrift des P. Aelius Paulinus aus dem dakischen Ilosva (Alsó) CIL 3, 7626 = ILS 2545 wird auch nicht viel älter sein. – Das obige Zitat stammt aus: E. Kornemann, RE 4, 400 „Collegium". Vgl. S. N. Miller, CAH 12 (1939) 32 A. 47 und R. E. Smith, Historia 21, 1972, 497 mit A. 100.

171 Im Hinblick auf die Raumgruppe von Aedes und Scholae kann ich keinen Unterschied zwischen den Lagerfora der 11. und der 21. Legion erkennen. Anders Fellmann, Principia 110–155.

172 P. M. Meyer, Der römische Konkubinat nach den Rechtsquellen und den Inschriften (Leipzig 1895, Neudruck Aalen 1966) 100–123. – A. v. Premerstein, Klio 3, 1903, 29. – A. v. Domaszewski, Geschichte der römischen Kaiser 2 (Leipzig 1914) 259. – R. Egger, RLÖ 16, 1926, 102. – M. Fluß, RE 2 A, 1992f. „Severus". – S. N. Miller, CAH 12 (1939) 19, 32. – E. Kornemann, Römische Geschichte 2^6 (Stuttgart 1970)

307. – Watson, Soldier 137. – E. Birley, Severus 69. – R. E. Smith, Historia 21, 1972, 484f., 491f., 493f.

173 Vgl. A. 67.

174 E. Ritterling, in: Festschrift für O. Hirschfeld (Berlin 1903) 345–349. – A. Alföldi, CAH 12 (1939) 215–217 = Ders., Studien zur Geschichte der Weltkrise des 3. Jahrhunderts nach Christus (Darmstadt 1967) 406–409. – M. Grant, Das Römische Reich am Wendepunkt (München 1972) 48f. – Vorstufe unter Septimius Severus: E. Birley, Severus 65f. – Vor dem 10. Internationalen Limeskongreß in Xanten hat D. van Berchem die politischen Motive hervorgehoben, die Gallienus und Diokletian bei der Aufstellung und Auflösung des Kavalleriekorps bestimmt haben.

175 Zitat: RO² 29. Ältere Literatur: RO² 29 A. 3. Kübler, RE 6, 282 „Equites Romani". – Neuere Literatur: Breeze 1969, 55. M. Speidel, JRS 60, 1970, 142–153. H. Klumbach, Bayer. Vorg. bl. 36, 1971, 287f.

176 Kunstreitvorführungen römischer Kavallerie in Schmuckrüstung: Arr. Tact. 32,3–44,1. Übersetzung und Kommentar: F. Kiechle, Ber.RGK 45, 1964, 87–129. – Schmuckrüstungsteile in oder bei Legionslagern: Noviomagus: Eisenmaske eines Gesichtshelms, FO Ubbergen, unterhalb der Ostecke des Legionslagers: Klumbach, Helme 63. – Novaesium: Wohl eine ‚Roßstirn'. FO: von C. Koenen ausgegrabenes Legionslager. Lehner, Novaesium 372 und Taf. 29. Verf., Streitkräfte 58f. und B. 22. Da im Lager der Legio VI victr. auch eine Ala gelegen haben dürfte, kann das Stück auch von dieser stammen (S. 55–57). – Mogontiacum: Zwei Schmuckschildbuckel. FO wahrscheinlich Legionslager. H. Klumbach, Jb. RGZM 13, 1966, 165–189. Da im Legionslager Mogontiacum in der 2. Hälfte des 2. Jahrhunderts, als diese Schildbuckel vermutlich hergestellt wurden, auch eine Hilfstruppe gelegen haben kann (S. 57), ist die Zuweisung der Fundstücke an Legionsreiter unsicher. – Durostorum: Gesichtshelm aus Kupferlegierung. Der genaue Fundplatz innerhalb von Durostorum ist mir unbekannt. Kunstschätze in bulgarischen Museen und Klöstern (Ausstellung Essen 1964) 120 Nr. 100. – Nordwestlicher Iran: Schmuck-Schildbuckel. FO vielleicht in der Gegend von Täbriz. H. Klumbach, Bayer. Vorg. bl. 36, 1971, 283–298. – Vgl. Nachträge S. 195

177 A. Neumann, RE Suppl. 10, 158–172 „Disciplina militaris" mit Literatur 177f. – Weihungen an die Disciplina militaris: A. 71. – Münzen: L. Rossi, The Numismatic Circular (Spink & Son Ltd.) 75, 1967, 130f.

178 Makrin: Dio 78, 37, 4. – Lauriacum: In der linken Praetentura-Hälfte lagen je zwei (manchmal verschieden große) Räume vor jedem Papilio. v. Groller, RLÖ 8, 1907, 130. – Carnuntum: M. Kandler, Anz. Österr. Akad. Wiss. 111, 1974, 34. – Lambaesis: Cagnat, L'armée² 2, 504.

179 Verf., Militärhandwerk.

180 Kromayer, Heerwesen 83, 115, 141. – F. E. Adcock, The Greek and Macedonian Art of War (Berkeley usw. 1962) 61. – J. R. McCredie, Fortified Military Camps in Attica (= Hesperia, Suppl. 11, Princeton 1966) 96–100. – Winter, Fortifications 42–45.

181 Xenoph. Lac. 12, 1.

182 Auf die angeführte Autorenstelle verweist Boëthius, Architecture 91 u. 551f. A. 6. – Gorítsa: S. C. Bakhuizen, Ἀρχαιολογικὰ Ἀνάλεκτα ἐξ Ἀθηνῶν (= Athens Annals of Archaeology) 5, 1972, 485–495. – Neu-Halos: Winter, Fortifications 45f.

183 E. Fabricius, RE 13, 673 „Limitatio". – S. Castagnoli, Le „formae" delle colonie romane e le miniature dei codici dei gromatici (Rom 1943). – O. A. W. Dilke, The Roman Land Surveyors (Newton Abbot 1971) 32–35.

[184] F. Haverfield, Ancient town-planning (Oxford 1913) 61–63. – Boëthius, Architecture 56–63.

[185] Ältere Vorstellungen: F. v. Duhn, in: Eberts Reallexikon der Vorgeschichte 13, 259–263. Ders., Italische Gräberkunde 1 (Heidelberg 1924) 116–119 u. ö. – E. Täubler, Terra mare und Rom: Sitzungsber. Akad. Heidelberg, ph.-h. Kl., 2. Abt. 1931/32. – Kritik: G. Saeflund, Le Terremare delle provincie di Modena ecc. (Lund-Leipzig 1939) bes. 219–223. – G. Patroni, Architettura preistorica generale ed italica. Architettura etrusca (Rom 1941) 73–88, bes. 81–86. – G. v. Merhart, BJb. 147, 1942, 64–71 u. ö. (= Ders., Hallstatt und Italien (Mainz 1969) 82–89). – G. v. Kaschnitz-Weinberg, in: Handbuch der Archäologie (München 1950) 345. – R. Pittioni, RE Suppl. 9, 224 „Italien, urgeschichtliche Kulturen". – G. A. Mansuelli – R. Scarani, L'Emilia prima dei Romani (Mailand 1961) 151–154. – Ders., Mél. École Franç. Rome 84, 1970, 111–144. – L. Barfield, Northern Italy before Rome (= Ancient Peoples and Places, London 1971) 90–95.

[186] A. v. Gerkan, Griechische Städteanlagen (Berlin – Leipzig 1924) 123–131 betont noch die Unterschiede zwischen der griechischen und italischen Stadt. Dagegen A. Boëthius, Roman and Greek Town Architecture (= Göteborgs Högskolas Arsskrift 54, 1948, 3). Ders., s. A. 184. – Crema, Architettura 28–30. – F. Castagnoli, Orthogonal Town-Planning in Antiquity (Cambridge, Mass. und London 1971) 110–112, 115–120.

[187] Das „castrum" von Ostia: G. Calza, in: Scavi di Ostia 1 (Rom 1953) 63–77. Ders., RE 18, 1655f. ‚Ostia'. Boëthius. Architecture 89f., 104 und 551f. A. 6. Vgl. die Zitadellen, castra, von Minturnae und Pyrgi ebda 98 und 104. Dazu Lit. 552f. A. 5. – Rechteckiges republikanisches Marschlager: Das Lager des Caecilius Metellus bei Cáceres (A. Schulten, Arch. Anz. 1932, 334–348 mit Plan 337f.) und das Lager von Almazán (Prov. Soria) (G. Gamer und T. Ortego y Frías, Madrider Mitt. 10, 1969, 172–184). – Ein einigermaßen rechteckiges Lager der augustischen Zeit ist das ‚Feldlager' von Haltern: v. Schnurbein, Haltern 39–41. Seine Westseite schwingt allerdings wegen des Geländes etwas nach innen. Die dem Gelände angepaßten Belagerungslager von Numantia sind aus dieser Betrachtung auszuschließen.

[188] Lager der Zeit des Augustus mit unregelmäßigen polygonalen Grundrissen: Verf., Rheinland 24–26. Ders., Neuss 470f. – H. Schönberger, in: Limesforschungen 2 (Berlin 1962) 73 A. 28. Ders., Roman Frontier 149. Nach diesen Veröffentlichungen bekanntgewordene Lager dieser Art sind Dangstetten (Fingerlin, Dangstetten 204f.) und Anreppen (S. v. Schnurbein, in: Bogaers und Rüger, NL 121).

[189] Vgl. Boëthius A. 182 und ebda S. 103–105.

[190] Crema, Architettura, Register 666. – F. Rakob, in: Kraus, Weltreich 154. – Boëthius, Architecture 121–127. – H. Gabelmann, Jb. RGZM 18, 1971, 125–129 und 141f.

[191] Wir verweisen hier erneut auf Fellmann, Principia. Auf seine Hypothese eines Übergangstyps von den Prätorien der Marschlager zu den Lagerfora der Prinzipatszeit (S. 110–115) soll hier nicht eingegangen werden: vgl. Spezialgebäude 233.

[192] S. A. 81. – Podium für Signa: Tac. ann. 1, 18f. CIL 6, 3559 = ILS 9081. Dazu A. v. Domaszewski, in: Festheft der ‚Wiener Studien' zum 60. Geburtstag E. Bormanns (Wien 1902) 124–126. Im rückwärtigen Teil des Hofes eines Holzgebäudes, das in einem vorklaudischen Lager in Novaesium gebaut war, wurde ein rechteckiger Holzrost gefunden. Wenn einmal der Grundriß des ganzen Baues veröffentlicht ist, wird man fragen müssen, ob der Rost nicht die Unterlage eines Podiums für Signa war:

Verf., Neuss 466f. B. 7. Müller, Novaesium 391. Auch in den Lageraedes waren die Signa auf Podien aufgestellt: S. 75.

193 Belege in den A. 190 angeführten Arbeiten.

194 K. Ohr, Die Basilika in Pompeji (Diss. Darmstadt, Karlsruhe 1973) 162–167 mit Literatur. Vgl. Boëthius, Architecture 127–129.

195 K. Schneider, RE 4 A, 1863–1871 ‚Taberna'. – Lugli, Centro 62, 74f., 173, 178. – Boëthius, Architecture 89, 112f., 121, 126, 192f., 555 A. 12. – G. Becatti, in: Scavi di Ostia 1 (Rom 1953) 171 (einfache Wohnungen). – Etymologie: Walde-Hofmann, LEW³ 2, 639.

196 Schneider (A. 195) 1865f., 1870. Man vergleiche die amüsante Schilderung bei R. Egger, RLÖ 16, 1926, 156. – Tabernae in augustischen Lagern: v. Schnurbein, Haltern 70. H. Brunsting, Nieuwsbull. 1968, *24. – Ein Gegenstück zur Umwandlung von Tabernae zu Dienst- und Kassenräumen um die Lagerfora herum bietet der Umbau der ‚porticus post scaenam' in Ostia durch Händler und Reeder im 2. Jahrh. n. Chr.: Ward-Perkins, Architecture 281 mit B. 107.

197 Vgl. E. Fabricius, RE 13, 690 Z. 51ff. „Limitatio".

198 Frere, Britannia 241f. – H. E. Niemeyer, in: Römer am Rhein³ (Ausstellung Köln 1967) 37f. – Wacher, Towns 60. – P. Zanker, Arch.Anz. 1970, 505f.

199 Hier ist nicht der richtige Platz, den Zusammenhang der ebenerdigen städtischen Rechteckhäuser mit F. Oelmanns provinzialen ‚Kleinhausbauten' und den Mehrfamilienhäusern der Städte Italiens zu verfolgen. Für sie alle ist bezeichnend, daß auf einem möglichst kleinen Baugrundstück durch Flure und Treppen möglichst viele Räume aufgeschlossen wurden, die von der Straße oder von einem Innen-(Hinter-)hof Licht erhielten. Häufig wurden die ebenerdigen Geschosse durch Tabernae gebildet: R. Meiggs, Roman Ostia (Oxford 1960) 238–252. Ward-Perkins, Architecture 316–318 u. ö. J. E. Packer, The Insulae of Imperial Ostia (Rom 1971). Vgl. dazu die Besprechung von R. J. Ling, JRS 63, 1973, 279–281. – ‚Kleinhausbauten': F. Oelmann, BJb. 127, 1922, 83–87. Collingwood and Richmond, Archaeology 125–128 und 132 (Literatur). Beispiele ähnlicher Häuser auf dem Land bei K. Sz. Póczy, Budapest régiségei 22, 1971, 85–100 (deutsches Resümee 101f.). – Die Frühgeschichte dieser Häuser wird man erst in Rom und Italien untersuchen müssen, bevor man allzu rasch „einheimische" Vorbilder solcher langrechteckigen Häuser in den Provinzen definieren kann: E. Swoboda, Carnuntum⁴ (Graz, Köln 1964) 159–163. M. Sitterding. Jber.Vind. 1961/62 (1962) 40.

200 F. Oelmann, Germania 4, 1920, 57 (zum „Legatenhaus" in Haltern). – Boëthius, Architecture 155–159. – Ward-Perkins, Architecture 312–316.

201 Hug, RE 2 A, 619–621 „Schola". – H. Eschebach, Die städtebauliche Entwicklung des antiken Pompeji (Heidelberg 1970) 177. – P. Romanelli, Topografia e archeologia dell'Africa romana (Torino 1970) 197–201. – C. Daicoviciu, Dacia 1, 1924, 242–249 und 3/4, 1927/32, 516–556. – R. Florescu, Acta antiqua Philippopolitana. Studia Archaeologica (Sofia 1963) 95–103.

202 Lugli, Centro 95f. und 99. – Vgl. die Amtsgebäude neben der Curia in Pompei.

203 Rickman, Granaries 148–160, 251–257.

204 Am ehesten findet man Parallelen für gewerbliche Bauten des Militärs bei den Villae rusticae, die außer landwirtschaftlichen noch gewerbliche „Neben"-bauten hatten wie die Villa von Chiragan, und in Gewerbesiedlungen, in denen größere Unternehmer arbeiteten. Wir verzichten auf Belege.

205 Boëthius, Architecture 162–164.

[206] Krankenhäuser für Sklaven: K. Schneider, RE 8 A, 262f. ‚Valetudinarium'. – Für die angeführten Bauten in Stadt und Land, die als Vorbilder für den Bauentwurf von Krankenhäusern dienen konnten, gibt es so viele bekannte Beispiele, daß sie hier nicht angeführt zu werden brauchen. Gesindetrakte und Gästehäuser oder -trakte gehörten zu Kaiser- und Herrscherpalästen und großen Villae rusticae und suburbanae. Hospitalia, ξενοδοκεῖα oder ξενῶνες befanden sich in griechischen wie römischen Wallfahrts- und Kurorten. Ebenso gehören die Unterkünfte für dienstliche und private Reisende in Städten, Straßen-Kleinorten und bei Militärlagern hierher. Aus den Fremdenunterkünften und Valetudinaria sind die christlichen νοσοκομεῖα, πτωχεῖα, γεροντοκομεῖα und andere Arten der ξενοδοχεῖα entstanden: O. Hiltbrunner, RE 9 A, 1490–1503 ‚ξενοδοχεῖον'. Nach dem Gesichtspunkt der Baufunktion sind hier auch Dienstgebäude mit zahlreichen Diensträumen anzuführen wie die Praetoria römischer Provinzstatthalter. Ein weithin bekanntes Vorbild für Bürobauten war das Tabularium in Rom.

[207] Ward-Perkins, Architecture 307.

[208] Das gilt für die A. 187 erwähnten Lager bei Cáceres und Almazán und für die wenigen gesicherten Lager Caesars.

Nachträge

Zu S. 10, Z. 16 (Dank für die Erlaubnis, Pläne zu veröffentlichen): R. Fellmann (Basel) B. 14; 13 und 14.

Zu S. 28, Z. 41 (Unterkünfte der 1. Kohorte): In Glevum scheinen die Mannschaftsunterkünfte rechts der Principia länger zu sein als die links gelegenen. Das könnte dafür sprechen, daß die längeren Kasernen für die 1. Legionskohorte gebaut waren. Wenn die weiteren Ausgrabungen diese Vermutung bestätigen sollten, wären die Unterkünfte der 1. Kohorte in Glevum ein weiteres Beispiel dafür, daß die erste Kohorte 6 Centurien hatte.

Zu S. 42, Z. 6 v. u. (Eine Manipelkaserne der 1. Kohorte ist kleiner): In Inchtuthil ist eine Manipelkaserne der 1. Kohorte um je ein Kontubernium kürzer als die anderen.

Zu S. 55, Z. 6 (Ende des Abschnitts über Artilleristen): Zur Größe von Pfeilgeschützen vgl. N. Gudea und D. Baatz, Saalburg Jb. 31, 1974, 50–72, bes. 54–59, 67–69.

Zu S. 108, Z. 26 (Anordnung der Kasernen, Typus 1): Die Anordnung der Kasernen in Glevum entspricht dem Typus 1. Die Kasernen der 1. Kohorte sind aber, wie es scheint, zur Umwehrung, nicht zur Via principalis gerichtet.

Zu A. 7, Z. 10 (Längen von Centurienkasernen in Legionslagern): S. S. Frere, Britannia 5, 1974, 33.

Zu A. 64, Z. 3 (Praetorium hinter den Principia): Vermutlich Deva: D. F. Petch, Journ. Chester Arch.Soc. 57, 1970/71, 16f., 20.

Zu A. 70, Z. 5 (Holz- und Stein-Principia von Deva): D. F. Petch, Journ.Chester Arch.Soc. 57, 1970/71, 11–20.

Zu A. 70, Z. 18 (Holzprincipia in Novaesium): Müller, Novaesium 389f.

Zu A. 70, Z. 24 (Principia von Vindonissa): R. Fellmann erklärte in einem Vortrag über ‚Neue Untersuchungen an den Principia des Legionslagers Vindonissa' vor dem 10. Internationalen Limeskongreß im September 1974, daß der von ihm veröffentlichte Plan der Principia der 13. Legion (Fellmann, Principia 12–24, bes. B. 4) durch neuere Grabungen überholt ist. Ich danke Herrn Fellmann für weitere Erläuterungen dazu. Ich habe deshalb diesen Plan aus dem Klischee für Bild 14,12 ausschneiden lassen.

Zu A. 71, Z. 18 (disciplina militaris): Unsicher ist die Ergänzung [... discipli]nam castrorum in der Mainzer Inschrift CIL 13, 11831. Auch der Inhalt und die Datierung dieser Inschrift, die A. v. Domaszewski für ein Edikt des Septimius Severus über Soldatenreligion hielt, scheinen mir noch nicht geklärt zu sein.

Zu A. 80, Z. 7 (Arten der Feldzeichen): H. G. Horn, Jb.RGZM 19, 1972, 69–73.

Zu A. 81, Z. 9 (Überlebensgroße Bronzestatuen in den Legionslagern Noviomagus, Bonna, Mongontiacum, Argentorate, Lauriacum, Vindobona und Carnuntum): G. Gamer, Germania 46, 1968, 53–66. Zum angeblichen Trajanskopf, vermutlich aus Vetera II, jetzt im Rijksmuseum Kam in Nijmegen: ebda 61 mit A. 85. Verf., in: Römer am Rhein, Ausstellungskatalog Köln 1967 (3. Aufl.) 196f. Nr. C 3 (mit Literatur).

Zu A. 101, Z. 5 (Hölzerne Horrea): Vielleicht wurde in Lindum (Lincoln) ein Horreum angeschnitten, das der ältesten militärischen Periode des Platzes angehört: Britannia 5, 1974, 421 mit B. 7 und 8.

Zu A. 101, Z. 6 (Hölzerne Horrea in Usk): W. Manning, in: E. Birley, B. Dobson und M. Jarrett (Hrg.), Roman Frontier Studies 1969 (Cardiff 1974) 67f. mit B. 5.

Zu A. 101, Z. 9 (Hölzerne Horrea): Novaesium, außerhalb des Lagers der 16. Legion: Müller, Novaesium 397 mit B. 12.

Zu A. 109, Z. 3 (Kammerbau aus Holz in Novaesium): Müller, Novaesium 395.

Zu A. 127, Z. 7 (Eisenverarbeitung in Novaesium): Müller, Novaesium 394.

Zu A. 128, Z. 9 (Backöfen im Intervallum): Baatz, Mogontiacum 17 links.

Zu A. 132, Z. 8 (Thermen der 16. Legion in Novaesium vor 69 n. Chr.): Müller, Novaesium 397f.

Zu A. 132, Z. 14 (Thermen in Vindobona): H. Ladenbauer-Orel, Jb. Ver.Gesch. Wien 21/22, 1965/66, 16–18.

Zu A. 137, Z. 12 (Oktogon in Mogontiacum): K. H. Esser und H. Büsing: Mainzer Zs. 69, 1974, 277f. und 285–287.

Zu A. 142 (Matricula): G. R. Watson, in: Aufstieg 2/1 (1974) 500–506.

Zu A. 148: Die Ph. D.-These von R. Davies ist in verkürzter Form gedruckt: Aufstieg 2/1 (1974) 299–338. Vgl. A. 155.

Zu A. 155, Z. 10 (Zahl der Abkommandierten): D. Breeze gab mir zu bedenken, ob nicht einige Dienststellungen der Legion, die von optiones wahrgenommen wurden, zu einem späteren Zeitpunkt mit magistri besetzt wurden. Durch einen derartigen Wechsel der Bezeichnung könnte die Zahl der uns bekannten Dienststellungen von Abkommandierten um weniges verringert werden.

Zu A. 176 (Schmuckrüstungen in oder bei Legionslagern): Die beste Übersicht bietet jetzt H. R. Robinson, The Armour of Imperial Rome (London 1975) 107–135, 187–194 (mit weiterer Literatur). Der Schmuckhelm aus Brigetio wurde nach L. Barkóczi, Folia archaeologica 6, 1954, 200f. mit Taf. 11f. ‚im Gebiete des römischen Lagers' gefunden. Reste von Schmuckrüstungen kamen auch im Fabricabereich von Lauriacum zutage (H.Ubl, Pro Austria Romana 24, 1974, 29). Es ist nicht auszuschließen, daß hier Schmuckrüstungen für die Auxiliarreiter des Verteidigungsabschnitts der Legion hergestellt, repariert oder aufbewahrt wurden.
Arrian.Tact. 34 und Darstellungen von ‚Paradehelmen' auf Steindenkmälern zeigen, daß Schmuckrüstungen von Kavalleristen getragen wurden (Robinson a. O. 111). Gelegentlich hat man die Kopfbedeckung, die auf der Grabstele des Q. Luccius Faustus, eines Signifer der Legio XIV gem.M.v. in Mainz über der rechten Schulter des Dargestellten wiedergegeben ist, für einen Schmuckhelm gehalten (Espérandieu, Gaule 7, 5792 und CIL 13, 6898). Sie ist aber der Kopf eines Bärenfells, den Feldzeichenträger und Signalbläser als Kopfbedeckung trugen. Das zeigen die herabhängenden Tatzen und das ‚Gesicht'. Nur der obere Rand ist wie der Stirnbügel von Schmuckhelmen des Typs B (nach H. R. Robinson) gebildet. Ebenso wenig wie diese Stele kann ein anderer Soldatengrabstein gegen die allgemeine Meinung angeführt werden, daß die ‚Parade'-Helme nur von Kavalleristen getragen wurden, nämlich die Grabstele des Aurelius Surus, eines früheren bucinator leg. I ad.p.f., aus Byzantion (N. Feratli, Istanbul arkeoloji müzeleri yilliği = Annual of the Archaeological Museums of Istanbul 13/14, 1967, 206f. mit Taf. 26). Da auch die Legionsreiter mindestens *einen* Bucinator hatten, wird der Gesichtsmaskenhelm, der neben dem Bildnis des Surus dargestellt ist, darauf hinweisen, daß dieser Posaunist bei den Equites legionis gedient hat (RO^2 44).

Abkürzungen

A.	Anmerkung
Acta ant.	Acta antiqua academiae scientiarum Hungaricae (Budapest)
Actes du IXe congrès	D. M. Pippidi (Hrg.), Actes du IXe congrès international d'études sur les frontières romaines (Bukarest, Köln, Wien 1974)
AÉ	L'année épigraphique
Albrecht, Oberaden	Chr. Albrecht (Hrg.), Das Römerlager in Oberaden. 2 Bde (Dortmund 1938)
Alföldy, Hilfstruppen	G. Alföldy, Die Hilfstruppen der römischen Provinz Germania inferior (Düsseldorf 1968)
Alföldy, Noricum	G. Alföldy, Noricum (London, Boston 1974)
Am. Journ. Arch.	American Journal of Archaeology
Am. Journ. Phil.	American Journal of Philology
Ant. Journ.	The Antiquaries Journal
Anz. Österr. Akad. Wiss.	Anzeiger der Österreichischen Akademie der Wissenschaften. Philosophisch-historische Klasse.
Anz. Schweiz. Altert. kde	Anzeiger für Schweizer Altertumskunde
a. O.	am angegebenen Ort (bezieht sich immer auf dieselbe Anmerkung)
Arch. Aeliana	Archaeologia Aeliana
Arch. Anz.	Archäologischer Anzeiger. Beiblatt zum Jahrbuch des Deutschen Archäologischen Instituts
Arch. Camb.	Archaeologia Cambrensis
Arch.-epigr. Mitt.	Archaeologisch-Epigraphische Mittheilungen aus Oesterreich-Ungarn
Arch. Journ.	The Archaeological Journal
Arch. Korr. bl.	Archäologisches Korrespondenzblatt
Aufstieg	H. Temporini (Hrg.), Aufstieg und Niedergang der römischen Welt (bisher 5 Teilbände, Berlin und New York, seit 1972)
B.	Bild (Abbildung, Figur)
B	Breite
b	breit
Baatz, Hesselbach	D. Baatz, Kastell Hesselbach und andere Forschungen am Odenwaldlimes (= Limesforschungen 12, Berlin 1973)
Baatz, Mogontiacum	D. Baatz, Mogontiacum. Neue Untersuchungen am römischen Legionslager in Mainz (= Limesforschungen 4, Berlin 1962)

Bayer. Vorg. bl.	Bayerische Vorgeschichtsblätter
Bb.	Beiblatt
Beil.	Beilage
Ber. RGK	Berichte der Römisch-Germanischen Kommission
Ber. ROB	Berichten van de Rijksdienst voor het Oudheidkundig Bodemonderzoek
E. Birley, Severus	E. Birley, Septimius Severus and the Roman Army: Epigr. Stud. 8, 1969, 63–82
BJb.	Bonner Jahrbücher
Boëthius, Architecture	A. Boëthius, Architecture in Italy before the Roman Empire, in: Boëthius and Ward-Perkins, Architecture 3–180
Boëthius and Ward-Perkins, Architecture	A. Boëthius and J. B. Ward-Perkins, Etruscan and Roman Architecture (= The Pelican History of Art. Harmondsworth 1970)
Bogaers und Rüger, NL	J. E. Bogaers und C. B. Rüger, Der niedergermanische Limes. Materialien zu seiner Geschichte (Köln 1974)
Boon, Isca	G. C. Boon, Isca. The Roman Legionary Fortress at Caerleon, Mon. (Cardiff 1972)
Breeze 1969	D. J. Breeze, The organisation of the legion: The first cohort and the equites legionis: JRS 59, 1969, 50–55
Breeze 1971	D. J. Breeze, Pay grades and ranks below the centurionate: JRS 61, 1971, 130–135
Breeze 1974	D. J. Breeze, The career structure below the centurionate during the principate, in: Aufstieg 2/1 (1974) 435–451
Brünnow – v. Domaszewski, Arabia	R. E. Brünnow und A. v. Domaszewski, Die Provinz Arabia. 3 Bde und Tafeln (Straßburg 1904–1909)
Budapest műemlékei 2	M. Horler u. a., Budapest műemlékei II (= Magyarország műemlékei topográfiája VI. Budapest 1962)
Bull. Inst. Arch. Bulg.	Bulletin de l'Institut d'Archéologie (Sofia) = Известия на археологическия институт
Bull. KNOB	Bulletin van de Koninklijke Nederlandse Oudheidkundige Bond (met Nieuwsbulletin). Früher: Bulletin en Nieuws-Bulletin. (Koninklijke) Nederlandse Oudheidkundige Bond
Cagnat, L'armée²	R. Cagnat, L'armée romaine d'Afrique et l'occupation militaire de l'Afrique sous les empereurs. 2 Bde ²(Paris 1912)
Cagnat, Les deux camps	R. Cagnat, Les deux camps de la légion IIIe Auguste à Lambèse etc.: Mémoires de l'Académie des Inscriptions et Belles-Lettres 38/1, 1908
CAH	The Cambridge Ancient History
CIL	Corpus Inscriptionum Latinarum
Collingwood Bruce, Handbook	J. Collingwood Bruce, Handbook to the Roman Wall ¹²(Newcastle 1966)
Collingwood and Richmond, Archaeology	R. G. Collingwood and Ian Richmond, The Archaeology of Roman Britain (London 1969)
CRAI	Comptes rendus de l'Académie des Inscriptions et Belles-Lettres

Crema, Architettura	L. Crema, L'Architettura Romana (= Enciclopedia classica III/XII/I. Torino ecc. 1959)
CSIR Österreich	(Corpus signorum imperii Romani). Corpus der Skulpturen der römischen Welt. Österreich (Graz, Wien, Köln seit 1967)
Cunliffe, Fishbourne	B. Cunliffe, Excavations at Fishbourne 1961–1969. 2 Bde (= Reports ... of the Society of Antiquaries of London XXVI. Leeds 1971)
Daremberg-Saglio	Ch. Daremberg et E. Saglio, Dictionnaire des antiquités grecques et romaines. 5 Bde und Register (Paris 1873–1919)
Davies, Medical Service	R. W. Davies, The Roman military medical service: Saalburg Jahrbuch 27, 1970, 84–104
Denkschr.Österr.Ak.Wiss.	Denkschriften der Österreichischen Akademie der Wissenschaften. Philosophisch-historische Klasse
ders.	derselbe
Diss.	Dissertation
Diz. epigr.	E. de Ruggiero, Dizionario epigrafico di antichità Romane (Rom, seit 1895)
v. Domaszewski, Aufsätze	A. v. Domaszewski, Aufsätze zur römischen Heeresgeschichte (Darmstadt 1972)
v. Domaszewski, Fahnen	A. v. Domaszewski, Die Fahnen im römischen Heere (= Abhandlungen des Archäologisch-Epigraphischen Seminars der Universität Wien V. Wien 1885)
v. Domaszewski, Hygin	A. v. Domaszewski, Hygini gromatici liber de munitionibus castrorum (Leipzig 1887)
v. Domaszewski, Principia	A. v. Domaszewski, Die Principia des römischen Lagers: Neue Heidelberger Jahrbücher 9, 1899, 141–163
v. Domaszewski, Religion	A. v. Domaszewski, Die Religion des römischen Heeres: Westdt. Zs. 14, 1895, 1–124
ebda	ebenda
Eburacum	Eburacum. Roman York (= Royal Commission on Historical Monuments (Hrg.), England I. Leicester 1962)
Eph. epigr.	Ephemeris epigraphica. 9 Bde (Berlin 1872–1903)
Epigr. Stud.	Epigraphische Studien (1967 Köln, Graz, ab 1968 Düsseldorf, ab 1972 Bonn)
Espérandieu, Gaule	É. Espérandieu, Recueil général des bas-reliefs de la Gaule romaine. 15 Bde (Paris 1907–1966)
Ettlinger, Vindonissa	E. Ettlinger, RE 9 A, 82–105 ‚Vindonissa'
Fasti arch.	Fasti archaeologici
Fellmann, Principia	R. Fellmann, Die Principia des Legionslagers Vindonissa und das Zentralgebäude der römischen Lager und Kastelle (Brugg 1958. Zusammendruck aus Jber. Vind. 1956/57, 5–74 und 1957/58, 75–174)
Fingerlin, Dangstetten	G. Fingerlin, Dangstetten, ein augusteisches Legionslager am Hochrhein. Vorbericht über die Grabungen 1967–1969: Ber. RGK 51/52, 1970–71, 197–232

Fink, Records	R. O. Fink, Roman Military Records on Papyrus (= Philological Monographs of the American Philological Society 26. Case Western Reserve University 1971)
Finke	H. Finke, Neue Inschriften: Ber. RGK 17, 1927, 1–107, 198–231
Fischer, Lager	W. Fischer, Das römische Lager, insbesondere nach Livius (Leipzig und Berlin 1914)
FO	Fundort
Forcellini, Lexicon	Aeg. Forcellini, Lexicon totius Latinitatis. 6 Bde (Padua 1940)
Forsch. Laur.	A. Jenny, H. Vetters u. a. (Hrg.), Forschungen in Lauriacum (Linz seit 1953)
Freis, Cohortes urbanae	H. Freis, Die Cohortes urbanae (= Epigr. Stud. 2, Köln und Graz 1967)
Frere, Britannia	S. Frere, Britannia. A History of Roman Britain (London 1967)
Fundber. Österr.	Fundberichte aus Österreich
Gaheis, Lauriacum	A. Gaheis, Lauriacum. Führer durch die Altertümer von Enns (Linz 1937)
HKL	Hauptkampflinie
Holder	A. Holder, Alt-celtischer Sprachschatz. 3 Bde (Leipzig 1891–1913)
Hs.	Handschrift
HZ	Historische Zeitschrift
IGRR	R. Cagnat, G. Lafaye u. a., Inscriptiones Graecae ad res Romanas pertinentes (Paris 1911–1927)
ILS	H. Dessau, Inscriptiones Latinae selectae. 3 Bde (Berlin 1892–1916)
Jb.	Jahrbuch (Jahrbücher)
Jb. Landeskunde Niederösterr.	Jahrbuch für Landeskunde von Niederösterreich
Jb. RGZM	Jahrbuch des Römisch-Germanischen Zentralmuseums Mainz
Jb. SGU	Jahrbuch der Schweizerischen Gesellschaft für Ur- und Frühgeschichte
Jb. Ver. Gesch. Wien	Jahrbuch des Vereines für Geschichte der Stadt Wien
Jber.	Jahresbericht(e)
Jber. Vind.	Jahresberichte der Gesellschaft Pro Vindonissa
Jh.	Jahresheft(e)
Journ. Chester Arch. Soc.	Journal of the Chester (and North Wales Architectural), Archaeological (and Historic) Society
JRS	The Journal of Roman Studies
Klumbach, Helme	H. Klumbach, Römische Helme aus Niedergermanien (Köln 1974)

Koenen, Novaesium	C. Koenen, Beschreibung von Novaesium: BJb. 111/112, 1904, 97–242 und Tafelband
Koestermann, Tac. Ann.	E. Koestermann, Cornelius Tacitus, Annalen. Erläutert und mit einer Einleitung versehen. 4 Bde (Heidelberg 1963–1968)
Kraus, Weltreich	Th. Kraus, Das römische Weltreich (= Propyläen Kunstgeschichte 2. Berlin 1967)
Kromayer und Veith, Heerwesen	J. Kromayer und G. Veith, Heerwesen und Kriegführung der Griechen und Römer (München 1928)
Kromayer, Heerwesen	J. Kromayer, Die Griechen, in: Kromayer und Veith, Heerwesen 9–247
Kubitschek, Carnuntum	W. Kubitschek und S. Frankfurter, Führer durch Carnuntum [6](Wien 1923)
l	lang
L	Länge
Laur, Vindonissa	R. Laur-Belart, Vindonissa. Lager und Vicus (= Römisch-Germanische Forschungen 10. Berlin und Leipzig 1935)
Lehner, Novaesium	H. Lehner, Die Einzelfunde von Novaesium: BJb. 111/112, 1904, 243–418 mit Tafelband
Lehner, Steindenkmäler	H. Lehner, Die antiken Steindenkmäler des Provinzialmuseums in Bonn (Bonn 1918)
Lehner, Vetera	H. Lehner, Vetera. Die Ergebnisse der Ausgrabungen des Bonner Provinzialmuseums bis 1929 (= Römisch-Germanische Forschungen 4. Berlin und Leipzig 1930)
Leschi, Études d'épigr.	L. Leschi, Études d'épigraphie, d'archéologie et d'histoire africaines (Paris 1957)
Limesforsch.	H. v. Petrikovits, W. Schleiermacher und H. Schönberger (Hrg.), Limesforschungen (Berlin, seit 1959)
Lugli, Centro	G. Lugli, Roma antica. Il Centro Monumentale (Rom 1946)
Madrider Mitt.	Madrider Mitteilungen
Marquardt, Staatsverwaltung	J. Marquardt, Römische Staatsverwaltung. 3 Bde [3](Neudruck Darmstadt 1957 der 2. Auflage, Leipzig 1881–1885)
Mél. École Franç. Rome	Mélanges d'Archéologie et d'Histoire (École Française de Rome), seit 1971: Mélanges de l'École Française de Rome, Antiquité
Militärgrenzen	Studien zu den Militärgrenzen Roms. Vorträge des 6. Internationalen Limeskongresses in Süddeutschland (= Beiheft der BJb. 19. Köln und Graz 1967)
Mitt. Alt.-Komm. Westf.	Mitteilungen der Altertums-Kommission für Westfalen
Müller, Novaesium	G. Müller, in: Römisch-Germanisches Zentralmuseum (Hrg.), Ausgrabungen in Deutschland 1 (Mainz 1975) 384–400
Nagy, Budapest története	T. Nagy, Budapest története. Római kor, in: L. Gerevich (Hrg.), Budapest története I (Budapest 1973) 83–184
Nash and Jarrett, Wales	V. E. Nash-Williams and M. G. Jarrett, The Roman Frontier in Wales [2](Cardiff 1969)

Nass. Ann.	Annalen des Vereins für Nassauische Altertumskunde und Geschichtsforschung
Nieuwsbull.	s. Bull. KNOB
v. Nischer, Heerwesen	E. v. Nischer, Die Zeit des stehenden Heeres, in: Kromayer und Veith, Heerwesen 470–609
Nissen, Novaesium	H. Nissen, Geschichte von Novaesium: BJb. 111/112, 1904, 1–96
NSc	Notizie degli scavi di antichità
Oelmann, Vetera 1931	F. Oelmann, Ausgrabung in Vetera 1930: Germania 15, 1931, 221–229
Oelmann, Vetera 1934	F. Oelmann, Ausgrabungen in Vetera 1932–1934: Germania 18, 1934, 263–271
Österr. Jh.	Jahreshefte des Österreichischen Archäologischen Institutes in Wien
Österr. Zs. Kunst	Österreichische Zeitschrift für Kunst und Denkmalpflege
Osterhaus, Regensburg	U. Osterhaus, Beobachtungen zum römischen und frühmittelalterlichen Regensburg: Verhandlungen des Historischen Vereins für Oberpfalz und Regensburg 112, 1972, 7–17
Papers Brit. School Rome	Papers of the British School at Rome
Parker, Legions	H. M. D. Parker, The Roman Legions ²(Cambridge 1958)
Passerini, Legio	A. Passerini, Diz. epigr. 4 (1949) 549–624
v. Premerstein, Prinzipat	A. v. Premerstein, Vom Werden und Wesen des Prinzipats (München 1937)
Proc. Soc. Antiqu. Scotl.	Proceedings of the Society of Antiquaries of Scotland
Ps.-	Pseudo-
rd.	rund
RE	G. Wissowa, W. Kroll u. a. (Hrg.), Paulys Realencyclopädie der classischen Altertumswissenschaft (Stuttgart, später München, seit 1893)
Rhein. Ausgr.	Rheinische Ausgrabungen (Köln und Graz, später Düsseldorf, dann Bonn, seit 1968)
RIB	R. G. Collingwood and R. P. Wright, The Roman Inscriptions of Britain. I. Inscriptions on Stone (Oxford 1965)
Richmond, Hod Hill	Sir Ian Richmond, Hod Hill 2 (London 1968)
Rickman, Granaries	G. E. Rickman, Roman Granaries and Store Buildings (Cambridge 1971)
RLÖ	Der römische Limes in Österreich (Wien, seit 1900)
RO²	A. v. Domaszewski und B. Dobson, Die Rangordnung des römischen Heeres ²(= Beiheft der BJb. 14, Köln und Graz 1967)
Röm. Mitt.	Mitteilungen des Deutschen Archäologischen Instituts, Römische Abteilung
Saxer, Vexillationen	R. Saxer, Untersuchungen zu den Vexillationen des römischen Kaiserheeres von Augustus bis Diokletian (= Epigr. Stud. 1, Köln und Graz 1967)

v. Schnurbein, Haltern	S. von Schnurbein, Die römischen Militäranlagen bei Haltern. Bericht über die Forschungen seit 1899 (= Bodenaltertümer Westfalens 14. Münster 1974)
Schönberger, Roman Frontier	H. Schönberger, The Roman Frontier in Germany: an Archaeological Survey: JRS 59, 1969, 144–197
Sitz.ber.Österr. Akad.Wiss.	Sitzungsberichte der Österreichischen Akademie der Wissenschaften. Philosophisch-historische Klasse
Spezialgebäude	H. v. Petrikovits, Die Spezialgebäude römischer Legionslager: Legio VII gemina (León 1970) 229–252
Sudhoffs Archiv	Sudhoffs Archiv... für Geschichte der Medizin und der Naturwissenschaften, der Pharmazie und der Mathematik
Szilágyi, Aquincum 1968	J. Szilágyi, RE Suppl. 11, 61–131 ‚Aquincum'
t	tief
T	Tiefe
Thes. l. Lat.	Thesaurus linguae Latinae
Thompson, Cheshire	F. H. Thompson, Roman Cheshire (Chester 1965)
Transact. Birm. Arch. Soc.	Transactions of the Birmingham and Warwickshire Archaeological Society
Veget(ius)	Vegetius, epitomae rei militaris libri IV
Verf., Aquae Iasae	H. v. Petrikovits, Aquae Iasae: Arheološki Vestnik 19, 1968, 89–93
Verf., Fabricae	H. v. Petrikovits, Militärische Fabricae der Römer: Actes du IXe congrès 399–407
Verf., Militärhandwerk	H. v. Petrikovits, Römisches Militärhandwerk. Archäologische Forschungen der letzten Jahre: Anz. Österr. Akad. Wiss. 111, 1974, 1–21
Verf., Neuß	H. v. Petrikovits, Die Ausgrabungen in Neuß (Stand der Ausgrabungen Ende 1961). Mit Beiträgen von G. Müller: BJb. 161, 1961, 449–485
Verf., Novaesium	H. v. Petrikovits, Novaesium. Das römische Neuß (Köln und Graz 1957)
Verf., Rheinland	H. v. Petrikovits, Das römische Rheinland. Archäologische Forschungen seit 1945 (= Arbeitsgemeinschaft für Forschung des Landes Nordrhein-Westfalen, *Geisteswissenschaften* 86. Köln und Opladen 1960)
Verf., Spezialgebäude	s. Spezialgebäude
Verf., Streitkräfte	H. v. Petrikovits, Die römischen Streitkräfte am Niederrhein (Düsseldorf 1967)
Verf., Vetera	H. v. Petrikovits, RE 8A, 1801–1834 ‚Vetera'
Vetters, Kontinuität Niederösterreich	H. Vetters, Zum Problem der Kontinuität im niederösterreichischen Limesgebiet: Jb. Landeskunde Niederösterr. 38, 1968–70, 48–75
Vetters, Spätzeit	H. Vetters, Zur Spätzeit des Lagers Carnuntum: Österr. Zs. Kunst 17, 1963, 157–163
Vorbeck, *Militärinschriften*	E. Vorbeck, Militärinschriften aus Carnuntum (Wien 1954)

Wacher, Towns	J. Wacher, The Towns of Roman Britain (London 1975)
Walde-Hofmann, LEW[3]	A. Walde und J. B. Hofmann, Lateinisches etymologisches Wörterbuch. 3 Bde [3](Heidelberg 1938–1956)
Ward-Perkins, Architecture	J. B. Ward-Perkins, in: Boëthius and Ward-Perkins, Architecture 183–536
Watson, Soldier	G. R. Watson, The Roman Soldier (London 1969)
Webster, Army	G. Webster, The Roman Imperial Army of the First and Second Centuries A. D. (London 1969)
Wells, German Policy	C. M. Wells, The German Policy of Augustus (Oxford 1972)
Westdt. Zs.	Westdeutsche Zeitschrift für Geschichte und Kunst
Wilkes, Dalmatia	J. J. Wilkes, Dalmatia (London 1969)
Winter, Fortifications	F. E. Winter, Greek Fortifications (Toronto 1971)
Wuilleumier, Inscr.	P. Wuilleumier, Inscriptions latines des trois Gaules (France) (= Supplément à ‚Gallia' 17. Paris 1963)
Zs.	Zeitschrift
Zs. Schweiz. AK	Zeitschrift für Schweizerische Archäologie und Kunstgeschichte

Register

Die Kaisernamen sind nach den gängigen deutschen Bezeichnungen, nicht unter den Gentilnamen angeführt, andere Römer sind unter ihren Gentilnamen, manchmal außerdem unter ihren Cognomina zu finden. Zu den Ortsnamen der Lager s. S. 8.

Unter den Ortsnamen der Lager sind zunächst die Bauten angeführt, danach sonstige Stichworte, schließlich Zeitangaben. Die chronologischen Stichworte sind Kaisernamen mit dem Zusatz „Zeit des", ferner „Jahrhundert", „Republik", „Spätrömische Zeit" und „Byzantinische Zeit".

A. = Anmerkung. B. = Bild. Taf. = Tafel

Abkommandierte 43. 47f. 118. 121–123. 194. A. 155
Abort s. Latrine
Abwasserkanal s. Kanalisation
adiutores 122
aedes 73–76. 127. 134. 141f. A. 72. 80. 81. 87. 192
s. auch Caerleon, Carnuntum, Inchtuthil, Lambaesis, Noviomagus, Vetera, Vindonissa
Ärzte, Militär – 98
Africa proconsularis 121
agaso 54. 57
ἀγορά 68
Agricola s. Cn. Iulius
ala 57. 128. A. 176
a. Indiana A. 38
A.-Kaserne 56f. B. 8,2 u. 3
a. quingenaria 57
a. Sulpicia A. 37
Alba Fucens, Forum 141f.
Albano Laziale 134. 160. B. 28,11 u. 29,1, 2
Offiziershäuser 134
Proportionen des Lagers 113f.
Thermen A. 132. B. 28,11
Wasserleitung A. 134
Zisternen A. 135. B. 29,1 u. 2
Zeit des Septimius Severus 33
Albing, Offiziershäuser 134
Orientierung A. 163
Aliso 153
Almazán, Lager A. 187. 208
Altar s. Weihaltäre
Amtsgebäude s. Bürobauten
Anreppen, Grundriß A. 188
Antoninus Pius, Zeit des 32. 152
Antoninus III. (Caracalla) A. 71
antesignani 110 u. 113. A. 139
Apollodorus 144
Apsis 75. 81. 146
Aquae Mattiacae, angebliche Fabrica A. 121
aquila s. Feldzeichen
Aquincum 159f. A. 163
Forum A. 105
Horreum A. 101. 129. B. 19,10 u. 14
Lazarett A. 129
Offiziershäuser A. 60
Principia A. 70
Proportionen, Lager – 113
Schola 78
Thermen A. 132. B. 28,9
Wasserleitung A. 134

Wirtschaftsbau vom Hoftyp A.105. B.20,7
Zeit des Domitian 32
Zeit des Trajan 32
ara Ubiorum 154
Arae Flaviae, angebliche Fabrica A.121
Arbeitslager 34. 48. A.3
ἀρχεῖον A.68
Architektur, städtische und ländliche 146. 147f.
argentarii 143
Argentorate 156. A.163
Wasserleitung A.134
arma (Waffenräume) 36. 73. 137. A.178
Armee 126. 128
armiger A.40
armorum custos 120
Asciburgium, Kammerbau 82. 87. A.109. B.22,4
Atriumhäuser 145
Aufenthaltsraum s. Gemeinschaftsraum
auguratorium (augurale) 76f. 127. B.15
Augustus 118. 132
Zeit des 31. 34. 50. 68. 94. 118f. 140. 142f. 144. 147f. 152–154. 155. 157. 159. A.53. 125. 129. 187. 188. 196
Mark Aurel, Zeit des 32. 124. 134. 156. 157. 159. A.129. 157
Ausbildung 68. 80. 136
Ausgrabungsberichte u. -technik 26. 29–31. 132
Auspizien 76f.
Außenanlagen der Lager 58. 79. 81. 101f. 117. 132. 135. 138. A.105. 115. 132. 134
Außenvorlagen an Wirtschaftsbauten 85. 86. 91. 93. 94. A.102
auxilia s. Hilfstruppe
Auxiliarreiter 136. 195
axearius A.116
Axialität 140

Backöfen u. Bäckerei 98. 194
Bad s. Thermen und Hausbad
Baginton, Reitplatz 81. A.96
Balkon A.102
ballistarii A.33
basilica 73. 74. 141–143. A.83
s. auch Caerleon, Carnuntum, Eburacum, Haltern, Inchtuthil, Lambaesis, Novaesium, Noviomagus, Vindonissa
b. equestris exercitatoria 80f.
b. eines städtischen Forums 74. 142f.
b. thermarum 78. 102. 143. A.132
s. auch Lauriacum, Novaesium, Vindonissa
b. Ulpia A.83
Bataver-Aufstand 57. 153. 154. 155
Baugeschichte 138–148
Baulager 34. A.3
Bauten unklarer Verwendung 107f. B.31
Becken s. Wasserbecken
Beckinghausen s. Oberaden
Befehlsausgabe 80. 143
Belagerungsgerät 91
Belagerungslager 34. 132. A.7. 187
beneficiarii 122. A.153 155
Benwell, Alenkaserne B.8,2
βιβλίον ἐφήμερον 80
Bonna 57. 154f. A.163. Taf.7
Centurionenhäuser 62. 137. A.52. B.10,11
Fabrica A.121. B.25,7. Taf.7b,12
Glasöfen 97
Horreum A.101. 102. B.19,8 Taf.7b,2
Kammerbau 82. 87f. A.109. B.22,3. Taf.7b,4
Kanalisation A.136
Kasernen, Centurien- 30f. 108. 110. A.10. 43. B.10,11 u. 33,3. Taf.7b,5
Kasernen, Ala- 57
Latrinen A.136. B.30,3. Taf.7b,8
Lazarett 115. A.129. B.27,8. Taf.7b,9
Offiziershaus A.60. Taf.7b,11
Praetorium A.64
Principia 73. A.70. 71. 78. B.14,10. Taf.7b,1
Proportionen des Lagers 113
Räucheröfen 97
Retentura 114
Tabernae 97. A.23. 30. 125
Thermen A.105. 132
Unterkünfte der Immunes 43. 46. A.19. B.4,2 u. 3. Taf.7b,6 u. 7

Viae vicinariae 114
Wasserleitung A. 134
Wirtschaftsbauten 94. 97. 115. A. 105. 123. B. 20,3. Taf. 7b,3 u. 10
s. auch Horreum, Kammerbau
Zeit des Claudius 31
Zeit des Vespasian 32
Bogen, Pfeil und A. 95
Bögen, Straßen- 144
Brigetio, Orientierung A. 163
Paradehelm 136. 195
Schola 78
Britannia, beneficiarii consularis A. 153
Brixia, Forum 141. 142.
Brotstempel 98. A. 128
Brunnen 105. 147. A. 134. 135
bucinator 195
s. auch Trompeter
Budapest s. Aquincum
Bürobauten 147. A. 61. 202
burdonarii 57
Burnum 159. A. 163
Heiligtümer A. 90
Principia A. 70. 71. B. 14,17
Zeit des Claudius 31
Burrium s. Usk
byzantinische Lager 115. A. 4. 141
Byzantion 195

Cáceres, Marschlager A. 187
Caerleon 29. 32. 152. A. 163. Taf. 3
aedes 76. A. 82
Backöfen 98. A. 128
Basilica 74. A. 71
Basilica thermarum A. 132
Buntmetallverarbeitung A. 127
Centurionenhäuser A. 49
Centurionenhäuser der 1. Kohorte B. 11,2
Eisenverarbeitung A. 127
Fabrica A. 118. 121. B. 25,4. Taf. 3b,8
Kasernen der 1. Kohorte 38. 42. A. 15. B. 3,3. 11,2. Taf. 3b,3
Kasernen der 2.–10. Kohorte 30. 108. 110. A7. 13. 43. 142. B. 2,8. Taf. 3b,6
Kohortenunterkünfte, Zahl der B. 33,1
Küche, Gemeinschafts- s. Küchen
Latrinen A. 136. B. 30,1. Taf. 3b,7
Lazarett A. 129. B. 27,4. Taf. 3b,13
Magazin 87. A. 107
Platz für Handwerker A. 113
Praetentura 114
Praetorium A. 64. 65. B. 13,3. Taf. 3b,9
Principia A. 70. B. 14,3. Taf. 3b,1
Proportionen des Lagers 114
Scholae 133
Schola der 1. Kohorte 80. 145. A. 93. B. 17,5. Taf. 3b,12
Stall A. 17
Tabernae 42. 97. A. 23. 30. 125
Thermen A. 132. B. 28,3. Taf. 3b,14
Übungsplatz 81
Unterkünfte der Immunes 42. 43. 48f. A. 17. B. 4,5. Taf. 3b,4 u. 11
Viae vicinariae 114
Wirtschaftsbau vom Basartyp 94. B. 26,1 Taf. 3b,5 u. 10
Zeit des Vespasian 32
Zeit des Trajan 32
Zeit des Antoninus Pius 32
Caernarvon s. Segontium
Caius (Caligula), Zeit des 94. 154
calo 57f.
Camulodunum 31. 151
Centuriohaus A. 47
canabae legionis s. Militärsiedlung
Caracalla s. Antoninus III.
Carausius, Zeit des 152
carcer s. Gefängnis
carcerarius 81
Carnuntum 26. 30. 31–33. 116f. 158f. A. 163. Taf. 11
aedes A. 82
arma 137. A. 178
Backöfen A. 128
Basilica A. 77
Bau G 108
Brunnen A. 135
Buntmetallverarbeitung A. 127
Centurionenhäuser 62. A. 49. 51. B. 10,5 u. 6. Taf. 11b, 8 u. 12
Centurionenhäuser der 1. Kohorte 62. B. 11,5

Fabrica 90. 91. A115. 118. B.23,6 u. 7. Taf. 11b,5
Gefängnis 81. B.18. Taf. 11b,10
Geschützkugeln 54. A.33
Kanalisation A.136
Kasernen der 1. Kohorte 38. 41. 42. A.15. B.3,7. 11,5. Taf. 11b,4
Kasernen der 2.–10. Kohorte 30f. 78. A.7. 11. 13. 43. 138. B.2,9. 32,2. Taf. 11b,2
Kohortenunterkünfte, Zahl der B.33,5
„Kneipe“ 108. A.137. B.31,2. Taf. 11b,3
Latrinen A.136. B.30,4. Taf. 11b,9
Lazarett 116f. A.88. 129. B.27,12. Taf. 11b,11
Lazarettheiligtum 78
Magazin, spätrömisches 87
Öfen im Intervallum 98
Offiziershäuser 67. 134f. A.61. B.12,7. Taf. 11b,14
Praetorium A.64. B.13,9. Taf. 11b,7
Principia A.70. B.14,16. Taf. 11b,1
Proportionen des Lagers 113
Quaestorium A.64
Scholae A.90
Schola der 1. Kohorte 80. 81. 145. A.93. B.17,3. Taf. 11b,13
Tabernae 97. 116f. A.23. 30. 124. 125
Thermen A.132
Unterkünfte der Immunes 48
Viae vicinariae 114
Wasserleitung A.134
Weihaltäre 77f.
Wirtschaftsbauten 85. 87. 94. 96. 116f. A.105. 123. B.20,6. Taf. 11b,6
Wirtschaftsbezirk 90
Zeit des Claudius 31
Zeit des Vespasian 32
Zeit des Trajan 32
Zeit des Septimius Severus 38
spätrömisch 30. 34. 87
carpentarius A.116
Carpow 33. 149f. A.3
Praetorium A.64. B.13,2
Principia A.70. B.14,2
carrarius A.116
Cartimandua A.137
Castillejo, Horreum A.102
castra aestivalia 125
c. Caecilia s. Cáceres
c. hiberna 125. A.158
c. pinnata s. Inchtuthil
c. Regina s. Regensburg
centuria, Unterkunft einer Centurie 36
Centurie 36. 46. 98. 118. 119
Centurio 35. 62. 122. A.71
der 1. Kohorte 62–64. 119f. 123. A.55
c. ex equite Romano A.58
Häuser der 35. 60. 62 u. 64. 137. B.10
s. auch Bonna, Caerleon, Camulodunum, Carnuntum, Deva, Glevum, Haltern, Inchtuthil, Lambaesis, Novaesium, Noviomagus, Regensburg, Vindonissa
der 1. Kohorte 62–64. B.11
s. auch Caerleon, Carnuntum, Inchtuthil, Lambaesis, Novaesium, Noviomagus
c. regionarius A.153
Chemtou s. Simitthus
Chester s. Deva
Chesters, Alenkaserne B.8,3
χορηγίαι 126
Claudius I. 132
Zeit des 30. 31. 34. 68. 94. 133. 144. 147. 151. 153. 154–156. 158. 159. A.80. 129
clavicularius 81. A.148
cohors equitata milliaria 57
c. urbana in Lugudunum 121
Colchester s. Camulodunum
collegia, militärische 133. A.90
städtische 145
coloniae s. Städtebau
militärische Funktion 140
c. Ulpia Traiana 88
c. Ulpia Traiana, Magazin vom Portikustyp A.110
commanipularis s. manipularis
commentariensis 122
Commodus, Zeit des A.129
contubernium s. Kontubernien
Corbridge s. Corstopitum
cornicen A.155

cornicularius 122
Corstopitum A. 3
Fabrica 93. A. 118. B. 25,2
Magazin A. 73. 105
Principia A. 118
Cosa, Forum 141f.
Curien 146
custos armorum A. 148

Dach, Sprengwerke 85. 92. A. 102
Dachstützen 93
Dalmatia, Beneficiarierstationen A. 153
Dangstetten 31. 157. A. 188
Fabrica 89. A. 114. B. 23,2
Horreum A. 101
Kasernen 108. 119. A. 7. 144. B. 2,11
Kochgruben A. 128
Magazin 86f. A. 107. B. 21,4
Metallverarbeitung A. 127
Platz für Handwerker A. 113
Principia A. 68. 70. B. 14,11
Scamnum tribunorum A. 59. 60
Straße, Längs- 114
Decurionenhäuser, Novaesium 57
deposita 73
Deutsch Altenburg s. Carnuntum
Deva 150. Taf. 2
Backöfen A. 128
Basilica thermarum A. 132
Bau mit elliptischem Hof 107f. A. 82. 137. B. 31,1. Taf. 2b,6
Centurionenhäuser A. 47
Fabrica 89. A. 115. 121
Horreum A. 101. 102. B. 19,12. Taf. 2b,3
Kasernen der 1. Kohorte 38. 42. A. 15. B. 3,2. Taf. 2b,4
Kasernen der 2.–10. Kohorte 108. A. 10. 142
Küche, Gemeinschafts- 98. A. 128
Latrinen A. 136
Öfen im Intervallum 98
Praetorium (?) 193. B. 13,1. Taf. 2b,7
Principia 193. A. 70. Taf. 2b,1
Proportionen des Lagers 113
Tabernae 42. A. 23. 30
Thermen A. 132. B. 28,1. Taf. 2b,2
Unterkünfte der Immunes 42. 43. B. 4,9. Taf. 2b,5
Wasserleitungen A. 134
Wirtschaftsbau vom Basartyp 94
Zeit des Vespasian 32
Zeit des Trajan 32
Diokletian A. 141. 174
Zeit des 131
disciplina Etrusca 139
d. militaris 73. 136. 194. A. 71
Disziplin 68. 134. 135. 136f.
domicurator (domicurius) 122. A. 61
Domitian, Zeit des 32. 149. 150. 155. 159
domus 67. A. 61
Drobeta A. 141
Dura-Europos 121
Groma A. 79
Durostorum, Paradewaffen 136. A. 176

Eburacum 150. A. 163
Basilica A. 71
Kaiserstatue A. 71
Principia A. 70
Tabernae A. 23. 30
Thermen A. 132
Wasserleitung A. 134
Zeit des Vespasian 32
Zeit des Trajan 32
Zeit des Septimius Severus 33
Einsatzlager 34
El Lejūn A. 4. 141
Entlassungslisten und -urkunden A. 76. 156
Entlüftung s. Lüftung
Enns s. Lauriacum
equestris, Legionsbeiname A. 24
equites extraordinarii 51
e. legionis s. Legionsreiter
e. promoti 131. 136
e. singulares 51. A. 29
Erholung der Soldaten 68. 78
exacti 122
Exerzierhallen 80. 145. A. 81. 93. 95
Exeter 152
Buntmetallverarbeitung A. 127
Fabrica 46. 89. 91. A. 18. 115. B. 23,1

Horreum A.101
Thermen A.132. B.28,2
Unterkünfte der Immunes A.18. B.5,8
Unterkünfte der Principales 61. B.9,1
Zeit des Nero 32

fabri A.46
Fabrica 88–97. 115. 126. 129. 146. A.127. B.23–26
s. auch Aquae Mattiacae, Arae Flaviae, Bonna, Caerleon, Carnuntum, Corstopitum, Dangstetten, Deva, Exeter, Fishbourne, Gelligaer, Haltern, Hofheim, Housesteads, Inchtuthil, Lambaesis, Lauriacum, Mogontiacum, Novaesium, Noviomagus, Octodurus, Regensburg, Segontium, South Shields, Vetera, Vindonissa
mit doppelhakenförmigem Grundriß 92f. 146. B.25
Hallenbauten 89f. B.23
Fahrer 57f.
Fanum, Forum 142
Feldzeichen 47. 58. 75. 141. 194. A.80. 83
Fendoch, Kochöfen A.128
Fensterglas 38
Fishbourne, Fabrica A.115. B.23,9
Platz für Handwerker A.113
Flavier, Zeit der 30. 73. 77. 151. 152. 159. A.80. 129. 132. 165
Fleischnahrung 82. 88. 97. A.127
Flotte 78
Fluß bei Legionslagern 128. A.135. 163
Fokariats-Konstitution des Septimius Severus 134. 137
forma s. Semantik
fornix Fabianus 144
Forschungsgeschichte 26 u. 29f. 149–161. A.1
Forum, Lager- s. Principia
Aquincum, bei Lager A.105
– basiliken s. Basilica
– eingänge 141. 144
s. auch Groma
– plätze, zwei 73. 142. A.71. 80
f. praetorii 127
f. rerum utensilium 73
F. Romanum 143f.
städtische 68. 140–144. A.71
– tempel 142
Frauen 62. 134. A.53
Freigelassene A.40
frumentarii 122. A.153
Funktion der Bauten 30f.
Fußbadewannen 135. A.129. 132
Fußböden von Kasernen 38. 62

Gästehäuser 147. A.206
Gallica, Legionsbeiname A.24
Gallienus 131. 132. 135f. A.174
Gefängnis(strafe) 81f. 87. A.98. 208. B.18
Geleise 90f.
Gelligaer, Fabrica A.115
Gemeinschaftsküchen s. Küchen
Gemeinschaftsraum 35. 79
s. auch basilica thermarum u. scholae
Gemeinschafts- und Spezialbauten 68–108
Gemellae A.71
Gemüsenahrung 82 u. 85
Genius 77. 79. 141. A.87. 90
Germania inferior, Benefiziarierstationen A.153
Germanicus A.28. 165
γεροντοκομεῖον A.206
Gesindetrakte 147. A.206
Geschütz 54. 91. 193
– kugeln 54. 85. A.33
– schuppen 55
Getreide A.100
Gewerbebereich s. Wirtschaftsbezirk
Gewerbeerzeugnisse 89. 138
Gewerbliche Herde und Öfen s. Öfen, Gewerbe-
Geweihe als Rohmaterial 96
Glevum 151
Backöfen A.128
Centurionenhäuser A.47. B.10,1
Kasernen der 1. Kohorte 38. 193
Kasernen der 2.–10. Kohorte 59. 193. A.43

Öfen im Intervallum 98
Principia A. 70
Proportionen des Lagers 113
Zeit des Claudius 151
Zeit des Nero 32
Gloucester s. Glevum
Götterbilder 75. 77f. 79. 141. 194. A. 89. 90
Gordian I. und II. 160
Gorítsa 139. A. 182
Groma 75. 126f. A. 78. 79. 119
Gruben, kastenförmige 38

Hadrian 32. 132f. 136. A. 169
Zeit des 30. 93. 132f. 150. 152. 160
Halbfertigprodukte A. 118
Hallen, langrechteckige 89–91
s. auch Magazine, Fabricae
Haltern 31. 119. 128. 153. A. 3. 163
Annaberg 153
Basilica 74. 142. A. 69
Centurionenhäuser A. 47
Fabrica A. 121
Feldlager A. 187
Groma A. 78
Hauptlager 30. 153
Herde A. 128
Horreum A. 101
Kasernen, Centurien- 108. 119. A. 144
Lazarett 101. A. 129. B. 27,2
Öfen im Intervallum 98
Praetorium A. 64. 200. B. 13,6
Principia A. 69. 70. B. 14,7
Tabernae 97. A. 23. 125. 196
Töpferöfen A. 126
Unterkünfte der Immunes 46. 49. B. 5,9
Wirtschaftsbau vom Basartyp 94. B. 26,5
Handwerker s. Immunes
Handwerker, Zivil- 138
haruspex 77. 120
hastatus 64. 123. A. 154
h. posterior 64. 123
h. primus 42
h. secundus 42
Haus s. Wohnbau, Wohnhäuser
– bad im Centuriohaus 62
– er, langrechteckige 62. A. 199
– er von Centurionen s. Centurionenhäuser
– er der Offiziere s. Offiziershäuser und domus
Heeresreformen 131–137
Heiliger Bezirk 76f.
Heiligtum A. 90. B. 15,1
s. auch aedes, Burnum, Lazarett
Heilkräuter 101. A. 129
Heiratserlaß s. Fokariats-Konstitution
Heizung 38. 62. 96. 98. 101. 137
Helm A. 81
s. auch Paradewaffen
Herbergen A. 206
Herd 98. A. 10. 128
s. auch Öfen, gewerbliche
Hesselbach, Auxiliarkastell A. 10. 11
Heu 38. A. 12
Hilfstruppe 34. 116. 122. 138. 151. 153. 154. 157. A. 53. 176
s. auch ala, cohors equitata, Kasernen einer Hilfstruppe
Lager einer 94. 98. 105. 132. A. 10. 11. 101. 115. 136
Hippodamos 140
Hippodromgarten 67. A. 65
Hirten 102
Hod Hill A. 3
Gemeinschaftsküche A. 128
Höfe für gewerbliche Arbeiten s. Plätze für gewerbliche Arbeiten
Hofheim, Fabrica A. 121
Wirtschaftsbau vom Basartyp 94. B. 26,6
Holzbauten 31f. 82 u. 85. 86f. 89. 93. 97. 102. 125. 149–160. 193. 194. A. 69. 101. 105. 109. 129. 132. 144. 192. 196
s. auch Horrea aus Holz
horologiarius 75
horreum, allgemein s. Magazine
s. auch Aquincum, Bonna, Dangstetten, Deva, Exeter, Haltern, Inchtuthil, Lambaesis, Lindum, Longthorpe, Mogontiacum, Novaesium, Noviomagus, Rödgen, Usk, Vindonissa

Fassungsvermögen A. 100
aus Holz 82f. u. 85. 194. B. 19,1–5
Pfeiler- 85. 91. 146. A. 100. B. 19,6–11
mit Längsmauern B. 19,12–14
Semantik s. Semantik
hospitalia A. 206
Housesteads, Fabrica A. 115. B. 23,8
Hülsenfrüchte s. Gemüsenahrung
Hygin s. Ps.-Hygin

imago des Kaisers s. Feldzeichen
immunes 35. 36. 78. 118. 120. 123. 125. 130. A. 33. 53. 116
Handwerker– 85. 89. 94. 120. 133. 138. A. 21. 147. 155
s. auch Fabricae
des Lazaretts 98. 123. A. 21. 147
Unterkünfte s. Unterkünfte der Immunes
Veterinär- 101f. 123
Zahl der 46–50. 122f.
impedimenta 47. 48. 96. 125. 129
Inchtuthil 29. 32. 34. 116f. 149. A. 163. Taf. 1
aedes 76
aedes-Keller A. 72
Backöfen A. 128
Basilica 76
Baulager A. 3
Centurionenhäuser A. 47. 48. 49. B. 10,2
Centurionenhäuser der 1. Kohorte 62 u. 64. 119. B. 11,1
Eisenverarbeitung A. 127
Fabrica 93. A. 117. B. 25,1. Taf. 1 b,9
Hallen, langrechteckige 91
Horreum B. 19,1. Taf. 1 b,4
Kasernen der 1. Kohorte 38. 42. 120f. 193. A. 15. B. 3,1. 11,1. Taf. 1 b,7
Kasernen der 2.–10. Kohorte 59. 108. A. 43. 44. B. 2,5. Taf. 1 b,2
Kohorten, Zahl der 110. B. 33,1
Latrinen A. 136
Lazarett A. 129. B. 27,1. Taf. 1 b,10
Öfen im Intervallum 98
Offiziershäuser 67. 116. 119f. A. 60. B. 12,2–4. Taf. 1 b,6
Opfergrube 76. A. 82
Praetentura 114
Praetorium 116. 119f. A. 60. 64
Principia 73. 116f. A. 70. B. 14,1. Taf. 1 b,1
Proportionen des Lagers 113
Scholae 133
Schola der 1. Kohorte 80. 81. 116. 145. A. 93. B. 17,2. Taf. 1 b,5
Tabernae 38. 49. 53. 58f. 96. A. 23. 30. 124. B. 6,1
unbebaute Flächen 115
Unterkünfte der Immunes 38. 43 u. 46. 48. 49. 120. A. 17. 18. 21. B. 4,1. Taf. 1 b,8
der Legionsreiter 51. 120
Stabs- 66f. A. 61
Via quintana 114
Viae vicinariae 114
Wirtschaftsbauten 116f.
Zeit des Domitian 32
Innenorganisation der Lager s. Lager, Legions-, Organisationsprinzipien
Innenvorlagen in Fabricae 91
insula 145
intervallum 85. 89. 91. 98. 106. 114. 115. 194. A. 101. 118. 128. 136. 139
Isca Dumnoniorum s. Exeter
Isca Silurum s. Caerleon
Cn. Iulius Agricola 34. 149
C. Iulius Caesar A. 208
iumenta 58. s. auch Tragtiere, Zugtiere
Iversheim, Kalkbrennerei A. 89

Jahrhundert, Jahrzehnt (zeitlich geordnet)
4. Jahrh. v. Chr. 140
3. Jahrh. v. Chr. 139. 143
2. Jahrh. v. Chr. 147
2. Jahrzehnt v. Chr. 119
1. Jahrh. n. Chr. 77. 121. 137
1. Hälfte 1. Jahrh. n. Chr. 97
2. Jahrh. n. Chr. 73. 154
Mitte des 2. Jahrh. n. Chr. 133
2. Hälfte 2. Jahrh. n. Chr. 152
Ende 2. Jahrh. n. Chr. 158

um 200 n. Chr. 107
3. Jahrh. n. Chr. 30. 75. 119. 137. 156. A. 129
um 300 n. Chr. 30. 34
4. Jahrh. n. Chr. 51. 131
2. Hälfte 4. Jahrh. n. Chr. 135
Ende des 4. Jahrh. n. Chr. 107

Καισάρειον A. 71. 81
Kaiserbilder 73–76. 79. 141. 194. A. 71. 80. 81
- geburtstag A. 71
- kult 75
Kalkbrennerei, militärische A. 89
Kammerbauten 81f. 87f. 194. A. 109. B. 22
s. auch Asciburgium, Bonna, Novaesium, Vetera
Kanalisation 96. 106. 147. A. 14. 136
Kasernen, Anordnung der 30f. 108–110. 193. B. 32
Eingangskorridor 137
Feuerwehr- 147
einer Hilfstruppe s. Benwell, Chesters, Mogontiacum, Novaesium
der 1. Kohorte 36. 38–43. 46. 60. 108. 115. 130. 193. B. 3
s. auch Caerleon, Carnuntum, Deva, Glevum, Inchtuthil, Lambaesis, Lauriacum, Novaesium, Noviomagus
von 2.–10. Legionskohorten 36–38. 62. 133. B. 2
s. auch Bonna, Caerleon, Carnuntum, Dangstetten, Deva, Glevum, Haltern, Inchtuthil, Lambaesis, Lauriacum, Novaesium, Noviomagus, Regensburg, Rödgen, Vetera, Vindonissa
Kontubernien, Zahl der 36. 59f. 98. 121. 193. A. 144
Länge der 193
Räume, besondere 59–61
Verbreiterter rückwärtiger Bauteil 59
in Versorgungslagern 119
Vorbilder der 144
Zeit des Augustus 118
Kassen 73f.
Kavalleriekorps s. Reiterkorps
Kavalleristen s. Auxiliarreiter, Legionsreiter, Reiterei
Keller unter aedes A. 72
Klempner 96
„Kneipe“ 108. A. 137. B. 31,2
Köln 154
augustisches Lager 31
Principia A. 70
Kohorten, Legions- 98. 108. 110. 119f. 131
- kasernen 35. 36. 126. B. 33. 34
1. Kohorte 78. 110. 119–123. 193
Centurionen der 123
Stärke der 38. 42f. 118. 119–123. 124. 130. 193
Kasernen s. Kasernen
Konstantin d. Gr. A. 71
Kontubernien 36. 98. 121. 193. A. 144
s. auch Kasernen, Zahl der Kontubernien
Krankenhaus 98–101. B. 27
Krim 121
Küchen 62. 97f. A. 128
s. auch Deva, Hod Hill, Saalburg
Künzing s. Quintana

lacus (Zisterne) A. 135
Lager, altorientalische 139
griechische 139
des Pyrrhos 139
Entstehung der römischen 139f.
republikanische 132. 148. A. 208
spätrömische 34. 115
byzantinische 34. 115. A. 4. 141
kurzfristig benutzte 33f. 141
Lage der -Standlager 26–28. B. 1
Legions-, Definition 33
Legions-, Forum s. Principia
Legions-, Gestalt 139f.
Legions-, Organisationsprinzipien 31. 50. 108–117. 126. 128f. 140. 147f. B. 32. 34
Legions-, Orientierung 127f. A. 161. 163
Pläne 29–31. A. 161

Platzwahl 126
Proportionen 113f.
Straßen 114f. 135
Umwehrung 36. 128
Zahl der Legions- 26–28
Lagerschuppen 116
s. auch Magazine
Lambaesis 29. 30. 135f. 160f. A. 163. Taf. 12
aedes 75
arma 137. A. 178
Basilica 74
Brunnen A. 134
Buntmetallverarbeitung A. 127
Centurionenhäuser 62. A. 51. B. 10,7 u. 8. Taf. 12b,7 u. 9
Centurionenhäuser der 1. Kohorte 62 u. 64. B. 11,6
Fabrica 86. 93. 94. A. 117 B. 25,8. Taf. 12b,11
Groma 75. A. 78. 79. 119
Hof für Handwerker A. 113
Horreum 82. A. 100. 101. 102. B. 19,11. Taf. 12b,12
Kasernen der 1. Kohorte 38. 41. A. 15. B. 3,8. 11,6. Taf. 12b,14
Kasernen der 2.–10. Kohorte 30. 108. 110. A. 7. 43. 139. B. 2,4. 33,6. Taf. 12b,5
Kellerbau 85f.
Latrinen A. 136. B. 30,5. Taf. 12b,6
Lazarett A. 129
Magazin 86. 93. A. 135. B. 21,3. Taf. 12b,10
Nymphaeum A. 134
Offiziershäuser 64 u. 67. 135. A. 60. B. 12,1. Taf. 12b,16
Podium, Redner- A. 71
Praetorium 67
Principia 73. A. 70. 71. B. 14,18. Taf. 12b,1
Proportionen des Lagers 113
Scholae 78f. 133. A. 88. 90. B. 16
Statuensockel A. 71
Stellmacherei 90f. B. 24. Taf. 12b,8
Tabernae 135f. A. 23
Tabularia 74
Thermen 135. A. 129. 132. B. 28,10. Taf. 12b,15
Unterkünfte der Immunes 46. B. 5,6 u. 7. Taf. 12b,3 u. 13
Unterkünfte der technischen Principales 61
Viae vicinariae 114
Wasserleitung A. 134
Wirtschaftsbau vom Hoftyp A. 105. B. 20,8. Taf. 12b,2
Zisterne (?) A. 135. Taf. 12b,4
Zeit des Hadrian 32
Zeit des Valerian 33
Lambaesis, Stadtlager, Reitplatz (?) 81. A. 96
Lauriacum 26. 30. 116. 134. 157. A. 67. 163. Taf. 10
arma 137. A. 178
Basilica thermarum A. 132
Brunnen A. 135
Buntmetallverarbeitung A. 127
Fabrica 195
Groma A. 78
Hallen, langrechteckige 91
Kanalisation 106
Kasernen der 1. Kohorte 38. 41. A. 15. B. 3,6. Taf. 10b,4
Kasernen der 2.–10. Kohorte 60. 108. 110. 157. A. 4. 9. 10. 14. 43. 44. B. 2, 10. 33,4. Taf. 10b,2
Lazarett A. 129. B. 27,11. Taf. 10b,8
Offiziershäuser 134
Paraderüstung 136. 195
Platz für Handwerker 115f. A. 113
Principia A. 4. 70. 71. B. 14,15. Taf. 10b,1
Proportionen des Lagers 113
Tabernae 91. 97. A. 23. 30. 125
Thermen A. 4. 132. B. 28,8. Taf. 10b,3
unbebaute Flächen 115f.
Unterkünfte der Immunes 43. 46. 48f. A. 17. 19. B. 4,4. 5,10. Taf. 10b, 6 u. 7
Viae vicinariae 114
Waffenkammer A. 74
Wirtschaftsbau vom Basartyp 96. A. 4. B. 26,4. Taf. 10b,5

Wirtschaftsbau vom Hoftyp A. 123
Zeit des Septimius Severus 33. 157
Latrinen 101. 102. 106. A. 136. B. 30
städtische 147
Lazarette 98–101. 105. 115. 116f. 126. 129. 147. B. 27
s. auch Krankenhaus und Aquincum, Bonna, Caerleon, Carnuntum, Haltern, Inchtuthil, Lambaesis, Lauriacum, Ločica, Novaesium, Vetera, Vindobona, Vindonissa
Aufnahmeraum 101
Baderaum 101
Bettenzahl 101. A. 129
Heiligtum 78
Latrine 101
Operationssaal 101
Sklaven- 147
– soldaten s. Immunes
Unterkünfte der Immunes bei 46
Legatus legionis 35. 47. 119f. 127. 128. A. 21. 29. 155
Haus des s. Praetorium
Stab des 74
legio I 154. 155
I adiutrix 155. 195
I Minervia 155
II adiutrix 150. 151. 152. 160
II Aug. 149. 151. 152. 156
II Italica 67. 135. 157. 159
II Parthica 134. 160
III Aug. 42. 121. 160. A. 155
III Cyrenaica A. 116
III Italica 157
IV Flavia 159. 160
IV Macedonica 155
V Alaudae 153
VI victrix 30. 149. 150. 154. A. 176
VII Claudia A. 24. 148. 155
VIII Aug. 156. A. 24
IX Hispana 150. 151. 152
X gemina 152. 158. A. 24
XI Claudia 156. 159. A. 80
XIII gemina 75. 102. 156. 158. 193. A. 79. 80. 132
XIV gemina 155. 158. 195
XV Apollinaris 158
XV Primigenia 153
XVI 154. 155. A. 132
XIX 89. 157
XX Valeria victrix 149. 150. 154. 159. A. 33
XXI rapax 133. 155. 156. A. 80
XXII Primigenia 57. 155
Legion
komitatensische des 4. Jahrhunderts 131
rheinische 121
Stärke der prinzipatszeitlichen 118–124
Stärke der – bei Vegetius 130f.
Zeit des Marius 124
spätrepublikanische 118
Legionsinfanterist, Schlafplatz 56
– kommandeur s. Legatus legionis
– lager s. Lager, Legions-
– reiter 78. 80. 114. 118. 120. 123. 126. 128. 130f. 135f. 195. A. 24
– reiter, Schlafplatz 56
– reiter, Unterkünfte s. Tabernae als Unterkünfte der Legionsreiter
– reiter, Zahl der 50f. 130f.
librarius 122. 143
Limitation 139f.
Lincoln s. Lindum
Lindum 150f.
Horreum 194
Zeit des Nero 32. 151
Zeit des Vespasian 151
Ločica 159. A. 163
Lazarett A. 129. B. 27,10
Principia A. 70
Proportionen des Lagers 113
Viae vicinariae 114
Zeit des Mark Aurel 32
Logistik, militärische 25f. 68. 82. 98. 116. 118. 132. 137f.
Longthorpe 151. A. 3
Horreum A. 101. B. 19,2
Principia B. 14,4
Lorch s. Lauriacum
ludus A. 96
Lüftung von Wirtschaftsbauten 85. 91. A. 102
Lugudunum 121
Schola 78

Macedonica, Legionsbeiname A.24
Macrinus, Kaiser 137. A.178
Mactaris, Schola iuventutis 145
Magazine 82–88. 94. 129. A.87. 110. B.19–22
s. auch Wirtschaftsbau
Hallen, langrechteckige 86f. 93
s. auch Caerleon, Dangstetten, Lambaesis, Vindonissa
Korridortyp 87f. A.110
Tabernae als A.124
von verschiedener Gestalt 86. B.21
s. auch Novaesium
Magdalensberg, Kultnische A.89
magister 194
m. ballista(rius) A.33
Mainz s. Mogontiacum
Manipel, Auflösung der 132f. A.169
– kasernen 133. 134
manipularis 133. A.169
Mannschaftsunterkünfte 36–43
s. auch Kasernen
Marius 124. 132
Markomannenkrieg 158. 159
Marschlager 33f. 36. 50. 76. 77. 82. 88. 89. 96. 97f. 102. 125. 126. 127. 128f. 139f. A.187. 191
Cáceres A.187
Fabrica 115
hellenistische 139
Innenorganisation 128f.
Magazine 126
Principia 50
Scamnum tribunorum 50
Straßen 50
Zelte 36
Marschordnung der Legion 51. 110 u. 113. 128. A.28. 165
Marsus 120
Martigny s. Octodurus
Masada A.7. 128
matricula 194. A.142
Mattiobarbuli A.156
Maultiere A.131
Maximinus Thrax 160
medici veterinarii 102
medizinische Instrumente 101. A.129
mensor A.155
mensor frumenti 120
metatio 126
miles provincialis, Schlafplatz 56
Militärhandwerk s. Immunes, Handwerker-
– siedlung 88
Minturnae, castrum A.187
Misenum 78
Moesia inferior, Armee der 121
Mogontiacum 155. A.163
Backöfen 98. 194
Brotstempel A.128
Fabrica A.118
Horreum A.101. B.19,13
Kanalisation A.136
Müllhalde 106
Oktogon 108. 194. A.137
Paradewaffen 136. 195. A.176
Thermen A.132. B.28,6
Unterkünfte einer Ala 57
Wasserbecken A.135
Wasserleitung A.134
Zeit des Claudius 31
Zeit des Vespasian 32
Zeit des Domitian 32
mons Claudianus A.3
Mosaiken 62. 146
Mühlen, Mühlsteine 97f. A.128
Müllbeseitigung 106
mulio 57. A.131
munera legionum 79f.
de munitionibus castrorum s. Ps.-Hygin
Mutinensis, Legionsbeiname A.24

Nachschublager 31. 34. 48. 93. 118f. A.3
Nero, Zeit des 32. 34. 68. 144. 151. 152. 153. 154. 158. 159. A.105. 129
Nerva, Zeit des 151
Neu-Halos A.182
Neuss s. Novaesium
Niederberg, Wirtschaftsbau vom Basartyp 94. A.121. B.26,8
Nijmegen s. Noviomagus
Novae A.4
Novaesium 26 u. 29. 30. 31f. 57. 116f. 154. A.163. Taf.6

Novaesium, Fortsetzung
Basilica A.69
Basilica thermarum A.132
Buntmetallverarbeitung A.127
Centurionenhäuser 57. A.48. 49
Centurionenhäuser der 1. Kohorte 64
Decurionenhäuser 57
Eisenverarbeitung A.127
Fabrica A.118. 121. B.25,6. Taf.6b,2
Holzrost, rechteckiger A.192
Horreum 194. A.100. 101. B.19,7. Taf.6b,3
Kammerbau 81f. 87f. 194. B.22,2. Taf.6b,20
Kanalisation A.136
Kasernen einer Hilfstruppe 51. 55–57. 116f. B.8,1. Taf.6b,22
Kasernen der 1. Kohorte 38 u. 41. B.3,5. Taf.6b,11
Kasernen der 2.–10. Kohorte 30f. 38. 59. 108. 110. A.7. 12. 43. 138. B.2,3. 32,1. 33,2. Taf.6b,14
Lazarett 116f. A.129. B.27,7. Taf.6b,18
Magazine 86. B.21,1 u. 2
Offiziershäuser B.12,11. Taf.6b,23
Offiziersunterkünfte der Hilfstruppe 57. 67
Paraderüstung 136. A.176
Platz für Handwerker A.113
Praetentura 114
Praetorium A.64. B.13,7. Taf.6b,13
Principia 193. A.69. 70. 71. B.14,8 u. 9. Taf.6b,1
Proportionen des Lagers 113
Quaestorium A.64
Räucheröfen A.127
Scamnum tribunorum A.60. 61
Scholae 133
Schola der 1. Kohorte A.93. B.17,1. Taf.6b,9
Ställe der Hilfstruppe 56f.
Statuensockel A.71
Straßen 114. s. auch Viae
Tabernae 41. 49. 53. 58f. A.23. 30. B.6,2
Thermen 194. A.132. 138. B.28,4 u. 5. Taf.6b,7 u. 19
Unterkünfte der Immunes 41. 43 u. 46. 49. 56. 67. A.17. B.4,7. 4,11. B.5,1–3. Taf.6b,4. 6b,8. 6b,10 u. 16 u. 20
Unterkünfte der Principales 48. 56. 61. B.9,3 u. 4. Taf.6b,4 u. 16
Viae vicinariae 114
Wasserleitung A.134
Wirtschaftsbauten 116f. B.21,1 u. 2. Taf.6b,5 u. 6
Wirtschaftsbau vom Basartyp 94. B.26,2. Taf.6b,17
Wirtschaftsbau vom Hoftyp A.105. B.20,2. Taf.6b,12. 6b,15
Zeit des Augustus 31
Zeit des Tiberius 31
Zeit des Claudius 31
Zeit des Nero 32
Zeit des Vespasian 32
Noviomagus 29. 152. A.163. Taf.4
aedes 75. A.72. 80
auguratorium? 76f. B.15,2. Taf.4b,13
Basilica A.76
Brunnen A.135. Taf.4b,8
Buntmetallverarbeitung A.127
Centurionenhäuser 62. A.48. B.10,3 u. 4. Taf.4b,4
Centurionenhäuser der 1. Kohorte 62 u. 64. B.11,3 u. 4
Eisenverarbeitung A.127
Fabrica 89. A.115. B.23,3. Taf.4b,6
Horreum A.101. B.19,6. Taf.4b,2
Kasernen der 1. Kohorte 38. 41. 42. A.15. B.3,4. 11,3 u. 4. Taf.4b,10
Kasernen der 2.–10. Kohorte 46. 59. 108. 110. A.43. 142. B.2,7. 10,3. Taf.4b,14
Latrinen A.136. B.30,2. Taf.4b,3
Offiziershäuser B.12,5. Taf.4b,12
Paradewaffen 136. A.176
Platz für Handwerker A.113
Praetorium A.64
Principia (-Eingang) 73. A.70. 78. B.14,5. Taf.4b,1
Proportionen des Lagers 113
Rednerpodium A.71
Scamnum tribunorum A.60
Scholae 133

Statuensockel A. 71
Tabernae A. 23. 30. 125
tribunal 77. A. 76
Unterkünfte der Immunes 43. 46. A. 18. 42. 61. B. 4,8. Taf. 4b,11
Unterkünfte der Principales 61. B. 9,2. Taf. 4b,9
Wirtschaftsbau vom Hoftyp A. 105. B. 20,1. Taf. 4b,5
Zisterne 105f. A. 135. B. 29,3. Taf. 4b,7
Zeit des Augustus 31
Zeit des Vespasian 32
Zeit des Domitian 32
Zeit des Trajan 32
Numantia 132. A. 187
Numidia 67. 121
nummularius 143
Nutzland der Legion 88
Nutztiere 88. 101f.
Nymphaeum 147. A. 134

Oberaden 31. 153
Groma A. 78
Principia A. 70
Oberstimm, Wirtschaftsbau vom Basartyp 94. A. 121. B. 26,7
Octodurus, Fabrica A. 125
Porticus A. 125
Tabernae A. 125
Odruḫ A. 141
Öfen, Back- 98. 194. A. 128
Getreidedörr- 97
Gewerbe- 90. 93. 97
Glas- 97
Kalk- A. 89
keramische Brenn- 97. A. 126
Koch- s. Herde
Räucher- 97. A. 127
Schmelz- 97. 194. A. 127
Schmiede- 97. A. 127
officia 67. 73f.
s. auch Stäbe
officiales 43. 129
Offiziere 64. 73. 143. A. 53
Häuser der 35. 64–67. 115. 144f. 116. B. 12
s. auch Albano, Albing, Aquincum, Carnuntum, Inchtuthil, Lambaesis, Lauriacum, Novaesium, Noviomagus, Regensburg, Vetera, Vindonissa
Okkupationsstadium 97
Oktogon in Mogontiacum 108. 194. A. 137
Opfer 76
– grube 76. A. 82
optio 47. 194
o. custodiarum 81. A. 148
o. fabricae 48. 61
der 1. Kohorte 42
Unterkunft 62
ordinatio antiqua bei Vegetius 130f.
Ostia 85. 87f. 140
castrum A. 187
Haus der Augustales 145
Magazin vom Korridortyp A. 110
Porticus post scaenam A. 196

παιδία A. 53
Paläste 107f. A. 137
Palmyra A. 71. 141
papilio 36 u. 38. 56. 59. 98. 137
Paradewaffen 136. 195. A. 176
pecuarii 102. 120. A. 131. 148
Peristylhäuser 62f. 64–67. 144f.
Q. Petillius Cerialis 150
Pfeilerhorrea s. Horrea
Pferch s. Stall
Pferdepfleger 57f. s. auch agaso
– stellmaße A. 30
Pilgerhaus, Theveste 54
Pilum A. 95
pinnata castra s. Inchtuthil
Plätze 115f.
für gewerbliche Arbeiten 89. 91. 93f. 97. 115f. A. 113
Podium für Feldzeichen 75. 141. A. 80. 192
für Redner s. Rednerpodien
für Werkhallen 93f.
pollio 120
Pompei, Amtsgebäude A. 202
Bau der Eumachia 145
Forum 141. 142

Forumbasilika 142
Schola iuventutis 145
porta decumana 110
praetoria 127f.
Portus 87f.
Magazin vom Korridortyp A.110
praefectus 35
einer Auxiliareinheit, Haus des 56.67
castrorum 74. 105. 119f. 122. A.21. 61. 147. 155
Haus des 64. 67. 94. A.60
fabrum A.46
legionis 58. 67
praetentura 114f. 125
Praetorianer 129. 137
– kavallerie 51
praetorium 35. 67. 115. 126f. A.63. 206. B.13
s. auch Bonna, Caerleon, Carnuntum, Carpow, Deva, Haltern, Inchtuthil, Lambaesis, Noviomagus, Regensburg, Vetera, Vindonissa
eines Statthalters 67
prata, militärische – rechts des Rheins A.111
pridianum A.92
primus pilus 42. 64. 123. A.159
Haus des 35. 38. 64
iterum 64. A.58. 154
iterum, Haus des 64
princeps 42. 74. 123. A.154. 155
Haus des 64
posterior 64
Haus des 64
principalis 35. 60. 73. 78. 122f. 130. 133. A.45. 53. 72
der 1. Kohorte 60f.
der Techniker A.46
Unterkünfte s. Unterkünfte
Zahl der 46–50. 60f.
principia 68–75. 114. 126. 127. 133. 140–144. 147. A.68. 71. B.14
s. auch Aquincum, Bonna, Burnum, Caerleon, Carnuntum, Carpow, Corstopitum, Dangstetten, Deva, Eburacum, El Lejūn, Glevum, Haltern, Inchtuthil, Köln, Lambaesis, Lauriacum, Ločica, Longthorpe, Novaesium Noviomagus, Oberaden, Regensburg, Vetera, Vindonissa
Eingang 74f. A.78
Gliederung 142
Räume am Forumplatz 49
Scholae 78f.
städtische Vorbilder 140–144
zweites Lagerforum 73. 142. 143
republikanische 142
Zeit des Augustus 68. 142
Zeit des Nero 68
Prokuratoren A.155
promoti s. equites promoti
Proportionen des Lagers 113f.
Provinzen mit einer Legion 67
Ps.-Hygin 36.68.124–129.s.auch S.225f.
Aufbau der Schrift 125f.
Pläne bei 34. 126. s. auch Semantik, forma
Rekonstruktion des Anfangs der Schrift 125f.
Psychologische Führung 68
πτερωτὸν στρατόπεδον 149
πτωχεῖον A.206
pullarius 77
Pyrgi, castrum A.187
Pyrrhos, Lager des 139

quaestionarius 122
quaestorium 82. 94. 115. 126. 129. A.61
s. auch Carnuntum, Vetera
Quellen zur Militärgeschichte 25f.
quellenkritische Beobachtungen 124–131

Rapidum, Groma A.78
rechte Lagerhälfte bevorzugt 38
Rechtsprechung 74. 142f.
Rednerpodien 73. 141. A.71
Regensburg 32. 134. 157. A.163. Taf.9
Buntmetallverarbeitung A.127
Centurionenhäuser 134
Eisenverarbeitung A.127
Fabrica 89. 91. A.115. B.23,5. Taf.9b,2
Kasernen 134. A.9

Offiziershäuser 134
Praetorium 134. A.66. Taf.9b,3
Principia (-Eingang) A.66. 70. 78. Taf.9b,1
Proportionen des Lagers 113
Tabernae A.125
Regin(um?) s. Regensburg
Registraturen s. tabularia
Reiter s. Ala, Auxiliarreiter, equites, Legionsreiter, Praetorianer-Kavallerie, Reiterei
– einheiten Diokletians 131. 135
– kasernen s. Hilfstruppenkasernen Inchtuthil, Novaesium
– korps 131. 135
Reiterei 128f.
Reitpferde 53f.
– plätze 81. A.96
Rekrutierung 122
religiöse Bauten 75–78
Republik, Zeit der 34. 50. 126. 141. 142. 145. 148. A.187
Retentura 114. 115. 125. A.138
Rinder s. Nutztiere
ritterliche Offiziere s. Offiziere, praefectus, tribunus
Rödgen 31. 118f. 155f. A.3
Horrea B.19,4
Kasernen 119. A.144
Rohstoffe, Gewinnung von 138
Rom 85. 101. 141. A.206
Hauptforum s. Forum Romanum
Tabularium 143
Trajansforum 144
Wohnhäuser 145
Roßstirn A.176
Rottweil s. Arae Flaviae

Saalburg, Handmühle 98
sagmarius 57
Salonae, Palast Diokletians A.141
Sarmizegetusa, Haus der Augustales 145
scamna, Zahl der 114
scamnum tribunorum 50. 64 u. 67. 129. A.59. 60. 61
s. auch die einzelnen Lager
Schafe s. Nutztiere
Schlacht, Aufstellung zur 110
Schlachthöfe, militärische A.99
Schlafplatz, Größe 56
Schleiermacher, W. 11
Schleuderer A.95
Schleudergeschosse 82
Schmiede 89. 93. A.127
Schmuckwaffen s. Paradewaffen
Schola 73. 78–80. 129. 133. 136. 142. 145f. A.87. 88. B.16
s. auch Aquincum, Brigetio, Caerleon, Carnuntum, Inchtuthil, Lambaesis, Lugudunum, Mactaris, Noviomagus, Pompei, Vetera, Vindonissa
der 1. Kohorte 79f. 116f. 126. 143. 145f. B.17
s. auch Caerleon, Carnuntum, Inchtuthil, Vetera
städtische Vorbilder 145f.
Schwarzes Meer, Nordküste 121
Schwebeböden in Magazinen 82 u. 85
Schweine s. Nutztiere
Schwert A.81
scu(t)arius A.148
Segontium, Fabrica A.115
Seianus s. Aelius
Semantik, agaso 57
antiquus 131
calo 57f.
clavicularius A.148
forma A.161
groma A.78
horreum 82
manipularis 133. A.169
porta decumana 110
praetorium A.63
principia 127. A.68
quaestorium 126
taberna 143
valetudinarium 101
veterinarium 101
veterinus A.130
vexillarius A.21
Semasiologische Beobachtungen 124–131
Senkgruben 106

Septimius Severus 67. 78. 121. 130. 132. 134f. 137. 149. 194. A.174
  Zeit des 33. 152. 156. 157. 160
Severer-Zeit A.129
Sicherung der Straßen 122
signa s. Feldzeichen
Signale, akustische 113
signifer 47. 195. A.72
Silberringe A.90
Simitthus A.3
Sklaven 35. 53. 57f. 62. 64. 145. A.40. 206
Sonderunterkünfte s. Unterkünfte der Immunes
South Shields A.3. 81
  Fabricae 93. A.118. B.25,3
soziale Gliederung 35
spätrömische Lager(bauten) 34. 48. 87. 148. A.118. 128
  Legion 124
  Zeit 30. 124. 138. 150. 155. 156. 157. 158. 160. A.4
speculator 122
Speer A.95
Split s. Salonae
Sprengwerke s. Dach
Stäbe 73f. 118. 120. 122. 123. 125. A.155
  s. auch officia
Städtebau 138–148
Stärkenachweisung 36. A.142
Stall 43. 50. 51. 53f. 56f. 58. 91. 101. 135. A.17. 30
statio 122. 123. A.153
stationarius 122
stator 51. 97
Statthalter 67. 121–123
  s. auch Abkommandierte, Immunes, Stäbe
Statuen 141. 194. s. auch Genius, Götterbilder, Kaiserbilder
Stellmacherei 90f. B.24
Steuern 122
Straßburg s. Argentorate
Straßenbogen s. Vindonissa
Straßen, Lager- 75. 114f. 129
  s. auch via
strator 53. 122. 135f.
Šuplja Crkva s. Burnum
Svištov s. Novae
Syene A.71
Syria, Armee 121

Tabernae 49f. 51–54. 115. 116. 117. 130f. 143f. B.6 u. 7
  s. auch Bonna, Caerleon, Carnuntum, Deva, Eburacum, Haltern, Inchtuthil, Lambaesis, Lauriacum, Novaesium, Noviomagus, Octodurus, Regensburg, Vetera, Vindonissa
  als Geschütz- und Wagenschuppen 55. 58f.
  als Magazine 96f. 130f.
  städtische 141. 143
  als Unterkünfte 49f. 144
  als Unterkünfte der Legionsreiter 51–54. 128. 129. 130. 135f. B.7 u. 8
  als Werkstätten 89. 96f.
tabularia 74. 143
Tabularium in Rom 143
Tazzoult-Lambèse s. Lambaesis
Tébessa s. Theveste
Tempel, Forum- 141f.
Terra mare-Kultur 140
tertiata, castra 113
tessera 80. A.92
tesserarius 47
Tetrarchie, Zeit der 160
Theodosius I., Zeit des 130. 131
Thermen 78. 102. 115. 116. 126. 129. 146f. B.28
  s. auch Hausbad und Albano, Aquincum, Bonna, Caerleon, Carnuntum, Deva, Eburacum, Exeter, Lambaesis, Lauriacum, Mogontiacum, Novaesium, Vindobona, Vindonissa
  Latrinen in 106
  in Lazarett 101
  städtische 146f.
Theveste, Pilgerunterkunft 54. A.31
Tiberius, Zeit des 31. 120. 153. 154. 156. A.129
Tierärzte 102
  s. auch medici veterinarii
Tiere, Wasserverbrauch 105

Tierlazarett s. veterinarium
Tomen-y-Muir, ludus A.96
Torbau vor Principia 144
s. auch Groma
Tragtiere (-Führer) 36. 57f. A.41
Trajan, Zeit des 32. 150. 152. 154. 156. 158. 159. 160. 194. A.83. 129
triarius prior 42
tribunal 74. 76f. 127. 142f. A.76. 80
tribuni militum 35. 64–67. 74. 96
Häuser der s. Offiziershäuser
tribunus angusticlavius 74. A.155
laticlavius 64. A.155
sexme(n)stris 64. A.58. 155
triumphalis, Legionsbeiname A.24
Trompeter 195
Troß 47. 55. 57–59. 128. A.21. 40. 42. 53
Truppengattungen, Stärke der 125
tubicen A.155
s. auch Trompeter
Turnu Severin s. Drobeta

Übungshallen 80f.
– platz 81
Uhr 75
Umwehrung 108 u. 110
unerklärte Bauten 107f.
Unterkünfte 35–67. 116f. 129. 137. 144f.
s. auch Kasernen
der Artilleristen 54f. 60
El Lejūn A.4
von Hilfstruppen in Legionslagern 55–57
der Immunes 43–50. 110. 121. 129. B.4 u. 5
s. auch Bonna, Caerleon, Carnuntum, Deva, Exeter, Haltern, Inchtuthil, Lambaesis, Lauriacum, Novaesium, Noviomagus, Vetera, Vindonissa
der Legionsreiter 50–54. 115
s. auch Tabernae
der Principales 35. 46. 48. 59–61. 121. B.9
s. auch Exeter, Lambaesis, Novaesium, Noviomagus, Vindonissa
von Stäben s. Inchtuthil
des Trosses 57–59
Usk A.3
Horreum 194. A.101. B.19,3
Wirtschaftsbauten vom Hoftyp A.105

Valerian, Zeit des 30. 33. 135. 160
valetudinarium s. Lazarett, Semantik
Vegetius 130f. s. auch S. 226
Vercovicium s. Housesteads
Verpflegung der Soldaten 82
s. auch Fleischnahrung, Gemüsenahrung, Getreide
Verpflegungsmagazin s. Magazine
Verputz von Kasernen 38
Versorgung der Truppe 138
Versorgungslager 30. 34. 49. 153. 155
Verwaltungssoldaten s. Immunes
Vespasian A.28
Zeit des 32. 107. 150. 151. 152. 154. 155. 156. 158
Vetera 153. A.163. Taf.5
aedes A.80
Fabrica 88. A.118. B.25,5. Taf.5b,6
Kammerbau 82. 88. A.109. B.22,1. Taf.5b,3
Kaserne 108. B.2,2. Taf.5b,10
Lazarett A.129. B.27,5 u. 6. Taf.5b,5
Offiziershäuser A.60. B.12,8–10. Taf.5b,4
Praetoria A.65. B.13,4 u. 5. Taf.5b,7
Principia (-Eingang) 68. 73. 144. A.70. 78. B.14,6. Taf.5b,1
Proportionen des Lagers 113
Quaestorium A.61
Scamnum tribunorum A.61
Scholae 133. A.80
Schola der 1. Kohorte 80. 81. 145f. A.93. B.17,4. Taf.5b,2
Tabernae A.23
Unterkünfte der Immunes 43. A.17. B.4,10. Taf.5b,9
Wasserleitung A.134

Wirtschaftsbau vom Basartyp 94.
A. 61. B. 26,3. Taf. 5b,8
Zeit des Claudius 31
Zeit des Nero 32
Veteranen A. 90
s. auch vexillum, Veteranen-
veterinarium 47. 101f. 126. 129
veterinus s. Semantik
vexilla s. Feldzeichen
vexillarius 47f. 58. 102. 129. A. 21
veteranorum legionis A. 149
Vexillatio 34. 78. 121. 130. 149. 151.
153. 157. A. 70
Lager für A. 3
Veteranen- 120f. A. 149
vexillatio Britannica 152
via ‚decumana' 50. 51. 91. 114. 135.
A. 126. 140
praetoria 68. 90f. 114. 127. 128. 135.
A. 68. 126
principalis 51. 68. 74. 96. 108. 114.
115. 127. 129. 135
quintana 51. 53. 96. 110. 114. 136.
A. 30. 126. 139
sacra 144
sagularis 86
vicinaria 53. 114
victimarius 77
vicus, Auxiliar- s. Militärsiedlung
Villae rusticae A. 204
Vindobona 114. 158. A. 163
Lazarett A. 88. 129
Lazarettheiligtum 78
Scamnum tribunorum A. 61
Thermen 194. A. 132
Wasserleitung A. 134
Zeit des Trajan 32
Zeit des Mark Aurel 32
Vindonissa 29. 114. 156. A. 163. Taf. 8
aedes A. 80
„Arsenal" s. Fabrica
auguratorium? 76f. B. 15,1. Taf. 8b,7
Backöfen, Bäckerei? 98. A. 128
Basilica 68
Basilica thermarum A. 132
Buntmetallverarbeitung A. 127
Centurionenhäuser A. 49. 50. 52.
B. 10,9 u. 10. Taf 8b,5 u. 8
Fabrica 78. 89f. 93. 94. A. 115.
B. 23,4. 25,9. Taf. 8b,6 u. 10
Heiliger Bezirk 76f. B. 15,1
Horreum A. 101. B. 19,5 u. 9.
Taf. 8b,9
Kasernen A. 7. 9. 10. 43. 144. B. 2,1
u. 6 u. 12. Taf. 8b,5 u. 7
Längsstraße 114
Lazarett A. 19. 129. B. 27,3. 27,9.
Taf. 8b,13
Müllhalde 106
Offiziershäuser 67. A. 125. B. 9,5.
12,6. Taf. 8b,4
Praetorium A. 64. B. 13,8. Taf. 8b,2
Principia 68. 133. 142. A. 68. 70. 71.
80. B. 14,13 u. 14. Taf. 8b,1
Rednerpodium A. 71
Scamnum tribunorum A. 61
Scholae 133
Straßenbögen 144. A. 78
Tabernae 91. 97. A. 23. 30. 124. 125
Thermen 102. A. 132. B. 28,7.
Taf. 8b,16
Unterkünfte der Immunes 43 u. 46.
48f. A. 17. 19. B. 4,6. 5,4 u. 5.
Taf. 8b, 11 u. 14 u. 15
Unterkünfte der technischen Principales 61. B. 9,5. Taf. 8b,11
Wasserleitung A. 134
Weihaltäre 78
Wirtschaftsbauten 91. 93. A. 105.
B. 20,4 u. 5. Taf. 8b,3 u. 12
Zeit des Tiberius 31
Zeit des Claudius 31
Zeit des Vespasian 32
M. Vipsanius Agrippa 132

Wache vor der aedes 73
Wachraum 62
Waffen 93. 120. 137. A. 74
s. auch Helm, Paradewaffen, Pilum, Schwert
– kammer 73. A. 74
– räume s. arma
Wagen 58. 93
– schuppen 58. 91. A. 42
Wallabschnitte s. Lagerumwehrung

Wandbemalung 38. 62. 79. 89. 146. A. 52. 60. 90. 105
Wasserbecken 85. 93. A. 123. 135
s. auch Zisterne
– leitung und -verteiler 105. 147. A. 134
– verbrauch und -versorgung 38. 105f.
Weihaltäre 73. 76–78. 79. 85. 108. 136. A. 61. 71. 87. 148
– gaben 77
Werkhallen s. Fabricae
Wien s. Vindobona
Windisch s. Vindonissa
Wirtschaftsbauten 82–98. 115–117. 137f. 146. A. 102
vom Basartyp 89. 94–96. A. 121. B. 26
s. auch Bonna, Caerleon, Deva, Haltern, Hofheim, Lauriacum, Niederberg, Novaesium, Oberstimm, Vetera
vom Hallentyp 89–91. B. 23. s. auch Carnuntum
vom Hoftyp 77. 85. 89. 94 u. 96. 146. B. 20
s. auch Aquincum, Bonna, Carnuntum, Corstopitum, Lambaesis, Lauriacum, Novaesium, Noviomagus, Usk, Vindonissa
mit Unterkünften von Immunes 43 u. 46. 50
mit Kammern s. Kammerbauten
– bezirk 46. 85. 88. 89. 91. 93. 115. 129. A. 109
– geschichte 138
Wohnbau, städtischer 144f.
Wohnhäuser, lang- und breitrechteckige 144f.

Xanten s. Vetera
ξενοδοκεῖον, ξενοδοχεῖον A. 206
ξενών A. 206

ὕδρευμα A. 135
York s. Eburacum

Zeit s. Vorbemerkung zum Register
Zelt 36. 144. A. 7
Zeltpflöcke A. 5
Zisterne 86. 105f. A. 135. B. 29
s. auch Wasserbecken
Zitadellen, republikanische – in Italien 140
Zugtiere 58. 88
Zweilegionenheer, konsularisches 50. 140. 147f.

Autoren

Alf. Dig. 9,1,5 54
Anon. περὶ ἀπλήκτου 1 A. 141
Appian. b. c. 5,46 A. 92
Arrian. Alan. 1 A. 28
Arrian. Anab. 1,13,3 139
3,9,4 139
Arrian. Tact. 32,3–44,1 A. 176
34 195

Claud. Don. Aen. 11,463 A. 143

Dig. 48,19,8,9f. A. 98
s. auch Alfenus, Macer, Marcianus, Paternus
Dio 53,13,7 A. 98
56,20,2 A. 53
57,4,2 A. 53
75,12,5 130. A. 143. 156
78,37,4 A. 178
79,7,1 A. 71

Festus s. Paul. Fest.
Frontin. strat. 4,1,6 A. 42
4,1,14 139

H. A., Alex. Sev. 50,5 124
Herodian. 4,4,5 A. 80
Hygin s. Ps.-Hygin

Ios. b. Iud. 3,5,1 (= 78) A. 20. 40
3,5,2 (= 83) 68. A. 76. 113
3,6,2 50. A. 28. 165
3,83 89
5,2,1 A. 165

Liv. 10,32,7 126. A. 100
27,46 A. 92
28,24 A. 76
34,47 126. A. 100
41,2,11 68

Macer, Dig. 49,16,12 A. 76
Marcianus, Dig. 47,22,1 133

Paternus, Dig. 50,6,6 A. 116
50,6,7 A. 33. 131
Paul. Fest. p. 46,25f. L A. 142
p. 309,1f. L 68. A. 73
p. 453, 5–7 L A. 156
p. 507, 9–11 L A. 130
Plut. Galba 12 A. 53
Pyrrhos 16 139
Polyb. 6,27,1 127
6,27,5 96
6,28 50. 51
6,31,1 68. 126. A. 100. 122
6,31,2–4 u. 7 51
6,33,1 A. 53
6,34,7–12 A. 92
6,42 139
Ps. Hygin 1 36. 47. 58. 118
2 108 u. 110. 128f.
3 A. 150
3 u. 4 119
4 89. 101. 115
5 47. 58. 128f. A. 21. 142. 143
7 43. 51. A. 166
8 A. 166
11 76. 77. 127. A. 68
11 u. 12 126
12 126f. 127. A. 78
13 A. 140
14 127. 128
15 128. A. 59. 167
16 u. 17 A. 37
18 110. 115. A. 100. 160
19 51. A. 166
20 79f.

21 113
24 128
29 A. 100. 160
30 47. A. 21
35 89. 101
36 A. 140
43 A. 140
45 125
56 127f. 128
57 A. 135

Stat. Theb. 10,176f. A. 80
Suet. Tib. 48 A. 71
Cal. 9 A. 169

Tac. Agr. 22,2 82
ann. 1,18f. A. 192
1,39 154
1,39,4 A. 80
2,16f. A. 28. 165
2,17,2 A. 80
3,21 120
4,2,3 A. 71
hist. 1,48 A. 53
3,31 A. 71
4,36,2 A. 53
4,61 155
5,20 A. 21

Val. Max. 4,3,11–13 A. 53
Veg. mil. 1,7 A. 116
1,17 A. 156
1,22 A. 135
2,1 131
2,2 124
2,6 50. 119. 130. 131
2,6f. 130
2,8 42f. 119. 123. 130
2,10 58. 105. A. 21. 147
2,11 89. A. 116
2,14 50
2,15 110
2,23 80. A. 95
2,25 54
3,6 47. 58. A. 165
Vitr. 1,6 114

Xenoph. Lac. 12,1 A. 181

Inschriften und Papyri

AÉ 1934, 152 (Rom) A. 24
1955, 238 (Nicopolis) A. 156
1958, 303 (Vetera) A. 87
1962, 260 (Bainbridge) A. 6
1966, 355 (Novae) A. 87
375 (Pautalia) A. 113
1968, 391 (Iversheim) A. 87
1971, 208 (León) A. 87
CIL 3, 508 (Patrai) A. 24
1070 (Apulum) A. 79
7512 (Arrubium) A. 61
7626 (Ilosva) A. 170
14356[5a,b] (Carnuntum) A. 87. 137
14507, dex. a7 (Viminacium) A. 148
15190–92 (Carnuntum) A. 87. 98. 148
5, 4903 (Boarni) A. 149
5272 (Comum) A. 21
6632 (Novaria) A. 33
6, 222 A. 169
3559 A. 192
9215 A. 116
30881 A. 169
37194 A. 131
8, 2553 = 18047 (Lambaesis) A. 88. 129
2557 = 18050 (Lambaesis) A. 90
2563 (Lambaesis) A. 129
2568,4 (Lambaesis) A. 148
2569,28 (Lambaesis) A. 148
2571 (vgl. 18057) (Lambaesis) A. 78
2631 (vgl. 18101 (Lambaesis) A. 135

18058 (Lambaesis) A. 71
18072 (Lambaesis) A. 56. 154
21829 (Aïn Š'kur) A. 63
10, 3344 (Misenum) A. 170
13, 2958 (Agedincum) A. 153
6898 (Mogontiacum) 195
7800 (Rigomagus) A. 79
8016 (Bonna) A. 61
8648 + Add. p. 143 (Vetera) A. 53
10024,34 (Xanten) A. 90
10024,35 (Novaesium) A. 90
11831 (Mogontiacum) 194
IGRR 1,1373 (bei Hiera Sykaminos) A. 131
ILS 2283 (bei Cremona) A. 81
RIB 327 (Caerleon) A. 82
334 (Caerleon) A. 6
605 (Lancaster) A. 132
978 (Netherby) A. 94
1091 (Lanchester) A. 132
1685 (Chesterholm) A. 63
1912 (Birdoswald) A. 63
J. Baradez, Libyca (Arch.-Epigr). 1, 1953, 157–160 (Gemellae) A. 71
A. Betz, Österr. Jh. 35, 1943 Bb. 137f. (Brigetio) A. 153
G. C. Boon, Arch. Cambr. 119, 1970, 12–27 (Caerleon) 74. A. 77
Fink, Records 5 II 6–19 A. 21
15 II 9 A. 78
47 II 6 A. 81
53 b 15 A. 80
58 II 6 A. 116
Finke 114 (Vindonissa) A. 40
119 (Vindonissa) A. 148
E. Howald u. E. Meyer, Die römische Schweiz (Zürich 1948) 491 (Octodurus) A. 125
JRS 51, 1961, 191 (Regulbium) A. 77
Lehner, Novaesium 405f. A. 72
H. Nesselhauf u. H. Lieb, Ber. RGK 40, 1959, 144 Nr. 58 (Vindonissa) A. 87
H. v. Petrikovits in: Bogaers u. Rüger, NL 28 (Menden) A. 111
Ph. Petsas, Athens Annals of Archaeology 4, 1971, 112–115 (Patrai) A. 24
M. Speidel, JRS 60, 1970, 142f. (Grammeni) A. 21
Vorbeck, Militärinschriften 69 (Carnuntum) A. 148
Wuilleumier, Inscr. 234 (Lyon) A. 89

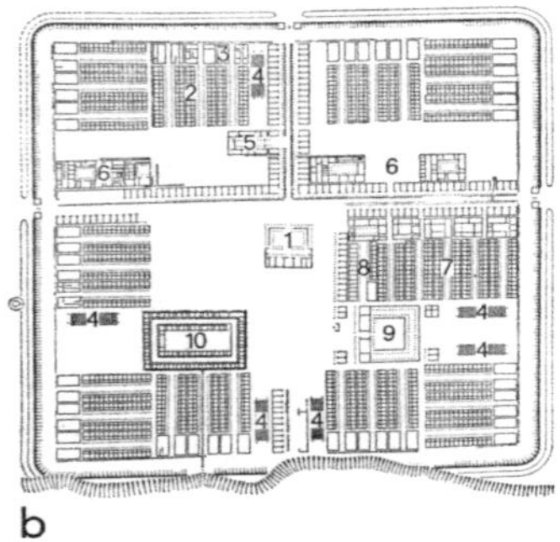

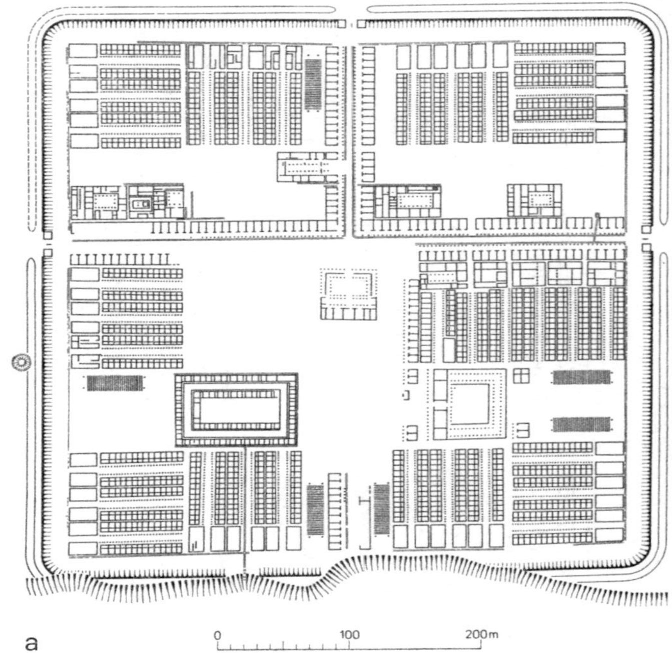

Tafel 1 b: Orientierungsplan von Inchtuthil. 1:8000
1. Principia (= Bild 14,1).
2. Centurienkasernen (= Bild 2,5).
3. Centuriohaus (= Bild 10,2).
4. Horrea (= Bild 19,1).
5. Schola der 1. Kohorte (= Bild 17,2).
6. Häuser ritterlicher Offiziere und des Tribunus laticlavius (= Bild 12,2–4).
7. Kasernen der 1. Kohorte (= Bild 3,1 und Bild 11,1).
8. Unterkünfte von Immunes (= Bild 4,1).
9. Fabrica (= Bild 25,1).
10. Lazarett (= Bild 27,1).

Tafel 1 a: Inchtuthil (nach JRS 1961, mit Erlaubnis). 1:4000

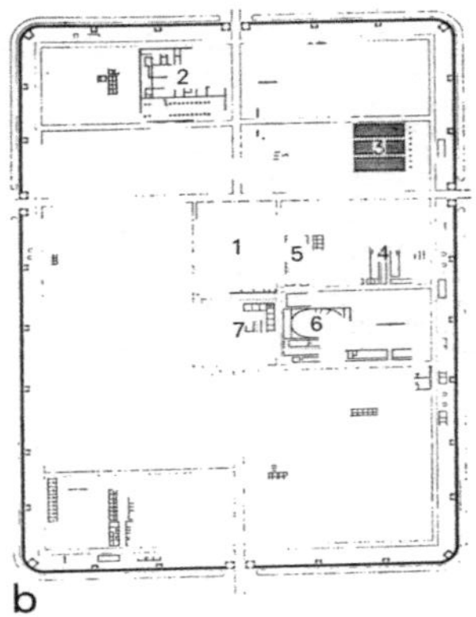

Tafel 2b: Orientierungsplan von Deva. 1:8000
1. Principia.
2. Bad (= Bild 28,1).
3. Horrea (= Bild 19,12).
4. Kasernen der 1. Kohorte (= Bild 3,2).
5. Unterkünfte von Immunes (?) (= Bild 4,9).
6. Bau mit elliptischem Hof (= Bild 31,1).
7. (?) Praetorium (= Bild 13,1).

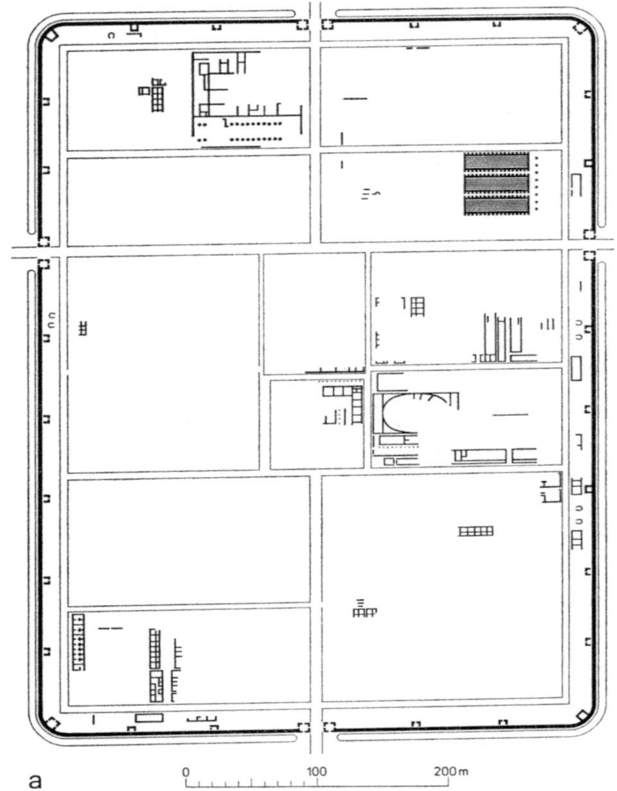

Tafel 2a: Deva (nach V. E. Nash-Williams und M. G. Jarrett, mit Erlaubnis). 1:4000

b

Tafel 3b: Orientierungsplan von Caerleon. 1:8000
1. Principia (= Bild 14,3).
2. Häuser ritterlicher Offiziere und des Tribunus laticlavius.
3. Kasernen der 1. Kohorte (= Bild 3,3 und Bild 11,2).
4. (?) Unterkünfte von Immunes (= Bild 4,5).
5. (?) Wirtschaftsbau.
6. Centurienkaserne (= Bild 2,8).
7. Latrine (= Bild 30,1).
8. Fabrica (= Bild 25,4).
9. Praetorium (= Bild 13,3).
10. Wirtschaftsbau vom Basartyp (= Bild 26,1).
11. (?) Unterkünfte von Immunes (= Bild 4,5).
12. Schola der 1. Kohorte (= Bild 17,5).
13. Lazarett (= Bild 27,4).
14. Bad (= Bild 28,3).

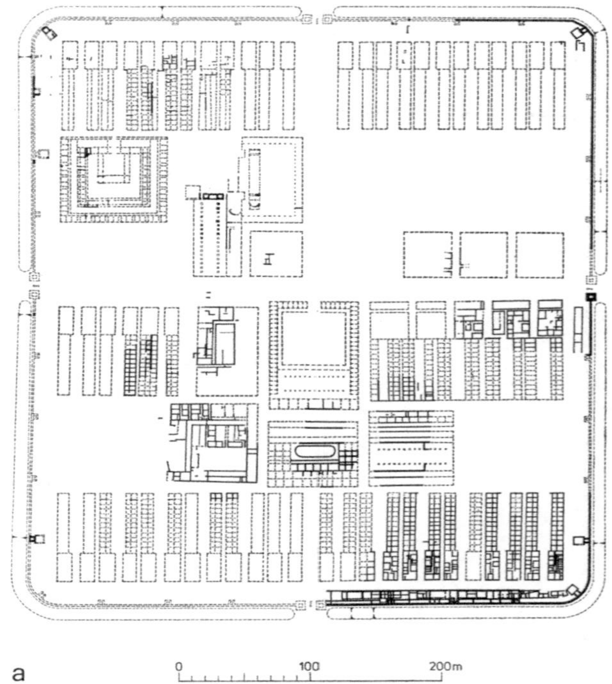

a

Tafel 3a: Caerleon (nach G. C. Boon, mit Erlaubnis). 1:4000

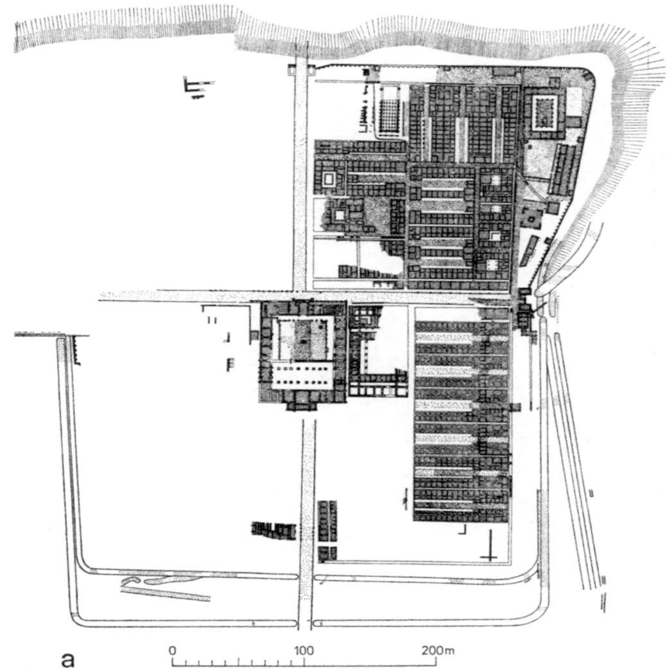

Tafel 4a: Noviomagus (nach J. E. Bogaers, mit Erlaubnis). 1:4000

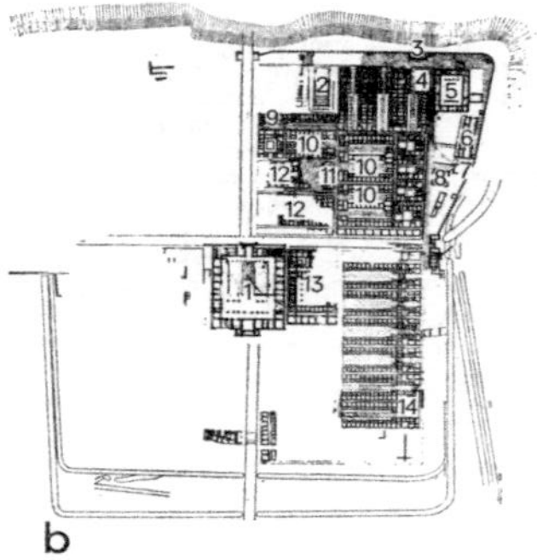

Tafel 4b: Noviomagus, Orientierungsplan. 1:8000

1. Principia (= Bild 14,5).
2. Horrea (= Bild 19,6).
3. (?) Latrine (= Bild 30,2).
4. Centuriohaus (= Bild 10,4).
5. Wirtschaftsbau vom Hoftyp (= Bild 20,1).
6. Fabrica (= Bild 23,3).
7. Zisterne (= Bild 29,3).
8. Brunnen.
9. (?) Unterkünfte von Principales von Immunes (= Bild 9,2).
10. Kasernen der 1. Kohorte (= Bild 3,4 und Bild 11,3 und 4).
11. Unterkünfte von Immunes (= Bild 4,8).
12. Häuser ritterlicher Offiziere (= Bild 12,5).
13. (?) Auguratorium (= Bild 15,2).
14. Centurienkaserne (= Bild 2,7 und Bild 10,3).

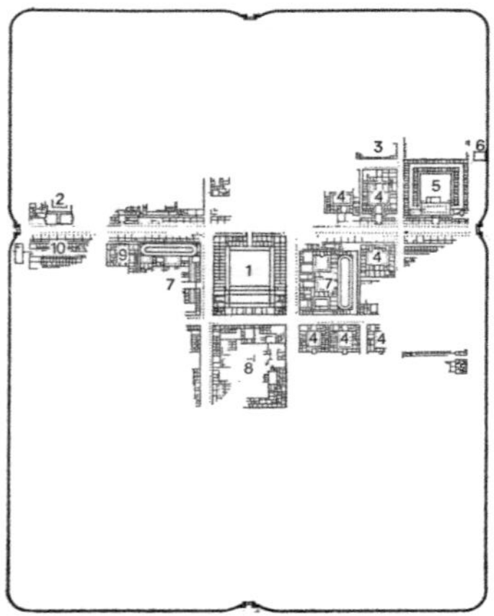

b

Tafel 5b: Vetera, Orientierungsplan. 1:10000
1. Principia (= Bild 14,6).
2. Schola der 1. Kohorte (= Bild 17,4).
3. Kammerbau (= Bild 22,1).
4. Häuser ritterlicher Offiziere oder von Tribuni laticlavii (= Bild 12,8–10).
5. Lazarett (= Bild 27,6).
6. Fabrica (= Bild 25,5).
7. Praetoria (= Bild 13,4 und 5).
8. Wirtschaftsbau vom Basartyp (= Bild 26,3).
9. (?) Unterkünfte von Immunes (= Bild 4,10).
10. Centurienkaserne (= Bild 2,2).

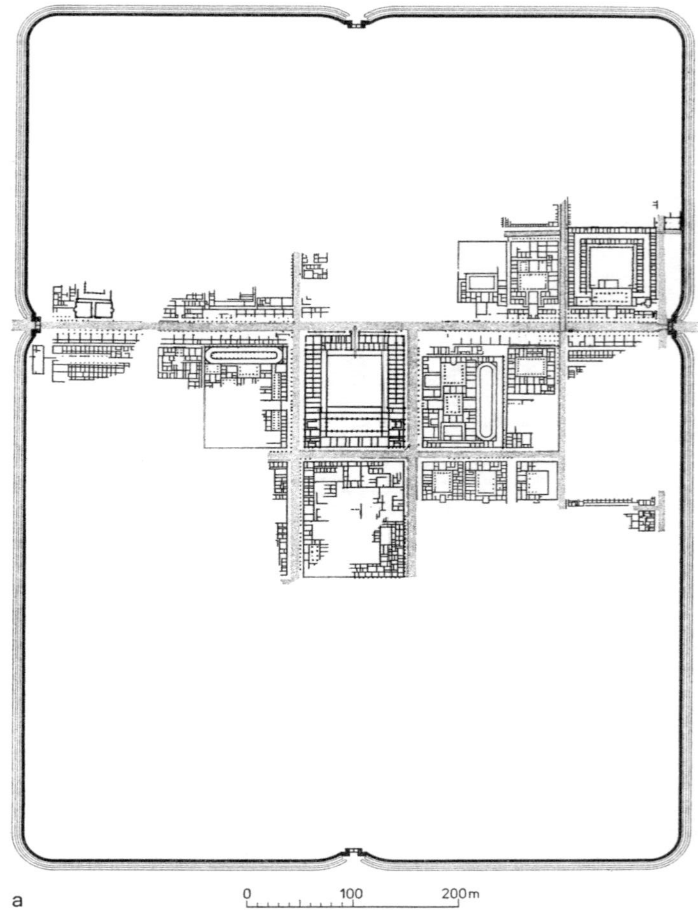

a

Tafel 5a: Vetera (nach F. Oelmann). 1:5000

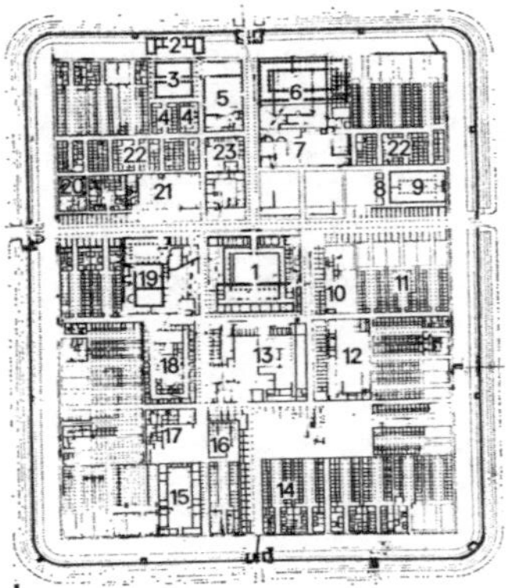

b

Tafel 6b: Novaesium, Orientierungsplan. 1:8000

1. Principia (= Bild 14,9).
2. Fabrica (= Bild 25,6).
3. Horrea (= Bild 19,7).
4. Unterkünfte von Immunes (= Bild 5,2),
   bei 4. Unterkünfte von Principales von Immunes (= Bild 9,3).
5. Wirtschaftsbau (Magazin) (= Bild 21,2).
6. Magazin (= Bild 21,1).
7. Bad (= Bild 28,4).
8. (?) Unterkünfte von Immunes (= Bild 4,11).
9. Schola der 1. Kohorte (= Bild 17,1).
10. (?) Unterkünfte von Immunes (= Bild 4,7).
11. Kasernen der 1. Kohorte (= Bild 3,5).
12. (?) Wirtschaftsbau vom Hoftyp.
13. Praetorium (= Bild 13,7).
14. Centurienkaserne (= Bild 2,3).
15. Wirtschaftsbau vom Hoftyp (= Bild 20,2).
16. Unterkünfte von Immunes (= Bild 5,1),
   bei 16. Unterkünfte von Principales von Immunes (= Bild 9,4).
17. Wirtschaftsbau vom Basartyp (= Bild 26,2).
18. Lazarett (= Bild 27,7).
19. Bad (= Bild 28,5).
20. Kammerbau (= Bild 22,2),
   bei 20. Unterkünfte von Immunes (= Bild 5,3).
21. Häuser ritterlicher Offiziere und des Tribunus laticlavius (= Bild 12,11).
22. Unterkünfte einer Hilfstruppe (= Bild 8,1).
23. Kommandeur der Hilfstruppe (= Bild 12,11).

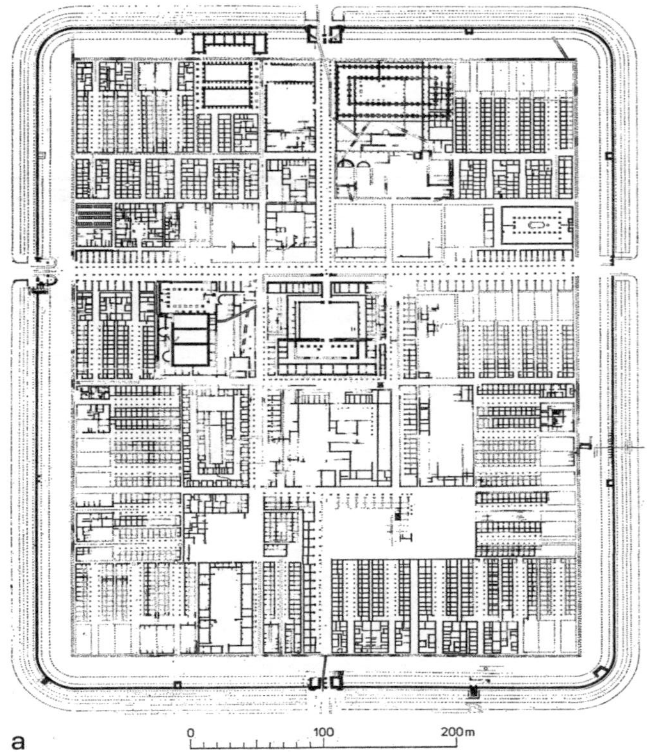

a

Tafel 6a: Novaesium (nach C. Koenen). 1:4000

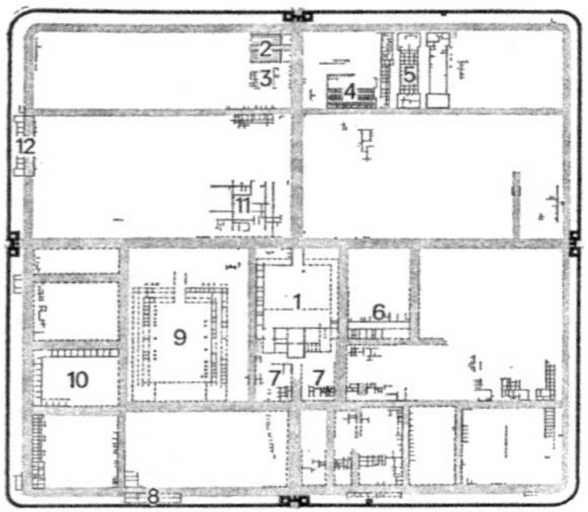

b

Tafel 7b: Bonna, Orientierungsplan. 1:8000
1. Principia (= Bild 14,10).
2. Horrea (= Bild 19,8).
3. Wirtschaftsbau vom Basartyp.
4. Kammerbau (= Bild 22,3).
5. Centurienkasernen (= Bild 10,11).
6. (?) Unterkünfte von Immunes (= Bild 4,2).
7. (?) Unterkünfte von Immunes (= Bild 4,3).
8. (?) Latrine (= Bild 30,3).
9. Lazarett (= Bild 27,8).
10. Wirtschaftsbau vom Hoftyp (= Bild 20,3).
11. Haus eines ritterlichen Offiziers oder des Tribunus laticlavius.
12. Fabrica (= Bild 25,7).

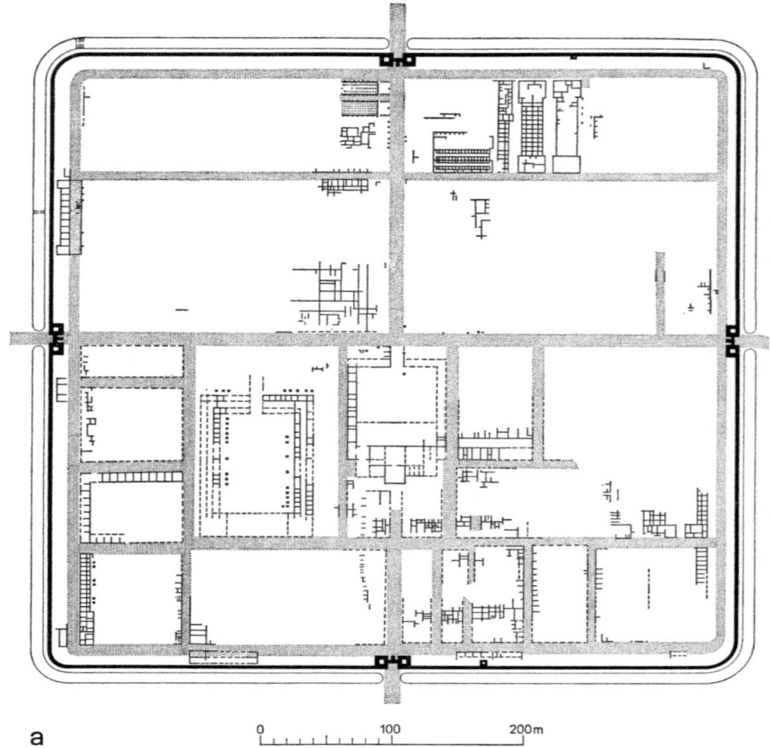

a

Tafel 7a: Bonna (nach eigener Vorlage). 1:4000

b

Tafel 8b: Vindonissa, Orientierungsplan. 1:8000
1. Principia (= Bild 14,13 und 14).
2. (?) Praetorium (= Bild 13,8).
3. Wirtschaftsbau vom Hoftyp (= Bild 20,4).
4. Häuser ritterlicher Offiziere (und des Tribunus laticlavius) (= Bild 12,6).
5. Centuriohaus (= Bild 10,9),
zwischen 5 u. 6. Centurienkaserne (= Bild 2,1).
6. Fabrica (= Bild 23,4).
7. Centurienkaserne (= Bild 2,6).
8. zwei Centurionenhäuser (= Bild 10,10).
9. Horreum (= Bild 19,9).
10. Fabrica (= Bild 25,9).
11. Unterkünfte von Immunes (= Bild 5,4),
bei 11. Unterkunft von Principales von Immunes (= Bild 9,5).
12. Wirtschaftsbau vom Hoftyp (= Bild 20,5).
13. Lazarett (= Bild 27,9).
14. Unterkünfte von Immunes (= Bild 5,5).
15. Unterkünfte von Immunes (= Bild 4,6).
16. Bad (= Bild 28,7).
17 (?) Auguratorium (= Bild 15,1).

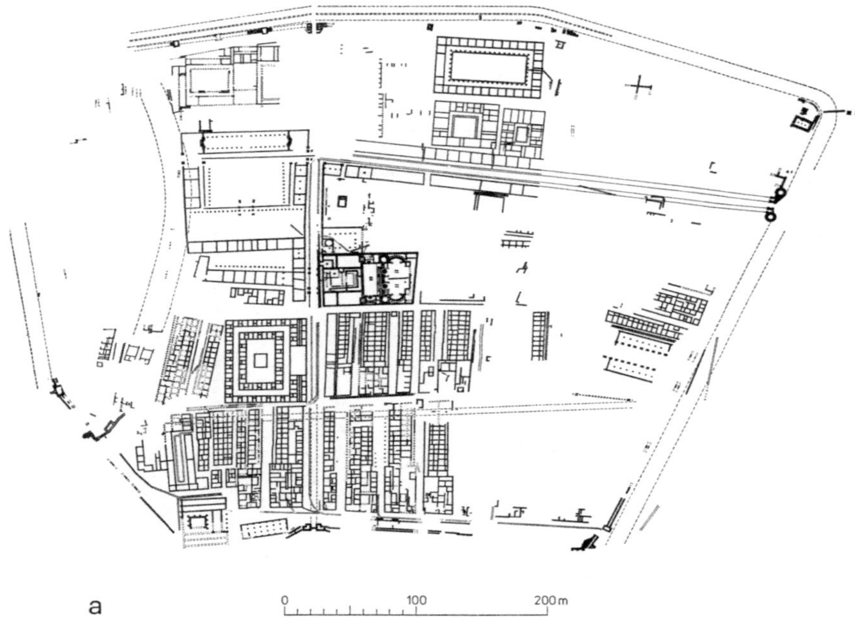

a

Tafel 8a: Vindonissa (nach Jber. Vind. 1967, mit Erlaubnis). 1:4000

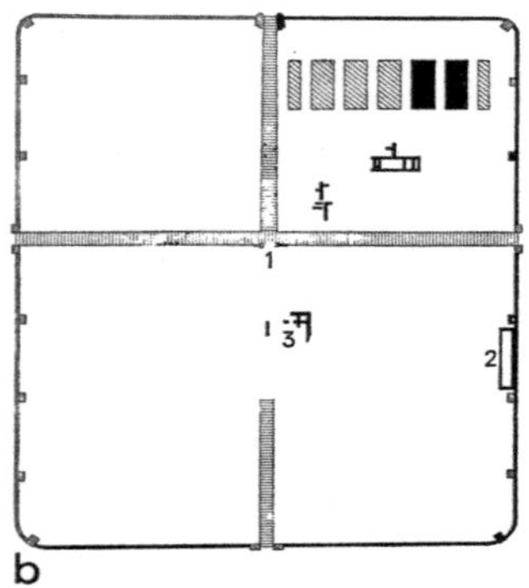

Tafel 9b: Regensburg, Orientierungsplan. 1:8000
1. Principia.
2. Fabrica (= Bild 23,5).
3. (?) Praetorium.

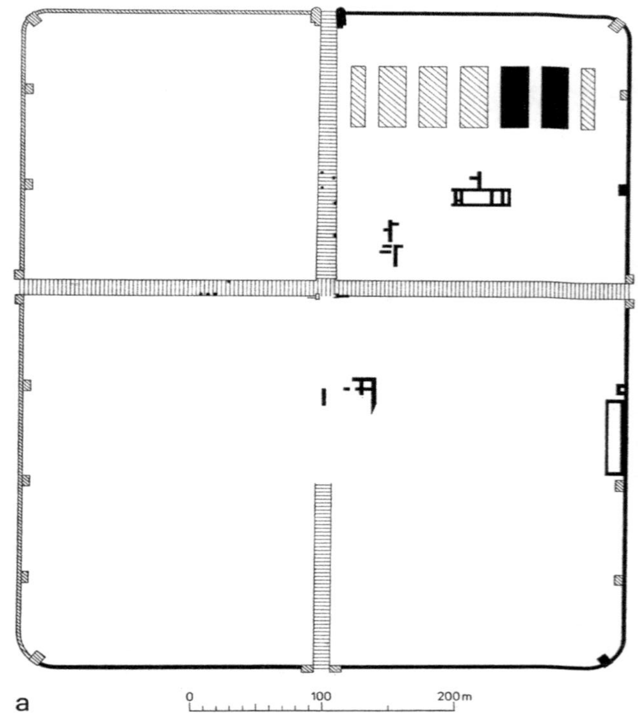

Tafel 9a: Regensburg (nach U. Osterhaus, mit Erlaubnis). 1:4000

b

Tafel 10b: Lauriacum, Orientierungsplan. 1:8000
1. Principia (= Bild 14,15).
2. Centurienkaserne (= Bild 2,10).
3. Bad (= Bild 28,8).
4. Kasernen der 1. Kohorte (= Bild 3,6).
5. Wirtschaftsbau vom Basartyp (= Bild 26,4).
6. Unterkünfte von Immunes (= Bild 4,4).
7. Unterkünfte von Immunes (= Bild 5,10).
8. Lazarett (= Bild 27,11).

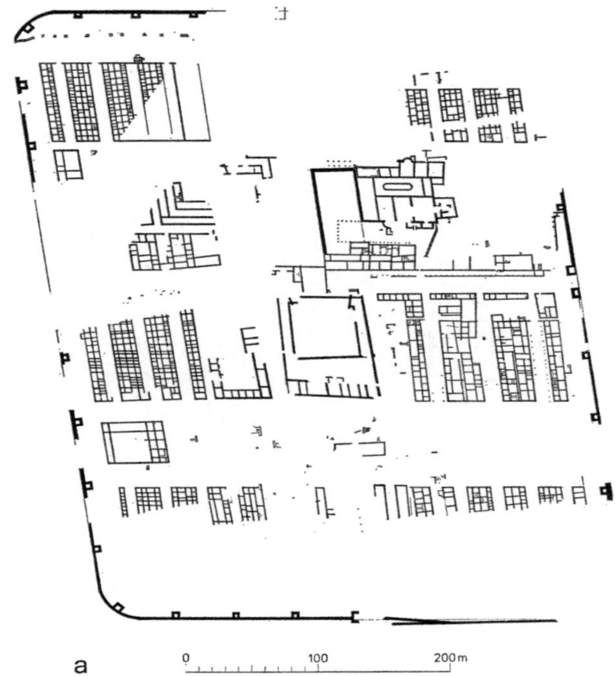

a

Tafel 10a: Lauriacum (nach H. Vetters, mit Erlaubnis). 1:4000

Tafel 11b: Carnuntum, Orientierungsplan. 1:8000

1. Principia (= Bild 14,16).
2. Centurienkaserne (= Bild 2,9).
3. Bau unklarer Verwendung („Kneipe“) (= Bild 31,2).
4. Kasernen der 1. Kohorte (= Bild 3,7 und Bild 11,5).
5. Fabrica (= Bild 23,6).
6. Wirtschaftsbau vom Hoftyp (= Bild 20,6).
7. Praetorium (= Bild 13,9).
8. zwei Centurionenhäuser (= Bild 10,5).
9. Latrine (= Bild 30,4).
10. (?) Gefängnis (= Bild 18).
11. Lazarett (= Bild 27,12).
12. zwei Centurionenhäuser (= Bild 10,6).
13. Schola der 1. Kohorte (= Bild 17,3).
14. Häuser ritterlicher Offiziere und des Tribunus laticlavius (= Bild 12,7).

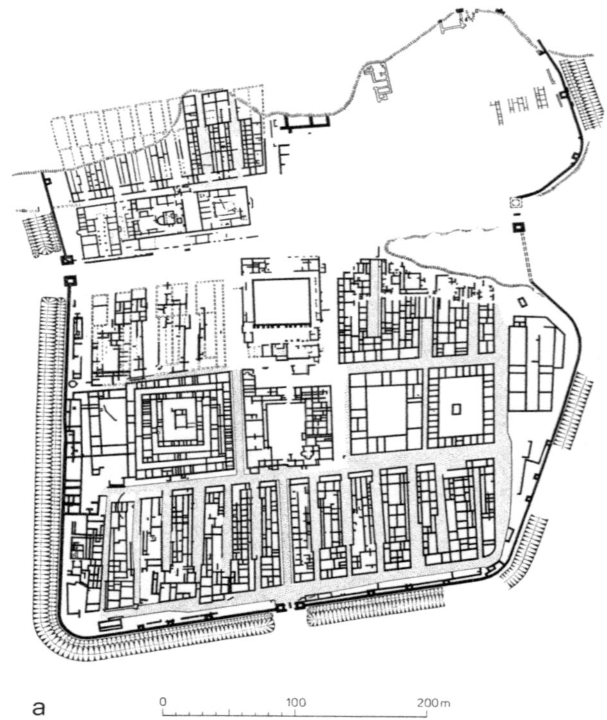

Tafel 11a: Carnuntum (nach RLÖ 1914 und M. Kandler). 1:4000

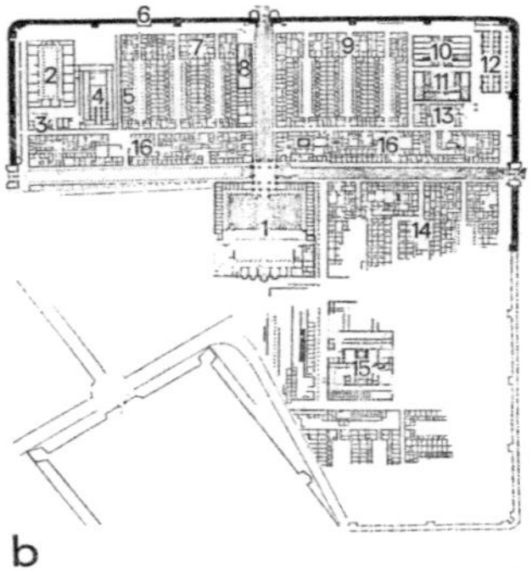

Tafel 12b: Lambaesis, Orientierungsplan. 1:8000
1. Principia (= Bild 14,18).
2. Wirtschaftsbau vom Hoftyp (= Bild 20,8).
3. Unterkünfte von Immunes (= Bild 5,7).
4. Wirtschaftsbau oder Zisterne.
5. Centurienkaserne (= Bild 2,4).
6. Latrine (= Bild 30,5).
7. zwei Centurionenhäuser (= Bild 10,7).
8. (?) Stellmacherei (= Bild 24).
9. Centurionenhäuser (= Bild 10,8).
10. Magazin (= Bild 21,3).
11. Fabrica (= Bild 25,8).
12. Horreum (= Bild 19,11).
13. Unterkünfte von Immunes (= Bild 5,6).
14. Kasernen der 1. Kohorte (= Bild 3,8 und Bild 11,6).
15. Bad (= Bild 28,10).
16. Häuser ritterlicher Offiziere und des Tribunus laticlavius (= Bild 12,1).

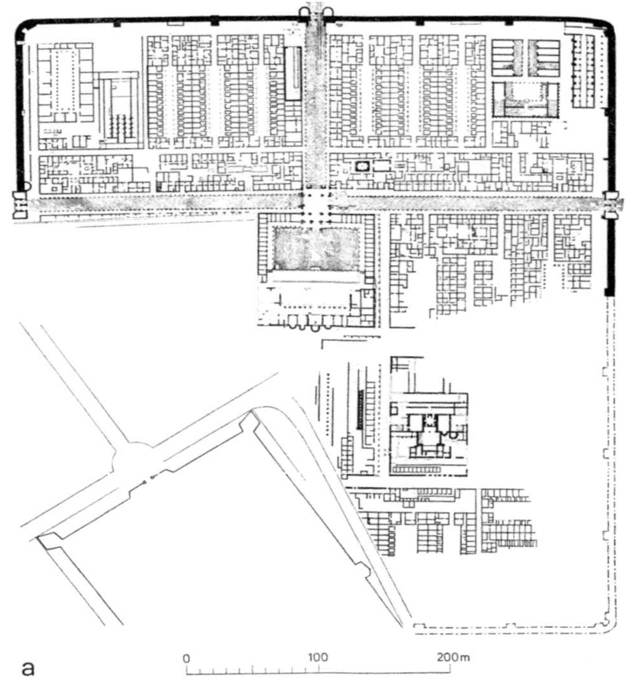

Tafel 12a: Lambaesis (nach R. Cagnat). 1:4000

GPSR Compliance

The European Union's (EU) General Product Safety Regulation (GPSR) is a set of rules that requires consumer products to be safe and our obligations to ensure this.

If you have any concerns about our products, you can contact us on ProductSafety@springernature.com

In case Publisher is established outside the EU, the EU authorized representative is:

Springer Nature Customer Service Center GmbH
Europaplatz 3
69115 Heidelberg, Germany

Batch number: 10577919

Printed by Printforce, the Netherlands